U0564889

HUMAN
THINKING PARADIGM

人类思维范式

古旭奇 著

上海三联书店

目　录

第二部分　自然环境与人类的演化

第四部分 中华传统文化概略

第五部分 西方哲学概略

.

序　言

成中英

　　2015 年 5 月，我自美国兼程赴苏州太湖畔，出席以"问道"为题、探讨中国与世界未来走向的学术会议。我与一个年轻人古旭奇相识于此次会议。旭奇来自广州，他给我的印象是好学深思，真诚地向学，有热烈求知的愿望与能力。随后几年，每年举行的太湖学术会议，旭奇都利用这段时间问学于我。通过这几年的努力，他的《人类思维范式》终于成书，旭奇希望我为此书作序，我欣然同意。

　　我想先简要地谈谈如何从我的哲学思想看待一部哲学研究的新作。近年来，我的思想有很大的整合性发展，努力想把自己的思想整合为一个更完整的整体。对西方哲学的认识使我们更好地认识了中国哲学，同时对中国哲学的认识亦使我们更好地认识西方哲学。据西方哲学观察中国哲学，可知中国哲学的优点在于其本体学，缺点在于其方法学；据中国哲学观察西方哲学，可知西方哲学的优点在于其方法学，缺点在于其本体学。我想，以后中西哲学应该相互激荡、彼此互补，在不消除对方之前提下形成对西方哲学之本体、中国哲学之方法的革新。唯其如此，才能平等地认识彼此，通过对彼此的欣赏产生彼此间的共感、共识，使概念、行为、观念、价值的矛盾之问题得到解决。

旭奇此书，从人类如何感知世界和人类如何演化出发，用西方哲学的方法学对人与自然的关系、存在与思维的问题、人类社会、理论构建等相关问题进行诠释。这些问题是中国哲学家和西方哲学家共同关注的问题。只有回答了这一根本问题，哲学研究才有起点，才有支点。我们不能离开生命观察而单独谈逻辑，在人们形成一个抽象的"世界"概念之前，世界是真实存在的。人们在这个真实存在的世界的基础上，通过自身的感觉器官感知世界而形成基础知识，然后根据大数法则，用归纳逻辑形成人类普遍认同的知识。我的主要哲学思想之一是本体诠释学。我的本体诠释学，是一个结合逻辑推理的知识哲学。夫诠释学，即在反思中寻找意义，在整体中找寻部分的意义，在部分中整合整体的意义。旭奇此书尝试将整体论和方法论有机结合，符合我的本体诠释学基本思想。

其次，旭奇此书认为人是自然的产物，精神从属于自然，物质决定意识，但物质唯识所现。没有存在，思维无法依附；没有思维，存在无法感知；思维从属于存在，但存在唯识所现。思维和存在的关系问题是哲学重大的基本问题，本书利用自然科学成果进行哲学探索，对回答唯物、唯心的二元对立的问题，有一定的参考价值。

其三，旭奇此书，分析人类生存倒逼机制的形成机制，提出生存倒逼原理。此书从自然视角、生物社会视角、人类历史视角分析人类社会的基本关系和社会制度成因，认为人类社会基本关系是社会资源交换与争夺、职业分工与竞争、相互依存和失衡；在社会制度成因上，认为自然地理环境是制度产生的基础，社会关系相互糅合是制度演化的主要趋势，科技创新是社会生产关系变革的主要变量。此书从不同视角分析人类社会现象，这是一种有益的尝试。

其四，旭奇此书认为人类发现的规律只是在某一特定的条件下才能适用，科学理论也是在某一特定条件下才能成立，为此，提出在三维空间、四维空间、五维空间的不同维度，建立多维思维范式，在不同维度建立不同的理论。关于宇宙统一理论的探索，人类从未停止，旭奇认为任何一种理论都建立在一定的前提条件之下，此书观点对于如何看待不同理论、理解不同理论之间的关系有一些帮助。

其五，我想谈谈本体宇宙论和唯识哲学。中国本体哲学的原创形态是《周易》本体宇宙论的形成。我所谓本体宇宙论是指从本体以见宇宙、从宇宙以见本体之学。事实上，所谓本体即已涵盖了本体与宇宙的内在联系与发展关联。旭奇此书认为自然产生了人类，但人类定义了自然，自然是一，自然即是宇宙本体。外在世界与人类的精神密不可分，没有精神，人类并不知道世界怎么样。因此，此书需从外部世界回到自身的精神世界寻找答案。宋明心学、康德等均是如此。人类感知世界，务必从人类经验的世界开始，但人类经验的世界又务必从精神中来。因此，本体宇宙论和唯识哲学的观点并不冲突。

作为年轻一代的学人，旭奇思想开放包容务实，思维敏捷，没有学科藩篱，虚心聆听不同长者的声音，诚恳请教不同的长者，敢于质疑，敢于创新，敢于提出自己的思想，这颇为难能可贵。我一生致力于中国哲学的传承与创新，致力于中西文明超越的融合，致力于中国哲学的发展与创造，我对一本多元的中国哲学充满自信。中国哲学的发展，需要百花齐放、百家争鸣，需要创造性转化、创新性发展，需要大力培养新一代的学人。通过这几年对旭奇的学术指导，在他的此一新著里面，我很高兴看到我主张的超越融合的功夫，我的本体宇宙论、本体诠释学、本体伦理学等思想对年轻学人的帮助，对旭奇产生了积极的影响。虽然他的此书有些观点与说法有待商榷，涉及内容太多，体系有待完善，但其敢于挑战艰深的论题、独辟蹊径的探索精神，我是持支持态度的，给予肯定的。

是为序。

（成中英，美国夏威夷大学终身教授，哈佛大学哲学博士，"第三代新儒家"代表人物，2016 年中央电视台第五届"中华之光——传播中华文化年度人物"。）

自　序

　　人类为什么如此无知，人类生存为什么如此艰难，人类之间为什么有如此多矛盾，人类究竟从何处而来，又向何处而去，无数的疑惑与追问促使我不停地思索。

　　人类是从感觉器官感知的世界开始了解世界的，人类如何感知世界是个重大的命题。人类如何感知世界，涉及人类如何演化的问题。一百多年来，这两大命题在自然科学领域取得了重大的突破，因此，利用自然科学的成果探讨这两大命题非常重要，也非常必要。本书的旅行就从这里开始。

　　通过对人类如何感知世界和人类如何演化的分析，发现自然产生了人类，但人类定义了自然，由此尝试回答存在与思维的关系。世界是物质的，物质决定意识。人是自然的产物，精神从属于自然；物质唯识所现，并非否定物质世界的存在，而是指人类感知的存在是人类主观加工过的存在。我们不妨把人放到动物种群中去，你会发现人类只是无数动物种群的一种，不同动物种群的意识各不相同，感知的世界自然不同。唯识所现，如此简单的道理，若要使人相信，却要大费周章。

当我把人类历史与地球历史进行比较的时候，人类历史只是地球历史的一个瞬间，而地球只是宇宙演化过程中某一瞬间的产物，太阳只是宇宙无数恒星中的其中一颗。根据中央电视台某纪录片的介绍，太阳自诞生到现在约 50 亿年，总寿命约 100 亿年，地球自诞生到现在约 46 亿年，生物自诞生到现在约 38 亿年，人类自诞生到现在约 700 万年。中国科学院刘嘉麒院士说，若把地球历史浓缩成一天，人类的历史只有 1 分 17 秒。

当我把人类生存空间放在地球整个空间上来看的时候，发现人类主要生活在低纬度、低海拔、淡水充足、土地平整的地区，这些区域相对于地球面积而言非常狭小。当我把人类生存能力放在动物种群中来看的时候，发现人类这个动物种群在自然界直接获得生存资源的能力很弱，主要依赖主观创造间接获取自然资源。人类内在的递弱代偿，是人类智质发展的主要原因，为此，人类需要不断演化出非常突出的主观创造能力。

当我从自然视角、生物社会视角、人类历史视角观察人类社会时，发现人类在自身演化过程中，逐步形成资源交换、职业分工、相互依存的社会运行机制。而资源交换、职业分工、相互依存和资源争夺、职业竞争、依存失衡的社会基本关系形成连续不断的交替发展过程，这成为人类社会产生与发展的根本原因。

当我明白物质决定意识、但世界唯识所现的道理后，我觉得不能对立地看待世界，而应该用多维的视角看待世界，应该建立多维思维范式，站在三维空间世界、四维空间世界、五维空间世界的不同维度建立不同的理论。

当我把人类放在宏大的时间、广阔的空间、不同的动物种群、不同的感知世界方式上来谈的时候，发现人类的出现与发展是自然恩赐的结果，人类的精神属性本质上也是一种自然属性，人类的主观创造成果不过是人类发现规律并利用规律的一种现象，人类的生存与毁灭，对宇宙而言，无关紧要；对人类而言，生死攸关。因此，人类唯有感恩自然的赐予，与自然和谐共生，人与人唯有相互依存，和谐共处，才能更好地生存。

这是一本无用之书，年过半百，依然幼稚地追问，人类为什么驻足于地球，太阳为什么总是悬挂于天空，宇宙为什么总是悬挂于心中。面对浩瀚的宇宙，我是如此的渺小；面对无尽的知识海洋，我是如此的无知；面对喧嚣的世界，我是如此的孤独。我只好沉默，静静地写下这些聊以自慰的文字，就像一滴水注入无尽的虚空，融入无始无终、无边无际的宇宙之中。

是为序。

古旭奇

2023 年 7 月 12 日于美湖居

导　论

　　人类文明的发展，在于发现规律和利用规律。本书从人类如何感知世界和人类如何演化出发，以广阔的视角和宏大的时间尺度，交叉融合不同学科，借助自然科学成果进行哲学探索，主要回答存在与思维的关系，提出生存倒逼原理，分析人类社会的基本关系和社会制度成因，主张建立多维思维范式，在不同维度建立不同的理论。

第一节　研究切入点

　　本书的研究切入点为两大问题。一是人类如何感知世界，二是人类如何演化。人类如果不能感知世界，人类将对世界一无所知。人类如何感知世界，是人作为人最基本的前提，是人类发现规律并利用规律的先决条件，这就要求我们要从认识论入手，务必厘清意识产生的基本逻辑。这是哲学研究的起点，是哲学研究的首要问题、根本问题。人类如何演化，要求我们要了解宇宙的演化、生物的演化、人类的演化、精神的演化。这是存在为何存在的问题，是哲学本体论的问题。回答这两大问题，实际上是回答物质（存在）与意识（思维）的关系问题、认识论和本体论的问题。

人类这一动物种群根据自身与生俱来直觉感知的世界，按照人类自身的逻辑系统，逐步制定人类自身约定俗成的语言、文字等符号系统，从而形成人类自身独有的知识系统。这一知识系统不属于或不完全属于其他动物种群的知识系统。自然产生人类，人类定义自然。由此可知，人类如何感知世界，是认识之根，是所有学科的共有基础，是所有学科基础的基础，一切学科都离不开人类这一物种自身独有的生物特性基础，舍此，别无学问。因此，从人类如何感知世界开始，厘清人类的认知逻辑，探究语言、文字等符号系统的产生与发展，这对于提高人的认知能力、解除人类的认知障碍非常重要。

对自然的好奇和揭秘是人类永恒的命题。对于人类的认知能力而言，如何理解自然和人类所能感知之和的关系非常重要。人类若不能感知自然，对自然一无所知；人类能感知自然，对自然也只是一知半解。假设自然为 1，人是自然 1 中的一分子。从广义角度来看，人类文明的一切成果都是自然的一个组成部分，人类永远都是自然的囚徒。在自然和人类所能感知之和的关系中，可以得出两个基本判断：一是人类所能感知的自然局部之和小于 1（自然），人类所能感知的自然是人类自身这个物种的唯识所现。理由是人类作为一个物种，感觉器官及感知系统有先天局限性，即使通过工具的无限扩展、延长，人类所能感知的自然局部之和也永远小于 1（自然）。二是人类构建的包括自然科学和人文科学在内的任何学科之和小于人类所能感知的自然局部之和。理由是在人类所能感知的自然局部之和中，人类这一动物种群根据自身与生俱来直觉感知的世界，按照人类自身的逻辑系统，选取事物的某一特征或局部进行命名，逐步制定人类自身约定俗成的语言、文字等符号系统，人类利用这一符号系统逐步构建出自然科学和人文科学体系。

人类所能感知的自然局部之和总体呈增大趋势，在人类产生革命性理论之后，人类所能感知的自然局部之和一般情况下会呈爆发式增大，人类探索自然奥秘的答案会逐步向自然 1 靠近，而人类各种经验之和，即各个学科的垂直深入和交叉融合之和最趋近于自然 1 这个答案，但永远无法等于自然 1，换言之，人类无法百分百揭开自然奥秘。

人类所能感知的自然局部，即人类所能感知的范围，本书将其定义为三维空间、四维空间、五维空间。维度越高，学科交叉融合度越高，人类所能感知的自然局部之和也最趋近于自然 1 这个答案。假设在时间静止的前提下，在三维空间维度上，宏观上向外扩展，微观上向内拓展，局部之间相互交叉、重叠；在四维（时空）空间维度上，时间只是不同事物局部变量的刻度，由于不同事物局部变化的变量不同，不同事物局部的时间刻度不同，因此，要关注不同事物局部时间变量的异同。总之，人类只能在人类所能感知的自然局部之和中发现规律和利用规律，为此，人类发现规律和利用规律必须限定在自然某一局部的特定条件之下。

人类探索自然奥秘的脚步从未停止，不同学科的深入细分和交叉融合之和能趋近人类所能感知的自然局部之和，因此，各个学科的垂直深入和交叉融合之和是探索自然奥秘最为重要的路径。现在的科学分类总体分为自然科学和人文科学，人类因为自身的需要，逐步建立了分科而学的学术体系。分科而学的学科分类，是人类所能感知的自然局部之和中的不同局部中建立起来的学科。学科的不断细分使得该学科的深度增加、广度缩小，该学科之和离人类所能感知的自然局部之和逐步背离，而学科的交叉融合之和却能趋近人类所能感知的自然局部之和。学科的不断细分，使该学科的理论创新容易遭遇瓶颈，阻碍了新的哲学和科学理论的产生；学科的交叉融合使学科的广度增加，学科交叉连接点增多，学科的面扩大，为新的哲学和科学理论的产生提供了创新土壤，因此，学科的深入细分和不同学科的交叉融合应该成为学科发展的基本路径。

第二节　理论基础

基于当代的前沿认知探索未知，这是本书进行哲学探索的路径选择。本书的论证逻辑以自然科学为基础，从人类如何感知世界和人类如何演化出发，提出本书的基本观点，建立研究的整体架构，在整体架构的相应位置嵌入哲人的基本思想。

任何一种哲学思潮、哲学体系都是时代的产物。哲学研究要基于当代的认知水平开展相关研究，要以自然科学为基础，促进哲学与各种自然科学有机结合。自然科学并不完善，发展永无止境，正因如此，我们要在形而上的层面，研究事物发展的规律，反过来指导以形式逻辑为基础、以实验事实为根据并具有系统的、有序的传承体系的自然科学。

对于先哲的思想，必须从经典著作中汲取营养。但由于理论众多，纷纭争论，没有定论，因此，如果一开始便一味钻进经典著作之中，就容易只见树木，不见森林；容易人云亦云；容易受简约圆融的观点制约，知其然而不知其所以然；容易陷入某一流派、某一观点，盲人摸象。总之，容易受制于哲人的认知，箍上思维的套子，束缚自己的思想。我认为正确的方法是先建立哲学研究的基本架构，在这一逻辑架构下，将各个时期代表性人物的思想对应到整体架构下相应的位置，相互佐证，这样的话，就可以做到纲举目张。

跳出哲人的思想，建立哲学研究的整体架构，理清基本逻辑的关键节点，再嵌入哲人的基本思想，便能做到在传承中有所创新，做到"六经注我，我注六经"[1]。"六经注我"，指的是在准确诠释经典的基础上，借助经典来阐发自我的思想，为我所用，为时代所用；"我注六经"，指对经典要进行忠实、准确的诠释。

本书希望打破学科边界，实现交叉融合。人类及其所处的世界是人类研究的对象，人类从中发现问题，解决问题，从而满足人类自身所需。人类及其所处世界本就存在，人类为了研究这些本就存在的问题逐步建立不同的学科。分科而学便于对局部问题的深入和解决，但会影响对整体问题的把握和深入；学科的交叉融合便于使局部问题趋向于整体，便于找到整体与局部之间的关联性，便于扩展局部问题的广度、挖掘局部问题的深度。因此，一切研究应该以人类及其所处的世界本就存在的问题为导向，以不同的学科为工具，打破学科边界，交叉融合不同的学科。

本书以自然科学、人文科学为基础，引用心理学、地质学、生物学、基因科学等前沿科学知识作为立论基础。

---

[1]《宋史·陆九渊传》。

第三节 基本思想

本书通过对人类如何感知世界和人类如何演化的分析，从最基础、最根本的问题出发，尝试回答相关问题。

第一部分，人类如何感知世界，分析意识产生的基本逻辑，目的是解除认知障碍，提升认知层次。意识产生的基本逻辑，一是物质世界永不停息地处在变化之中。感觉器官接触到的物质世界只是一个局部或一个片段，永远无法接触到物质世界的全部。人类为了自身的需要，会根据物质世界的某一特征进行命名，但名称不能包含该事物的全部内涵。二是人类感觉器官（除味觉、触觉）与物质世界联系必须通过媒介，感觉器官通过光线、空气等媒介产生的直接感知有很大的局限性。三是感觉器官采集的信息进行编码后通过神经系统到达大脑时，信息衰减程度非常严重，大脑对感觉器官采集的信息处理有很强的主观性。四是人类基因中储藏着物质和意识的种子。认识人类基因首先要区别人类与其他物种基因的差异，认识人类这个物种最为底层的共性基因。意识基因是任何动物与生俱来的，由于不同生物的生理、心理结构不同，任何动物都有与生俱来的独有的感应呈现方式。例如，人与蜜蜂都是动物，根据基因演化的定律，它们都是38亿年前地球生命诞生以后通过基因突变和重组不断演化而来，它们都是自然的产物。但演化至今，人与蜜蜂已属于不同的动物种群。同一时间面对一束玫瑰花，人和蜜蜂对玫瑰花的视觉形象完全不同，玫瑰花其实是人和蜜蜂各自的主观呈现物。玫瑰花的图像纯粹是人和蜜蜂各自主观加工过的形象，是唯识所现。

第二部分，自然地理环境与人类的演化，通过地球的演化、人类的演化以及人与自然关系的分析，回答存在与思维的关系，提出生存倒逼原理，分析人类社会的基本关系和社会制度成因。

一是分析人与自然的关系，回答存在与思维的关系。人是自然的产物，精神从属于自然。物质决定意识，但物质唯识所现。没有存在，思维无法依附；没有思维，存在无法感知；思维从属于存在，但存在唯识所现。唯识所现指的是，面对同一事物，不同的动物种群各自有自身独有的呈现方式，呈现结果通过不同的动物种群各自主观加工后以不同的方式呈现出来。唯识所现，并非否定物质世界的存在，而是指人类感知的存在是人类主观加工过的存在。

二是分析人类生存倒逼机制的形成机制，提出生存倒逼原理。人类多种细胞类型的结构复杂，体质的趋弱和失稳需要发达的智质系统进行代偿，这种递弱代偿方式是人类智质越来越发达的内在原因。人类主要生活在低纬度、低海拔、淡水充足、土地平整的地区，人类种群生存空间被严重挤压，这种生存倒逼是人类智质发达的外在原因。内在的递弱代偿和外在的生存倒逼的共振和叠加是人类智质发展、主观创造能力不断加强的主要因素，是人类种群与其他动物种群的主要区分。工具是人类意识活动过程的外化，是人类主观意识的创造，是人类感觉器官的延伸，是人类发现规律和利用规律的外在表达。很多动物都会使用工具，因此，工具不是人与其他动物种群的主要区分，但人类制造和使用工具的能力最强。从工具发明及使用的角度来看，人类具有动物种群中最强的主观创造性。

三是分析人类社会的基本关系和社会制度成因。对于人类社会，我们用宏大的自然视角、生物社会视角、人类历史视角可以看得更为清楚。从自然视角看，人是自然的产物，从属于自然，是自然的一个组成部分，自然资源是人类唯一的依靠，人类需通过对自然资源的获取、交换或争夺才能生存。从生物社会视角看，人类社会是生物社会的一个组成部分，人类在灵长类动物社会化的基础上发展而来，与灵长类动物存在共性的社会化特征。从人类历史视角看，当我们把人类放到 700 万年的人类历史长河中，从 250 万年的狩猎—采集模式，不断收缩到一万年左右的农业社会、250 多年的工业社会，你会发现，人类对自然资源的索取越来越多，职业分工越来越细，主观创造能力越来越强，制造工具的能力越来越强，相互依存的关系越来越复杂，但人类社会资源交换与争夺、职业分工与竞争、相互依存和失衡的社会基本关系并未改变，资源交换、职业分工、相互依存的社会关系和资源争夺、职业竞争、依存失衡的社会关系呈连续不断地交替发展，逐步演化成复杂的人类社会形态。人类社会制度的产生与演化是这种社会关系的具体反映。从社会制度主要成因来说，自然地理环境是制度产生的基础，社会关系相互糅合是制度演化的主要趋势，科技创新是社会生产关系变革的主要变量。

第三部分，多维思维范式，基于物质决定意识、物质唯识所现的基本认知，主张在三维空间、四维空间、五维空间的不同维度，建立多维思维范式，在不同维度建立不同的理论。人类种群在自身感知的存在的基础上，逐步形成并发展了人类文明。飞机能飞、火车能跑等文明成果是人类对自然规律发现并进行利用的结果。飞机能飞、火车能跑必须在某一特定的条件下才可实现，就像河流在地球表面是往下流的，在太空就会四处飘荡。

人类根据自身独有的知识系统发现规律和利用规律，人类发现规律会自觉或不自觉地设定特定条件，也就是说，人类发现的规律只有在特定条件下才能成为规律，规律只有在特定条件下才具有普遍性。人类发现的规律往往由简单到复杂，大规律套小规律，形成层级关系，大规律往往表述简单，适用性广，小规律预设的条件多，表述往往趋于复杂。人类发现规律会从表层向深层进展，为此需要不断修正、完善发现的规律。为此，本书提出，在三维空间、四维空间、五维空间的不同维度，建立多维思维范式，在不同维度建立不同的理论。多维的世界观包括客观存在的世界、心物相依的世界和唯识所现的世界。客观存在的世界指人类与生俱来靠直觉便能感知的物质世界，是四维空间世界（时空世界），通过理性逻辑的分析，发现人类普遍认为的客观存在的世界是心物相依的世界，本质上都是唯识所现的世界。

第一部分 人类如何感知世界

　　人类如何感知世界，这是哲学研究的起点，是哲学研究的首要问题、根本问题。因此，我们要从认识论入手，厘清意识产生的基本逻辑。

第一章　五维空间

第一节　基本概念

关于五维空间的相关论题，本书将进行重点论述。本书所指的多维思维范式包括三维、四维和五维思维范式，为此需先明确五维空间的基本概念。

关于维度的描述，学术界有不同的定义。本书所提及的四维空间，援引自爱因斯坦广义相对论和狭义相对论中提及的"四维时空"概念。根据爱因斯坦的概念，我们的宇宙是由时间和空间构成，是四维空间。本书将意识维度作为第五维，与四维空间构成五维空间。三维空间指空间维度，四维空间指时间、空间相互依存的物质世界，第五维度指意识，五维空间指物质和意识相互依存，不可分离。

我们从四维空间开始谈起。数学家丘成桐在《大宇之形》中写道："爱因斯坦的狭义相对论发表于1905年，日后他继续研究，最终完成了广义相对论。当爱因斯坦发展狭义相对论的时候，他援引了一个同样正由德国数学家闵可夫斯基所探讨的想法，亦即，时间与三维空间不可分离地纠缠在一起，形成一个称为'时空'的新几何构造。在这个出人意料的转折里，时间本身被视为第四维，而数十年前黎曼就已经将它结合进他优雅的方程式里。"闵可夫斯基说："如此一来，单独的空间和单独的时间注定要化为幽影，唯有两者的结合方能保存一种独立的实在性。"将这两种概念加以结合的理论基础，在于物体的运动不仅穿越空间，而且穿越时间。所以若要描述四维时空（X、Y、Z、T）中的事件，我们需要四个坐标：三个空间坐标和一个时间坐标。[1]

现在谈谈五维空间的基本内涵。"维"这里表示方向。关于三维空间的定义：一维空间，由一个方向确立的直线模式是一维空间，一维空间具有单向性。一条毛毛虫只能在一条直线或曲线上前后移动，直线或曲线叫一维空间。二维空间，由两个方向确立的平面模式是二维空间，二维空间具有双向性。一条毛毛虫在球面上前后左右移动，平面或曲面叫二维空间。三维空间，是指点的位置由 X、Y、Z 三个坐标决定的空间，具有长度、宽度和高度。三维空间呈立体性，具有三向性。一只鸟在空间中上下前后左右飞翔，上下加上平面的前后左右这个空间叫三维空间。在空间中，物质世界对象的形状、大小及相互间关系是可以被确定的。

四维空间，三维空间加上时间构成四维空间。关于时间维度，时间是一维的、前后相继的，过去、现在、将来连续不断；时间序列就像一条延伸至无限长的线。时间是自然赋予的，不会被人的意识左右；时间也不能被人类的感官直观地呈现出来。时间的确定，

[1]《大宇之形》，〔美〕丘成桐、史蒂夫·纳迪斯，湖南科学技术出版社 2015年版，第 11 页。

是人类对作为客观世界构成的时间维度进行限制后才能被确定地加以表象，如人的一生、睡眠时间、午饭时间。

　　三维空间维度＋时间维度构成时空相依的四维空间。物质世界由空间维度（三维空间）和时间维度（时间维度）构成，是一个不可分离的整体。空间和时间是运动着的物质的存在形式。空间是物质存在的广延性，时间是物质运动过程的持续性和顺序性。同物质一样，空间和时间是不依赖人的意识而存在的客观存在，是永恒的。空间、时间同运动着的物质是不可分割的，没有脱离物质运动的时空，也没有不在时空中运动的物质。但时空描述和量度是相对的。自然科学的物质运动描述空间和时间是通过选定参考系而进行的。

　　本书把意识维度作为四维空间外的第五个维度。没有意识，人们无法感知宇宙世界，因此，四维空间加上意识维度称为五维空间。意识指人类由自身感官（眼睛、耳朵、鼻子、舌头、皮肤）系统能够感知的特征总和以及相关的感知处理活动。意识的产生必须依托物质世界，人的感官系统与物质世界发生联系，意识才会产生。

　　关于五维空间的定义：时空相依的四维空间＋意识维度构成五维空间。只有从人的主观意识的角度，才能谈到空间和时间，脱离了被物质世界的对象所刺激而获得外部直观的人的主观意识，空间现象就失去任何意义。

　　五维空间示意图：

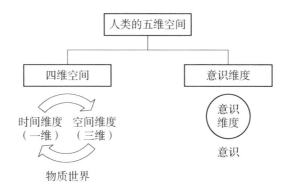

关于五维空间的描述很抽象，为了让读者更加形象直观地了解五维空间的概念，现从拍照片谈空间维度、时间维度和意识维度。

生活中人们都喜欢拍照，往往为一张精彩的照片而沉醉，常会说这张拍得很清晰、生动、传神。如果用单反长焦镜头拍摄人物，背景虚化后，人物形象会更立体、更传神，给人栩栩如生的感觉。如果相机质量不好或光线太暗，拍摄时抖动厉害，人物就会模糊，甚至会出现重叠的影子。

给百米赛跑运动员拍照，如果用专业级单反相机的运动模式按下快门，运动员的跑姿被清晰定格，可看到某一瞬间清晰的画面，但无法看到此前的运动轨迹；如果用普通相机最慢的快门拍照，形象模糊，无法看到运动员清晰的外形，但能知道他的运动轨迹。前一个清晰画面让人们记住瞬间的空间画面，但看不到运动轨迹，容易忽略时间维度；后一个画面只看到模糊的影像，但能看到运动轨迹，强化了时间维度。

截取一个时间点的空间画面，画面清晰；截取连续不断的时间维度的空间画面，画面模糊；如果时间再长，画面只能出现一个轮廓；时间无限延长，就无法判断物体的基本属性，因物体已处于不确定的概率状态。在同一时间点不考虑时间维度，空间维度可精准证明；将空间维度和连续不断的时间维度结合起来，空间维度呈现不确定的状态。

现在谈意识维度，拍照时选取的拍摄对象由意识维度决定，只有意识维度与拍摄对象发生联系时，画面才能确定。其次，无论是清晰画面还是模糊画面，都是由人的意识决定的。再次，是清晰画面还是模糊画面，也是由与人的眼睛联动的意识维度所认为的。

任何事物都有空间维度和时间维度，不可分离，我们把它称作四维空间；只有意识维度与四维空间发生联系时，我们所认识的物质世界（四维空间）才能被确定下来。

第二节　基本原理

通过以上对空间维度、时间维度、意识维度的分析，可以得出一些基本原理。时空相依、不可分离，心（意识）物相依、不可分离是人类思维范式的最基本原理。

我们用坐标来表示：

空间坐标：X、Y、Z。空间可以精准地确定。

时间坐标：T。时间英文为 Time，简称 T。时间是连续的、流动的，是个变量因子。

意识坐标：C。意识英文为 Consciousness，简称 C。意识是主观的、流动的、变化的，是个变量因子。

现在我们尝试用公式来表示三维空间、四维空间、五维空间世界。绝对的三维空间，如空间几何，需要假设在人类与生俱来的感觉认知和后天人类自身经验累积共同形成的共同认知（以下简称"共同认知"或"直觉认知"），同时在时间静止的前提下才能成立；四维空间，需要假设在人类意识的共同认知的前提下才能成立；五维空间，必须有人类意识的参与，为了区别纯粹客观的物质世界，本书加上人类主观认为的物质世界以示区别。

1. 三维空间世界。假设在人类与生俱来的感觉认知（直觉认知），同时在时间静止的前提下，形成绝对的三维空间。

三维空间世界 ＝ X ＋ Y ＋ Z

示例：空间几何。

2. 四维空间世界。假设在人类与生俱来的感觉认知（直觉认知）的前提下，物质世界加上了时间维度，形成四维空间，由于时间是连续的、流动的，是个变量，因此，物质世界处在不确定状态。

四维空间世界 ＝（X ＋ Y ＋ Z）× T

示例：时空几何。

3. 五维空间世界，指由空间维度、时间维度相互依存构成的四维空间世界，加上意识维度，共同构成的人类主观认为的物质世界。由于时间是连续的、流动的，是个变量因子；再加上意识是主观的、流动的、变化的，也是个变量因子，因此，人类主观认为的物质世界会形成人类的共同认知，在共同认知的基础上，同时存在个性认知。

五维空间世界（人类主观认为的世界）＝ ［（X ＋ Y ＋ Z）× T］× C

示例：量子力学。

第二章　意识的产生

第一节　感觉

人类大脑通过眼睛（视觉）、耳朵（听觉）、鼻子（嗅觉）、舌头（味觉）、皮肤（触觉）5种感觉器官与物质世界发生联系，通过神经系统的处理与大脑发生联系，形成意识。意识指人类由感官（眼、耳、鼻、舌、身等）系统能够感知的特征总和以及相关的感知处理活动。

意识产生的主要构件：物质世界（包括人的肉体）、感觉器官、神经元、大脑、基因。

人类的感官从外部物质世界获得经验的原始材料，通过光波、声音及空气或血液中的化学分子等刺激其中的感受细胞。大脑中有成百上千亿的神经元，神经元具有接收和传递信息的功能。神经元以身体所有细胞都能理解的方式起作用：简单的是—否、开—关的电化学冲动，基本与计算机01的二进制方式一样。

感受细胞会将这些能量转化成神经信号，如刺激足够强，感受细胞会进行编码，感觉神经发出信号到大脑皮层的特定区域，大脑接收到数百万神经纤维电信号的冲击，就会产生知觉。知觉将信息进行分类、确认、排列，负责解释混杂感觉中有意义的事，从而形成人类有意义的思维过程。感觉和知觉是意识的基础，二者合在一起可告诉人身体内外发生的事。

下面根据《心理学导论》，分别介绍视觉、听觉、嗅觉、味觉和触觉的产生原理。

1. 视觉

2017 年 12 月 20 日，本人体验了一款 VR（虚拟现实）游戏。戴上 VR 头盔，坐上一条艇，只是象征性地划动一下，就像在真实的河流里划桨，经激流险滩，到了一条巨大的瀑布前，艇马上要飞下去，我眩晕，满身恐惧，脑袋充血，心跳急促。摘下头盔后，几个小时还觉得恐惧、眩晕。VR 是个完全虚拟的世界，但呈现在眼前的却好像真的一样。同样的体验，有些年轻人却显得很兴奋很开心。这究竟是怎么回事？虚拟世界如何通过眼睛与人的意识联动呢？

不同物种对感觉器官的依赖程度不同。狗主要依赖嗅觉，蝙蝠依赖听觉，人类依赖视觉和听觉。人身体 70% 的感觉感受细胞都位于眼睛上面。现在来看看视觉如何与物质世界发生联系。

（1）眼睛与物质世界的连接介质有很大的局限性。人眼对外在世界的认识是通过光来辨识的，人对光谱的认识仅限于可见光部分（红外光、紫外光、X 光、无线电波等无法见到），可见光仅为光的很小一部分。人眼对大的、远的、微观的外在世界无法观察。用局限性很强的眼睛观察，只能观察到外在世界的一小部分。

眼见为实：实，如果指物质世界某一事物空间维度、时间维度的全部，眼睛永远无法看到。人类可见的光谱波长范围为 380—780nm，是一个窄光谱。肉眼不可见的光还有很多。若无眼睛这个感觉器官及其连接的意识，并无光的存在。眼睛这个视觉器官将电磁波进行转换后，人类才能感知到物质的形状。

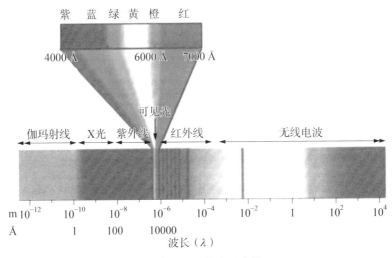

可见光和不可见光示意图

（2）眼睛接触到的由四维空间组成的物质世界只是一个局部。眼睛必须通过光来与物质世界发生联系，但物质世界存在四维空间，时间维度是眼睛及其他器官无法接触的，只能感觉；即使能看到，也只是外部或内部（物质世界）的一个部分。

（3）大脑对眼睛采集的信息处理有很大的衰减性。虽然每个视网膜拥有超过 1.25 亿个视锥细胞和视杆细胞，但视觉神经只有约 100 万个神经节细胞。由这超过 1.25 亿个感受细胞收集的信息必须以某种方式联合起来且还要缩减，从而适合从眼睛导入大脑的仅 100 万个"线路"。研究表明，这种缩减大多数发生在神经节细胞和感受细胞相连接的地方。为了简化，它看起来似乎是与大量的感受细胞相连接的一个单独的神经节细胞，"总结和组织"这些感受细胞收集的信息，然后将这些经过精简和编码的信息传入大脑。[1]

如图：

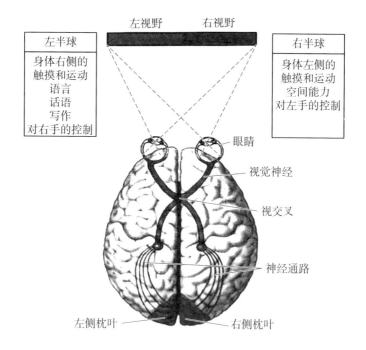

（4）大脑如何记录和解释视角信号。大脑如何记录和解释视角信号，将光线"转化"为视觉图像呢？在一个获得诺贝尔奖的研究中，大卫·休伯和托斯腾·维瑟尔发现某些大脑细胞（被称作特征觉察器）是高度专门化的，从而可以觉察视野中的特殊成分，如横线和竖线。其他特征觉察器则负责登记更为复杂的信息，其中一些对运动敏感，另外一些则对尝试敏感，还有一些对颜色敏感。这些

[1]《心理学导论》（第12版），〔美〕查尔斯·莫里斯等，北京大学出版社2007年版，第89页。

不同种类的特征觉察器给特定的但位于其附近的大脑皮层区域传递信息。因而，视觉经验依赖于大脑将这些信息整合为一个有意义的图像的能力。[1]

（5）大脑对眼睛采集的信息处理有很强的主观性。眼睛通过光观察物质世界后，会对信息进行处理，大脑里面有 DNA 构成的数据库，仓库里面储存着一代一代遗传的精神种子，这些种子出生后受到外在环境的熏陶不断成长。处理方式包括：对外部物质世界的信息采集时，可对物质世界形象进行单独处理；与其他感觉器官采集的信息一起采集；在信息分析、处理时，会自觉或不自觉地从时间维度纵向调用相关历史资料，从空间维度横向调用相关资料，将这些进行关联，按因果性和关联性原则处理；在决策层，将生理层所感受到的与心理层感受到的融合在一起，最终呈现出动作性或心理的个体行为。

如图：

（见下页）

2. 听觉

树倒下时有声音吗？这似乎是不言自明的问题，大部分人可能会不假思索地回答：有。现在回到大家熟悉的场景。很多人都有过这样的体验，开着电视机，听着音乐，声音很大，也很悦耳，精神一放松，倦意一来，躺在沙发上，很快便进入深深的梦乡里。这时候，听觉还是一样的，大脑还在活动，但是为什么听不到声音了呢？这个例子充分说明，外在的声音与我们的意识息息相关。

---

[1]《心理学导论》（第 12 版），〔美〕查尔斯·莫里斯等，北京大学出版社2007 年版，第 89 页。

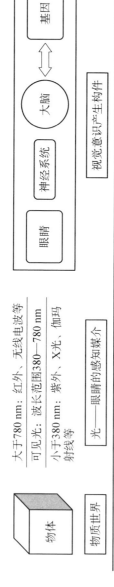

物体

物质世界

宏观：视觉可接触到物体可接触到物体的部分。

微观：眼睛无法看到物体的极微观部分。即便借助显微镜等工具，也只能看到部分影像。

时间：由于任何物体都随时间而变化，眼睛只能感受到其中一部分的变化。

光——眼睛的感知媒介

大于780 nm：红外，无线电波等

可见光：波长范围380—780 nm

小于380 nm：紫外，X光，伽玛射线等

眼睛需通过可见光才能看到物体，可见光的波长范围是窄光谱。眼睛通过窄光谱光对物体的认知不全面。加上X光、红外等仪器后扩大了感知面积，但仍然只是其中一部分。

眼睛对视距以外的事物无法看到，对极微观的事物无法看到。人的眼睛和复眼等构造方式不一样，成像方式不一样。

眼睛 | 神经系统 | 大脑 ⇄ 基因

视觉意识产生构体

眼睛采集的信息进行编码后通过神经系统到达大脑时，信息衰减程度非常严重。

眼睛通过神经系统在大脑中产生意识。大脑调用储存的记忆与外在物体进行匹配。对视觉器官采集的信息处理有很强的主观性。

人类基因有双重属性，储藏着物质和意识的种子。意识通过视觉与物体发生联系。视觉产生的图像会储存在记忆中，像种子一样储存在基因里面。

视觉的产生示意图

人所感受的声音是由于外在物体的波动，经空气或水等媒介震动耳膜而产生的，外在世界并无声音的存在，声音的存在纯粹是听觉器官及神经系统的一种感知。基本原理如下：①听觉过程的第一阶段是振动。声波传入外耳后再到达鼓膜，造成鼓膜的振动。②鼓膜振动引起中耳的三块听小骨（锤骨、砧骨和镫骨）互相撞击，从而放大振动，同时把振动传至卵圆窗和内耳耳蜗中的淋巴液。③流动的淋巴液使得耳蜗内的基底膜移动。④位于基底膜顶端的科蒂氏器也会发生移动。在感觉器官中，有数以千计的微细胞被头发状的纤毛覆盖着，当基底膜振动时，纤毛弯曲刺激感受细胞，再通过神经末梢发送信号给听觉神经。⑤听觉神经将冲动传到大脑。⑥当神经冲动到达颞叶时，被解码为声音。[1] 从以上可看出，若无人或动物的感知，并无声音存在。

如图：

（见下页）

3. 嗅觉、味觉及触觉

很多在外漂泊久的人都有这样的体会，当踏上自己的老家时，家乡的美食总能勾起童年的记忆，而妈妈做的饭菜往往使自己终生难忘，舌尖上的味道常常让人回味无穷。上海人爱甜，重庆人爱辣，不同地区或不同的人对味道的喜爱差别很大。

人喝茶时一般先闻茶香，再喝茶，通过味蕾感觉茶的香气。人类的嗅觉和味觉常常联系在一起，味觉和触觉均通过直接接触来感知物体，虽然是直接感知，但人类对感知的物体会产生极大的片面

---

[1]《心理学导论》（第 12 版），〔美〕查尔斯·莫里斯等，北京大学出版社 2007 年版，第 93 页。

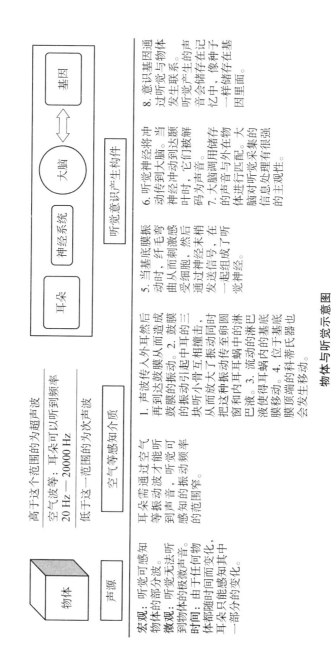

听觉意识产生构件

高于这个范围的为超声波
空气波等：耳朵可以听到频率 20 Hz — 20000 Hz
低于这个范围的为次声波

空气等感知介质

声源

物体

宏观：听觉可感知物体的部分波动。微观：听觉无法听到物体的极微声音。时间：由于物体任何时间而变化，耳朵只能感知其中一部分的变化。

耳朵需通过空气等振动波才能听到声音，听觉可感知振动的范围窄。

空气通过空气振动波，听觉无法听到物体的极微声音。

1. 声波传入外耳然后再到达鼓膜从而造成鼓膜的振动。2. 鼓膜的振动引起中耳的三块听小骨互相撞击，从而放大了振动同时把这种振动传至卵圆窗和耳蜗中的淋巴液。3. 流动的淋巴液使得耳蜗内的基底膜移动。4. 位于基底膜顶端的科蒂氏器也会发生移动。

5. 当基底膜振动时，纤毛弯曲而刺激感受细胞，然后通过神经末梢发送信号，在一起组成了听觉神经。

6. 听觉神经冲动传到大脑。当神经冲动到达颞叶时，它们被解码为声音。

7. 大脑调用储存的声音与外在物体进行匹配，脑对听觉采集信息处理有很强的主观性。

8. 意识基因通过听觉与物体发生联系。听觉产生的声音会储存在记忆中，像种子一样储存在基因里面。

物体与听觉示意图

性。不同动物之间嗅觉、味觉、触觉的差别更大。我们用嗅觉来举例说明，现在来看嗅觉系统机理。犬是人类忠诚的伙伴，其嗅觉灵敏度远超过人类。现代人类只有不足 500 万个感觉细胞负责嗅觉，与牧羊犬 2.2 亿个嗅觉细胞相比，微乎其微。因此，人类嗅觉所感知的气味是极其有限的。嗅觉产生的基本原理是：①当我们呼吸时，来自花儿的空气分子到达鼻腔内的感觉细胞。②数以百万计的感受细胞的轴突把神经冲动传到嗅球。③嗅球将神经冲动转至大脑的颞叶，被知觉为嗅觉。

第二节　基因

基因中储藏着物质和意识的种子，物质世界的各种相关条件促使种子的发芽、生长、发展、成熟、衰老，最终又成为新的种子。基因具有双重属性：物质性（存在方式）和信息性（根本属性）。人类基因中储藏着物质和意识的种子，基因是人的意识形成的种子，意识的种子储藏着人类一代代传承下来的意识种子，并总是在传承、变异、创新。基因是人格形成的先天性基础，人格有遗传性的特征。

基因（遗传因子）是产生一条多肽链或功能 RNA 所需的全部核苷酸序列。基因支持着生命的基本构造和性能，储存着种族、血型、孕育、生长、凋亡等过程的全部信息。环境和遗传的互相依赖，演绎着生命的繁衍、细胞分裂和蛋白质合成等重要生理过程。生物体的生、长、衰、病、老、死等生命现象都与基因有关，它也是决定生命健康的内在因素。因此，基因具有双重属性：物质性（存在方式）和信息性（根本属性）。带有遗传信息的 DNA 片段称为基因，其他的 DNA 序列有些直接以自身构造发挥作用，有些则参与调控遗传信息。

基因有两个特点，一是能忠实地复制自己，以保持生物的基本特征；二是在繁衍后代上能"突变"和变异，当受精卵或母体受到环境或遗传的影响，后代的基因组会发生有害缺陷或突变。绝大多数会产生疾病，在特定环境下有的会遗传，也称遗传病。在正常条件下，生命会在遗传的基础上发生变异，这些变异是正常的。含特定遗传信息的核苷酸序列，被认为是遗传物质的最小功能单位。

生物的一切表型主要是蛋白质活性的表现。换句话说，生物的各种性状几乎都是基因相互作用的结果。所谓相互作用，一般都是代谢产物的相互作用，只有少数情况涉及基因直接产物，即蛋白质之间的相互作用。

基因作用的表现离不开内在和外在环境的影响。在具有特定基因的一群个体中，表现该基因性状的个体的百分数称为外显率；在具有特定基因而又表现该性状的个体中，对于该性状的表现程度称为表现度。外显率和表现度都受内在和外在环境的影响。内在环境指生物的性别、年龄等条件以及背景基因型。

DNA 分子类似"计算机磁盘"，拥有信息的保存、复制、改写等功能。将人体细胞核中 23 对染色体中的 DNA 分子连接起来拉直，其长度约为 0.7 米，但若把它折叠起来，又可缩小为直径只有几微米的小球。因此，DNA 分子被视为超高密度、大容量的分子存储器。

基因芯片经过改进，利用不同生物状态表达不同的数字后还可用于制造生物计算机。基于基因芯片和基因算法，未来的生物信息学领域，将有望出现能与当今计算机硬件巨头——英特尔公司、软件巨头——微软公司相匹敌的生物信息企业。

第三节　人格

人格是物质世界的空间维度、时间维度四维空间与意识维度相互依存、共同作用的结果。人格通过基因储藏起来，基因是人格形成的先天性基础。

心理学家认为，人格是相对持久的特质和独有的特征模式，它使人的行为既有一致性又有独特性。特质不但使人的行为具有个体差异，而且使其行为具有跨时间的一致性和跨情境的稳定性。特质既是每个人特有，也能是某些群体共有，但表现形式迥然不同。因此，两个人甚至同卵双生子也没有完全相同的人格，每个人都有独特的人格。而特征是一个人独特的品质，包括气质、体质和智力等。

在人格形成上，主要是遗传性、民族性、地域性、时代性、职业性等多种因素共同作用的结果。这五性只是为说明人格形成的原因人为地割裂出来，实际上这五种主要因素相互联系、相互作用、相互补充。同一祖先同一民族由于所处地域不同、时代不同，会出现相对持久、较为稳定的群体人格特征。人格形成的主要原因：

1. 遗传性，指个人的基因遗传。人类基因首先要区别于其他物种的基因，是作为人类这个物种最为底层的共性基因。每个人虽有民族的共同行为特质，但每个人体都含有自己的特质群，神经系统中都存在精确的编码结构。虽后天环境对人格形成有重大影响，但遗传因素是人格形成的底层基础，对人格形成有强烈影响，遗传基因有很强的连续性。

俗话说：龙生龙，凤生凤，老鼠生儿打地洞。这是有一定依据的。在孪生子研究中，发现人格物质都有相当大的遗传性。研究者发现五大特质的遗传力如下：神经质 41％、外向性 53％、开放性 61％、愉悦性 41％、公正严谨性 44％。[1] 研究者还证实了遗传因素在形成病态和机能不良的人格特质中扮演了重要角色。一项研究比较了 128 对同卵和异卵孪生子的正常和病态人格特质，遗传因素略微超过环境的影响。

2. 民族性，主要指民族群体人格。群体人格指某些群体共有的相对持久、一致的人格特征。民族是基于不同人种发展起来的族群。白人、黑人、黄种人等主要是基于生理差异，民族群体是具有共同基因和历史、语言、宗教或文化信仰等而不同于其他族群的群体。每个民族在历史长河中不断传承和发展，但总有一些稳定的群体人格因素传承下来。我们见到一个民族的人时往往会在脑海中产生对这个民族的集体影像，再根据这个影像对个人进行具体评价，如见到犹太人，脑海中会出现危机意识强烈、喜爱赚钱、爱好读书、精明、敢于冒险的群体影像。

民族性群体人格是由多种因素共同作用的结果。瑞士分析心理学家荣格的集体无意识理论，对解释民族性人格的形成提供了理论依据。[2] 荣格认为，集体无意识是一种代代相传的无数同类经验在某一种族全体成员心理上的沉淀物，之所以能代代相传，正因为有着相应的社会结构作为支柱。无意识有两个层次："个人无意识

---

[1]《心理学导论》（第 12 版），〔美〕查尔斯·莫里斯等，北京大学出版社 2007 年版，第 389 页，"人格特质的遗传基础"。

[2]《心理学导论》（第 12 版），〔美〕查尔斯·莫里斯等，北京大学出版社 2007 年版，第 377 页。

和集体无意识。"对此，他用冰山理论做了形象的比喻："高出水面的一些小岛代表一些人的个体意识的觉醒部分；由于潮汐运动才露出来的水面下的陆地部分代表个体的个人无意识，所有的岛最终以为基地的海床就是集体无意识。"荣格为集体无意识下的定义是："集体无意识是人类心理的一部分，它可以依据下述事实而同个体无意识做否定性的区别：它不像个体无意识那样依赖个体经验而存在，因而不是一种个人的心理财富。个体无意识主要由那些曾经被意识到但又因遗忘或压抑而从意识中消失的内容所构成，而集体无意识的内容却从不在意识中，因此从来不曾为单个人所独有，它的存在毫无例外地要经过遗传。个体无意识的绝大部分由'情结'所组成，而集体无意识主要由'原型'所组成。"原型的变异大约有三种方式：①民族的迁移；②口头的传颂；③无意识的积淀。

"集体无意识"作为一种典型的群体心理现象，无处不在，并一直在默默而深刻地影响着我们的社会、思想和行为。我们对民族的集体无意识形成一定程度的共识，如日耳曼民族严谨、法兰西民族浪漫、犹太民族是天生精明的商人。

民族的集体无意识是民族个体人格的底层基础，因此，了解个体人格的形成需要了解民族的群体人格特征。美国学者鲁思·本尼迪克特运用文化人类学的方法，用"菊"与"刀"来揭示日本人的矛盾性格。恬淡静美的"菊"是日本皇室家徽，凶狠决绝的"刀"是武士道文化的象征。用"菊"与"刀"来揭示日本人的矛盾性格，即日本文化的双重性（如爱美而黩武、尚礼而好斗、喜新而顽固、服从而不驯等）。

3. 地域性、时代性、职业性。遗传性和民族性主要指人的基因中存在的人格特质，但人格形成中受到时间、空间、人三个方面的影响。具体原因另章分析。

基因的遗传性、民族性是人格形成的基础，人格形成中又受地域性、时代性、职业性等多种因素的影响，总之，人格是物质世界的空间维度、时间维度的四维空间与意识维度相互依存、共同作用的结果。

第四节 意识产生的逻辑

从物质世界、人类的感知媒介、意识产生的构件，我们可以得出意识产生的基本逻辑。如图：

（见下页）

1. 物质世界是由空间维度（三维空间）＋时间维度（时间维度）构成的四维空间组成，时间维度与空间维度相互依存，不可分离。

2. 感觉器官接触到的由四维空间组成的物质世界只是一个局部，永远无法接触到物质世界的全部（包括空间维度、时间维度）。

3. 人类感觉器官（除味觉、触觉）与物质世界联系必须通过媒介，感觉器官通过光线、空气、味道等媒介的直接感知有很大的局限性。

4. 感觉器官采集的信息进行编码后通过神经系统到达大脑时，信息衰减程度非常严重。

5. 大脑对感觉器官采集的信息处理有很强的主观性。

6. 人类基因中储藏着物质和意识的种子。

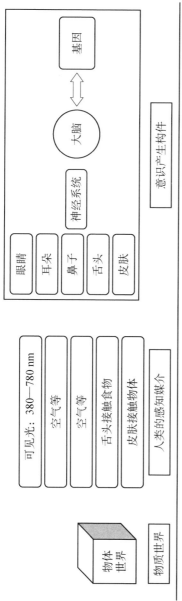

物体世界

物质世界

宏观：感觉器官只能感知局部。
微观：感觉器官只能感知局部，超微观世界无法感知。在时间变化中只能感知相似性，连续性，没有相同性。事物只有相似性，连续性，没有相同性。

可见光：380—780 nm

空气等

空气等

舌头接触食物

皮肤接触物体

人类的感知媒介

人类眼睛、耳朵、鼻子与物质世界联系必须通过媒介，对光线、空气，味道等媒介的感知范围有很大的局限性。味觉、触觉虽然直接接触，但只能感知局部。

眼睛

耳朵

鼻子

舌头

皮肤

神经系统

大脑 ⟷ 基因

意识产生构件

感觉器官采集的信息进行编码后通过神经系统到达大脑时，信息衰减程度非常严重。

大脑对感觉器官采集的信息处理有很强的主观性。

基因中储藏着物质和意识的种子。基因是物质和精神的结合体。基因的意识种子和物质世界的共同作用产生物人的意识。

意识产生基本逻辑

　　人类基因首先要区别于其他物种的基因，是作为人类这个物种最为底层的共性基因。意识基因是任何动物与生俱来的，由于不同生物的生理结构不同，任何动物都有与生俱来的独有的感应呈现方式，动物本身的生理特点决定了意识种子的特点。

　　人类基因是物质和精神的结合体，人的基因和物质世界的共同作用产生人的意识。基因是内在的，物质世界是外在的。基因是种子，物质世界是基因成长的相关条件。基因成长为人的意识，其内在是因果关系，物质世界的各种条件是相关关系。

　　人类基因是物质和意识的结合体，物质中存在意识种子，物质和意识相互依存，不可分离，物质作用于意识，意识作用于物质。基因既有传承亦有变异，人的基因的精神部分一代代储存在下一代基因中，下一代总传承着上一代部分共性基因，越是底层的越是稳定。因为果因，果为因因。由于基因是男女结合的产物，因此，在一代代的基因传承中，由于共同的基因基础，加上地域性、家族性、时代性、职业性等外在条件的作用，逐步形成家族基因、民族基因。

第三章　从计算机视角谈意识的产生

第一节　意识的功能构件

计算机是硅基智能，人类是碳基智能，碳基智能尚有无数未知的领域。现将计算机思维类比人类思维的产生，肉体是人类的硬件，思维是人类的软件，是操作系统。

五识：眼睛、耳朵、鼻子、舌头、皮肤，是数据采集器。

意识：数据收集、储存和数据处理（中央处理器 CPU）。

基因：DNA 数据库。

1. 数据采集（前五识）

数据采集（DAQ），是指从传感器和其他待测设备等模拟和数字被测单元中自动采集非电量或者电量信号，送到上位机中进行分析、处理。数据采集系统是结合基于计算机或者其他专用测试平台的测量软硬件产品来实现灵活的、用户自定义的测量系统。五识是眼睛、耳朵、鼻子、舌头、皮肤，这五个感觉器官相当于传感器，负责数据的采集、命令的执行。

2. 意识：数据存储

数据存储对象包括数据流在加工过程中产生的临时文件或加工过程中需要查找的信息。大脑将感觉器官（五识）采集的信息的临时文件进行存储或加工，将临时数据交给大脑——中央处理器进行处理；数据处理后，将数据进行解码，使五识能分别呈现图像、声音、味道、皮肤触觉等。

3. 中央处理器（CPU）

中央处理器（CPU），计算机系统的运算和控制核心，是信息处理、程序运行的最终执行单元。中央处理器（CPU），只要思维没有破坏，始终处在开机状态，睡眠时相当于计算机处在休眠状态。负责将五识采集的信息与DNA数据库进行比对、处理，形成数据结果，形成判断或结论后通过处理器一方面将数据储存在DNA数据库中，另一方面将数据反馈给前端意识，形成数据反馈。

4. 数据库

数据库是"按照数据结构来组织、存储和管理数据的仓库"，是一个长期存储在计算机内的、有组织的、有共享的、统一管理的数据集合。数据库是以一定方式储存在一起、能与多个用户共享、具有尽可能小的冗余度、与应用程序彼此独立的数据集合，可视为电子化的文件柜——存储电子文件的处所。

DNA物质部分是硬盘，是数据仓库，储存了作为人这个物种一代一代储存的图像、声音、味道、触觉等种种信息，越是久远，越是被压缩。同时负责储存人出生后前五识采集的数据，人出生后五识采集的数据具有激活数据库的能力，当然要借用意识对数据永不间断地处理。

第二节　意识的运行机制

五识（数据采集器）——神经系统（数据传输）——数据储存——数据处理 CPU——DNA 数据库。整个活动过程双向运动，形成双向运动闭环。

眼睛、耳朵、鼻子、舌头、皮肤这五个感觉器官（五识）进行数据采集，然后通过神经系统传输，大脑对采集信息进行数据储存，中央处理器（CPU）对采集的信息进行处理，调用 DNA 数据库的数据与采集的信息进行比对。

数据比对后，意识负责数据输出，将比对结果反馈给前端，前端对数据进行解码，将数据还原相应的感知形态，形成感觉认知形象，将感觉感知形象反馈给眼睛、耳朵、鼻子、舌头、皮肤。与此同时，数据库将处理过的信息存入 DNA 数据库。

现在我们用计算机思维来看如何认识张三。张三乘坐飞机，过关时，身份证、人脸通过计算机与数据库储存的数据自动进行比对，比对成功才能通关。系统构成包括摄像头等采集设备、数据传输、信息处理、数据库等。张三能被机器识别，张三的相关信息必须提前录入数据库。

人类意识产生的逻辑有相似的地方，当然更复杂。只是想用直观的方式解释意识如何产生，以图像识别为例，眼睛是数据采集工具，神经系统是数据传输工具，大脑有一个数据库，将先天和后天的图像储存起来，当眼睛采集的图像传输进来后，大脑处理器瞬间调用数据库资料进行信息处理，信息处理后即时反馈。

DNA 意识数据库是人与生俱来便存在。DNA 数据库储存了人类诞生以来无数的数据，我们可以把它叫作意识的种子。但数据的调用需要外在的环境激活，在外在环境的激活下，意识的种子不断生长，刚生又灭，刚灭又生，永远处在连续性、相似性、永不间断的变化之中。

2019 年 12 月 10 日，DNA 数据存储的论文发表在了《自然—生物技术》（*Nature Biotechnology*）期刊上。DNA 数据硬盘颠覆了人们对数据存储的认知。在我们目前的存储世界里，硬盘必须是硬盘的样子，磁带必须是磁带的形状，光盘也须是光盘的外形，而DNA 硬盘则不受形状所限。

这项研究最大的突破在于实证了万物皆可实现 DNA 存储的理论。DNA 数据存储的密度之高令人难以置信。有数据称，1 克DNA 即可储存 215PB 的信息，而硬盘的存储量不过几个 T。要知道，1PB = 1024TB，而 1TB = 1024GB，按照高清电影每部 10GB算，1 克 DNA 能够存储 2.2 亿部电影。

DNA 存储技术领域有极强的学科交叉性，必须依靠计算机、生物、化学、数学和其他多个相关学科的协同发展才能有所突破。DNA 数据存储是生命科学最前沿的科学，是人类解开意识产生之谜的钥匙。

第四章　动物的感觉呈现方式

　　面对同一事物，不同的动物种群各自有自身独有的呈现方式。下面以人和蜜蜂的眼睛为例进行简单的比较。

　　人与蜜蜂都是动物，根据基因演化的定律，它们都是 38 亿年前地球生命诞生以后通过基因突变和重组不断演化而来，它们都是自然的产物。但演化至今，人与蜜蜂已属于不同的动物种群。光可分为可见光、不可见光。人眼只能在可见光范围里直观地看到事物，借助工具可看到红外、紫外、X 光、伽马射线等。相对于无限长的电磁波而言，人类可直观或借助工具看到的光非常有限，人类可见的光谱波长范围从 380—780nm，是一个窄光谱，因此，人类观察外在世界可谓是管中窥豹。我曾请教过清华大学深圳研究生院从事光学研究的马教授，他认为人类对光的认识十分之一都不到。

　　人眼是单眼，人眼舒适放松时可视帧数是每秒 24 帧。蜜蜂的眼睛是复眼，有 2 只复眼、3 只单眼，蜜蜂的视角几乎达 360 度，蜜蜂的连续视觉是每秒 300 帧图像。对于蜜蜂而言，一部电影只是一连串静止的画面。而人类要看清蜜蜂的动作，只能借助电影的慢镜头。

　　人眼可看到的颜色是赤、橙、黄、绿、青、蓝、紫。蜜蜂能见的颜色是：黄——橙黄（人类是黄——绿）、蓝——绿（人类无相应的色觉）、蓝（人类是蓝和紫）和人类不可见的紫外光。虞美人花之所以吸引蜜蜂，并不是因为它的花朵是红色的，而是因为它反射紫外线。

从人与蜜蜂的眼睛简单的对比，说明不同动物的感觉器官的构造不同；不同动物对信息来源的要求不同。人大概70％的信息来源来自视觉，蝙蝠的信息来源主要来自听觉，牧羊犬的信息来源主要来自嗅觉。总之，不同动物之间，其感觉器官、神经系统、数据处理、DNA信息存储等方面存在很大的差异，不同动物对感知的对象有不同的感觉呈现方式。

我们可以做个简单的设问，假设同时面对太阳，人和蜜蜂所呈现的太阳的形象一样吗？可以肯定，看到太阳的形象不一样。因为两个物种的生理结构不相同，感应呈现方式不相同。由此，我们可得出以下结论：任何动物种群都有与生俱来的自身独有的感觉呈现方式。

第一节　任何动物种群都有与生俱来的
自身独有的感觉呈现方式

任何动物种群都有与生俱来的自身独有的感觉呈现方式，指在动物种群的本性中自有对外在世界的呈现方式，不需从外界获得，但在外在环境的熏习、刺激下，意识的种子不断生长。由于不同动物的信息采集器官、神经系统、信息处理、DNA信息存储等生理结构不同，任一动物，任何时候，感觉感知的任一存在都是动物自身主观加工过的存在，所有动物都有这种先天性主观假设的存在。

面对同一事物，人和其他动物的感觉感知的事物特征不同，甚至完全不同。

自然界的太阳、月亮、星辰、大地、高山、大海、平原、雷电、森林以及雄鹰、狮子、老虎、鲸鱼等人类耳熟能详的现象，任一动物，任何时候，对以上任一存在物的感觉感知是不一样的，都是该动物种群主观加工过的存在。

这一原因的产生是由该动物与生俱来的感觉器官、神经系统、信息处理、DNA信息存储等方式所决定，该物种储存着本物种肉体和精神的基因，本性自有，与生俱来，一类相续，生生灭灭，永远处在连续不断的变化过程之中。人类的精神与生俱来，康德叫先天综合判断。意识（精神）只能感觉感知宏观世界、微观世界的局部或时空变化中的片段，无法感知的部分只能进行推理。唯识所现并非说世界不存在，只是存在唯识所现。面对同一玫瑰花，人有玫瑰花的视觉形象，蜜蜂有玫瑰花的视觉形象，其他动物亦然，所以叫唯识所现。

第二节　人类对感知对象的感觉呈现方式

对于人类来说，太阳、月亮、高山、大海等任何自然现象以及衣服、大米、汽车、楼房等人类社会现象，只要是正常的人，都能产生作为人这一物种共同的认知。人类这一物种独有的与生俱来的感觉感知的器官在外在环境的不断刺激下形成对存在物的共同认知，再由人类实践、教育等经验不断累积，逐步丰富认知内容。

总之，存在是人类主观加工过的存在，是唯识所现。在这一前提下，人类对认知对象的存在呈现不同的感觉呈现方式。如图：

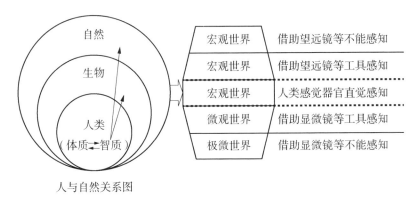

人与自然关系图

人类认知的世界呈现方式

1. 假设在人类与生俱来的感觉认知（直觉认知）的前提下，同时在时间静止的三维空间世界（指绝对空间世界）。

宏观世界：可以直接感知宏观世界的局部；借助望远镜等工具感知宏观世界的局部，参与感知的感觉器官逐步变少，主要依靠视觉感知，感知的部分逐步减少；最后无法感知。

微观世界：借助显微镜等工具感觉感知微观世界的局部，随着体积变小，参与感知的感觉器官逐步变少，主要依靠视觉感知，感知的部分逐步减少。

极微世界：无论直觉感知还是借助显微镜等都不能感知，人类只能根据自身建立的语言、文字等符号系统及逻辑进行推理。

根据逻辑的同一律原则进行推理，极微世界决定微观世界，微观世界决定宏观世界。极微理论，与西方哲学的奇点理论不谋而合。

2. 假设在人类与生俱来的感觉认知（直觉认知）的前提下，三维空间加上了时间维度，即在四维空间世界（时空相依的世界）。

由于时间是连续的、流动的，是个变量，物质世界处在不确定状态，刚生又灭，刚灭又生，永不停息，事物处在永不停止的变化之中，人类只能感知其中的部分片段。人类为了自身的需要，用时间作为事物发展过程片段的刻度，这一时间刻度永远只能反映事物发展过程中的片段，时间只能依附事物发展的片段而存在。

3. 在三维空间，人类的直觉感知能力无论趋向宏观世界，还是趋向微观世界，虽然借助工具可以扩展认知范围，但总体趋势是参与感知的感觉器官逐步变少，主要依靠视觉感知，感知的部分逐步减少；最后无法感知。因此，人类的直觉感知存在边界，极微世界无法感知，存在先天的局限性。在时空结合的四维空间世界（时空世界），人类永远只能感知其中的部分片段。

总之，人类只能按照与生俱来的独有的感应呈现方式感知世界，世界只是人类主观加工过的存在物，在此前提下，人类只能感知到三维空间的局部或四维空间的片段，然后根据自身建立的语言文字等符号系统、逻辑系统构建认知体系。

第三节　极微、奇点、无为法、太极

在三维空间，人类的直觉感知能力无论趋向宏观世界，还是趋向微观世界，虽然借助工具可以扩展认知范围，但总体趋势是参与感知的感觉器官逐步变少，主要依靠视觉感知，感知的部分逐步减少；最后无法感知。因此，人类的直觉感知存在边界，极微世界无法感知，存在先天的局限性。在四维空间，人类只能感知其中的部分片段。

人类对不可感知的世界，提出许多理论，主要包括极微、奇点、无为法、太极等理论。极微理论，与西方哲学的奇点理论、《易经》的太极不谋而合。极微、奇点、无为法、太极关系，见图：

（见下页）

1. 极微

什么是极微？极微是古代印度的一个数量单位，指世界的不可再分的最小单位，眼、耳、鼻、舌、皮肤五种感觉器官无法感知。与极微对应的是粗大东西，粗大东西是指感觉器官能感知的物质。今天人们所指的微观世界通常指人类通过仪器可测量的微观世界。

2. 奇点

《物演通论》对奇点进行了描述。当"存在"尚处于存在度趋近于 1 的存在状态之际，由于代偿性分化几近阙如，存在本身近乎没有任何属性发生，亦即近乎没有"可认识性"或"可现象性"，因而乃是处于没有任何形容词或摹状词可予修饰或阐发的那样一种存在状态之中，是谓"奇点"。

（注："奇点"是移借于现代物理学的一个概念，在这个"点"上，任何感性直观或逻辑推导，包括数学和物理上一切可用的演算方法和检测手段均不能对其有所涉猎，从哲学认识论着眼，根本道理如上述。认识过程一定滥觞于属性分化过程，且一定是分化了的属性之间必须发生耦合关系的代偿产物。[1]

---

[1]《物演通论》，王东岳，中信出版集团 2015 年版，第 58 页。

坤	艮	坎	巽	震	离	兑	乾	8
太阴		少阳		少阴		太阳		4
阴					阳			2
太极								1

太极

有为法 → 具体的存在

无为法 → 抽象的存在

无为法　太极

人类感觉器官可直觉感知；借助望远镜等工具可感知；借助望远镜等不能感知。

借助望远镜等工具可感知。

借助显微镜等不能感知。

奇点

宏观世界

微观世界

极微世界

极微

极微　奇点　无为法　太极

3. 无为法

唯识哲学把万事万物分为五位，再进一步分为百法，这五位就是心法、心所有法、色法、心不相应行法和无为法。所谓"唯识"，意思是说这五位都离不开识，心法是法的自相，心所有法是识的相应，色法是识所变，心不相应行法是识的分位，无为法是识的实性。[1] 无为法与有为法相对应。无为法为抽象的存在，有为法为具体的存在。有为法的特征是表现出一切事物或现象是由各种条件有机组合而始终处在生生灭灭的变化之中，指具体的存在物。

无为法相对于有为法的"造作"特征而言。无为法，这类法相不是由各种条件组合而成，也不处在生生灭灭的变化之中，是抽象的存在。具体为人类不可知的极微世界，是空性的世界。无为法不生不灭，不增不减，不垢不净，是世界的真相，是事物的本质，揭示了宇宙人生现象的规律，是佛法整体的终极导向。无为法为空，有为法为有，有生于空。唯识宗认为在有为法的世界，物质世界（法）是存在的，在无为法世界（法）是不可分析的，是空的。

4. 太极

《易经》：太极生两仪，两仪生四象，四象生八卦。太极为 1，两仪为 2，四象为 4，八卦为 8。八卦，乾（天）、坤（地）、震（雷）、艮（山）、离（火）、坎（水）、兑（泽）、巽（风），就是自然界的基本要素，与西方哲学主张的地、火、水、风相一致。

从《易经》的结构可以看出：《易经》发现了事物的裂变机制是二进制，由 1 裂变出世间万象。越趋向于太极，即 1，结构越趋于简单，越趋于稳定，事物外在代偿要求越低，外在依存度越低。

---

[1]《成唯识论校释》，玄奘译，中华书局 1998 年版，序言，第 1 页。

越趋向于 2、4、8、64，结构越趋向复杂，越趋于失稳，事物外在代偿要求越高，外在依存度越高。《易经》由 1 化生万物，但《易经》认为天地循环，无往不复，由此演绎出天干、地支纪年，六十为一甲子。《易经》认为：任何事物必须依托整体才能生存与发展，由此发展出来天人合一的天人相应观。天人合一的基本内涵是人是天地自然的产物，人类的活动取决于天地自然的变化规律，人应该主动顺应天地自然的变化规律。

5. 极微、奇点、无为法、太极的关系

极微、奇点、无为法、太极的内涵非常接近。奇点趋近于 1 的存在状态，即是无为法，是太极，是道，是一，是极微世界，是空性的世界。奇点大于 1 的存在状态，即是有为法，是微观世界、宏观世界。

对于极微世界，我总结了一条基本原理：极微观世界决定微观世界，微观世界决定宏观世界。物质世界由微观世界的基本粒子组成。所有粒子就像光一样既是光，又是波，具有波粒二象性，始终处在概率波动的不确定状态。物质世界由亚原子粒子构成，亚原子粒子——实际上所有粒子和对象——与观察者的在场有着相互纠缠作用的关系。外在世界只有与观察者的意识产生相互纠缠作用的关系时，才能被确定。若无观察者在场，它们充其量处在概率波动的不确定状态。

第五章　基本原理

根据以上对意识产生的基本逻辑的分析，下面尝试总结人类思维范式基本原理。

1. 第一条原理：四维空间世界，时空相依，不可分离。

物质世界是由空间维度（三维空间）＋时间维度共同构成的四维空间，空间维度与时间维度相互依存，不可分离。

空间维度：假定时间静止的前提下，在绝对空间里，空间可被无限精准地证明，其关系是因果关系，一切变化都按照因果联结的规律而发生，其思维范式呈现机械思维。

时间维度：物质世界没有空间维度，就没有时间维度，时间维度不能单独存在；物质世界没有绝对空间维度，空间维度必须与时间维度相互依存，不可分离。空间维度的变化由无数个空间维度的片段组成，在意识的感知之外，并无真实的时间存在。时间是我们在宇宙中感觉变化的过程。

物质世界的一切事物由空间维度中的相关条件根据时间维度的前后顺序进行有机组合。相关条件包括万物发生发展的主要条件（直接原因）和其他相关的辅助条件（次要原因）。对于物质世界的任一事物而言，都是由阳光、空气、土壤、水分等关系按照先后动态地组合而成，条件中套条件，关系中套关系，永远处在变化之中。

假设在人类意识的共同认知同时在时间静止的前提下，形成绝对的三维空间，空间维度的空间几何可以被无限精准地证明。几何学以空间为观察主体，以分析空间结构为主，根据空间得出一个确定性的结论。几何学是综合的并且是先天的规定空间属性的一门科学，几何学的定理可以不容置疑地被证明。假设在人类意识的共同认知的前提下，形成四维空间，物质世界加上了时间维度，由于时间是连续的、流动的，是个变量，因此，四维空间世界处在不确定状态。

2. 第二条原理：五维空间世界，心物相依，不可分离。

人类主观认为的物质世界，是由物质世界的四维空间＋意识维度共同构成的五维空间，物质世界的四维空间和意识维度相互依存，不可分离。

从人的意识产生的基本逻辑中，我们知道，人类所认识的物质世界是人类的感觉器官接触物质世界后，通过神经系统传到大脑，经大脑主观处理后，最终在人的主观意识中呈现出来的物质世界。只有人的意识参与，才能认识到主观认为的物质世界。

爱默生宣告："就让我们学会自己向内心展示一切本质和思想吧；那就是神的最高居住处，自然之源就在他的脑海中。"斯坦福大学物理学家安德烈·林德说："宇宙和观测者两者是同时存在的一对。我无法想象不考虑意识却没有矛盾的宇宙理论。在没有观测者的情况下，我就不明白我在此处所称的宇宙有什么意义。""对于每一个生命来说，如果你愿意这样想的话，一个生命就有包含着实境的宇宙。其形状和形式都出自一个人的头脑中，是运用由耳朵、眼睛、鼻子、嘴巴和皮肤收集的全部感觉数据来产生的。我们这个星球由数十亿的实境组成，是内在和外在的汇集，这个混合体的范围之广令人瞠目结舌。"

前面说过，由空间维度、时间维度构成的物质世界，加上意识维度，才能构成人类主观认为的物质世界。从五维空间的角度出发，不存在没有人的意识参与的纯粹的唯物，也不存在没有物质世界参与的纯粹的唯心，人类所认识的物质世界由物质世界和人的意识相互依存、不可分离构成。

世界究竟是唯物的、唯心的，还是心物一体的？在前面基本定义中，我的回答是从四维空间的角度出发，假设在人类意识的共同认知的前提下，世界是唯物的，从五维空间角度出发，世界是心物相依、不可分离的。

3. 第三条原理：根据时空相依、不可分离，心物相依、不可分离的原理，物质世界的阳光、空气、土地、水分等各种条件以及人的意识共同构成整体性系统，系统中各种关系相互依存、相互作用，有机组成动态的整体性系统，总体遵循着系统的整体性、因果性、相关性、交互性原则。

万物由系统的各种关系有机组合而成，系统关系是有"恒"，系统要素不可以有"恒"，系统关系优于系统要素，要素随关系的转换而转换，系统每到一个新的层次，其中的要素都会随之重新布局，要素是适应系统关系而存在。

太阳底下没有新鲜事，指的是系统关系，事物的规律总是循环往复，永远不变。太阳每天都是新的，指的是系统要素，事物总会有不同的表现形态。系统要素随关系的转换而转换，系统每到一个新的层次，所有要素都要重新布局，因此，系统要素永远在变。

种子从发芽、生长、成熟到结果，果实传承了种子的基因，同时又在光、温、水、土等条件下有了新的基因。种子从发芽、生长、成熟到结果，种子成为果实，果实成为种子，这是因果关系。种子成为果实不仅需要种子，还需光、温、水、土等条件。因此，种子的成长不光有内在的主因，还必须依赖外在的环境。种子之所以成为种子，是人类对种子进行观察、分析、命名，即种子是人类所认为的，只有人的意识和种子相关联，种子才能成为人类所认为的种子。这便是心物相依、不可分离。

康德谈了三条自然界最普遍的规律：（1）实体的持存性原理：实体在现象的一切变化中持续着，它的量在自然中不增加也不减少。[1]（2）按因果律的时间相继的原理：一切变化都按照因果连结的规律而发生。[2]（3）按照交互作用或协同性的法则同时并存的原理：一切实体就其能够在空间中被知觉为同时而言，都存在于普遍的交互作用中。[3]康德所说的三条基本原理与本原理所说的基本相同，但本原理旨在说明系统关系包括人的意识在内，在系统的整体性的关系中，遵循着因果性、相关性、交互性等原则。

4. 第四条原理：极微观世界决定微观世界，微观世界决定宏观世界。

物质世界由微观世界的基本粒子组成。所有粒子就像光一样既是光，又是波，具有波粒二象性，始终处在概率波动的不确定状态。物质世界由亚原子粒子构成，亚原子粒子——实际上所有粒子和对象——与观察者的在场有着相互纠缠作用的关系。外在世界只有与观察者的意识产生相互纠缠作用的关系时，才能被确定。若无

---

[1]《纯粹理性批判》，〔德〕康德，人民出版社 2004 年版，第 170 页。
[2]《纯粹理性批判》，〔德〕康德，人民出版社 2004 年版，第 175 页。
[3]《纯粹理性批判》，〔德〕康德，人民出版社 2004 年版，第 190 页。

观察者在场，它们充其量处在概率波动的不确定状态。

在意识产生的基本逻辑中，我们知道，人类感觉器官接触到的由四维空间组成的物质世界只是一个局部，永远无法接触到物质世界的全部（包括空间维度、时间维度）。宏观世界我们只能感知其中一个部分，微观世界也只能感知其中一部分，极微观世界我们无法直接感知，再加上时间的连续性，物质世界始终处在不确定性状态。

量子力学的出现，重要的目的就是解决以上问题。量子力学认为量子既是粒子也是波，量子的波动是概率的波动，由于时间处在不确定状态，空间也始终处于不确定的波动状态，只有加上人的意识后，空间才能被确定。自然界中的一切物体都有粒子和波动的性质，物体的表现只是以概率存在。无论实验者用什么方法看到物体，都会使波函数发生坍塌。

对于以上问题，不同的学者从不同角度进行解读，最终得出非常一致的观点。中国科学院院士施一公教授曾发表《生命科学认知的极限》的演讲："我们人是什么？人就是宏观世界里的一个个体，所以我们的本质一定是由微观世界决定，再由极微观世界决定。我们每个人不仅是一堆原子，而是一堆粒子构成的。原子通过共价键形成分子，分子聚在一起形成分子聚集体，然后形成小的细胞器、细胞、组织、器官，最后形成一个整体。"从施一公教授的演讲中，我们可以得出一个结论：极微观世界决定微观世界，微观世界决定宏观世界。极微观世界由基本粒子构成。

极微观世界由基本粒子构成，而基本粒子又由什么组成？科学界出现弦论。弦论的核心观念认为：物质和能量的最小单位，不是点状的粒子，而是微小、振动的弦，弦的形式也许像闭圈，也许像绳段。而且就像吉他弦可以弹奏出许多不同的音符，这些基本弦也有许多振动模式。这些弦的不同振动，对应到大自然的不同粒子与作用力。假如弦论成功了（这尚待验证），那么大一统理论便大功告成。因为这样一来，所有粒子和作用力都出于同一本源，它们都是基本弦的外在表现和激态。我们可以说，"弦"作为最基本的零件，构成整个宇宙，当你下探到宇宙最底层时，一切都是弦。极微观世界决定微观世界，微观世界决定宏观世界，超微观、极微观世界由基本粒子构成，这是量子力学的基本观点。

《金刚经》说："若是微尘众实有者，佛则不说是微尘众。所以者何？佛说微尘众，即非微尘众，是名微尘众。世尊，如来所说三千大千世界，即非世界，是名世界。何以故？若世界实有者，则是一合相。如来说一合相，即非一合相，是名一合相。须菩提，一合相者，则是不可说，但凡夫之人贪著其事。"[1] 这段话表达这样的意思：一是世界由微尘一样小的事物构成，由无数个极微小的分子聚合而成；二是人们并不知道微尘一样的事物，只是主观上假设一个名字来给他命名。

无论是量子力学还是弦论，极微观世界决定微观世界，微观世界决定宏观世界，这个观点基本是共同的。

5. 第五条原理：人类所认为的物质世界是人类的主观意识加工过的物质世界，不是物质世界的全部的真实，人类永远无法了解物质世界的全部真实。

人类给予物质世界的名称是人类根据感觉器官对物质世界的局部感知或时间片段，按人类自身的逻辑，同时按约定俗成的语言文

---

[1] 《金刚经·心经·坛经》，谢志强编著，北京燕山出版社 2009 年版，第38、39 页。

字等符号系统来命名，名称无法包含所指名称本身的全部内涵，人类给予物质命名只是为了自身需要区别不同事物而已。

由于人类对物质世界只有主观性的认知，人类永远无法真实地认识物质世界的客观性。人类的感觉器官对物质世界的认知尽管有局限性，但人类为了肉体和精神的需要，在发展过程中对自身与自然总是永不停歇地进行探究，这种观察与利用以及对未知的发现、发明成为人类进步的动力。人类通过感觉器官对物质世界的认知经验进行长期反复地积累，形成多数人共同拥有的认知经验和逻辑判断。

（1）人类根据共同认知对物质世界进行命名或赋予相同的内涵。如太阳、月亮、狂风、暴雨、大地、高山、海洋等自然现象，牛、羊、马等动物，水稻、小麦、玉米等植物，都是人类根据自身需要发现并给予命名的。大多数人始终只是站在人的角度来感知世界、分析判断世界，比如，人类看到的世界，总认为是真实的，其实稍加留意，苍蝇的复眼看到的世界跟人是不一样的，牧羊犬的鼻子嗅得的气味跟人是不一样的，熊猫的食物跟人是不一样的，这样的例子举不胜举。

（2）人类在共同认知的基础上，加入个性认知，对物质世界进行联想、想象等合理的推断，形成逻辑思维和形象思维，进而解决人类自身肉体和精神的问题。人类始终围绕自身的需要构建经济、政治、社会、文化等方方面面的体系。比如鲁班发明锯子、瓦特发明蒸汽机，人类所有发明创造都是在发现自然规律，并利用自然规律为人类所用，如原子弹的发明，首先是发现了核裂变规律，然后利用其规律发明原子弹，至于原子弹成为战争工具还是成为造福人类的核能，本质还是解决人类自身的需要。

6. 第六条原理：人类所做一切的目的是满足肉体和精神的需要，即幸福的需要。

按康德所说，理性思辨及实践围绕三个方面的问题进行：（1）我能够知道什么？（2）我应当做什么？（3）我可以希望什么？[1] 即指理性认识物质世界规律（认识论），按认识论在物质世界中进行实践（实践论），在实践中丰富认识论，通过认识论和实践论满足肉体和精神需要，需求可以是物质的，或是精神的，或兼而有之。

第一个问题是理性思辨的问题，第二个问题是实践的问题，第三个问题既是实践又是道德的问题。人类在满足肉体的同时也会满足精神的需要，其需求层次总体遵循的原则是：（1）肉体为先，精神为次。如原始本能的自然境界，如婴儿。（2）肉体、精神并重。如以名利为主的功利境界。（3）肉体为次，精神为主。如追求道德完善的人。（4）肉体极次，精神为核。如追求灵魂境界的人，如佛陀。

在现有知识体系中，自然科学体系侧重于满足人的肉体需求，人文科学体系侧重于人的精神需求。事实上，人类既要理性的思辨（如西方科学），也要道德的满足（如宗教）。因此，自然科学体系和人文科学体系一旦提升到哲学层面，就是有机的统一体。

人类智慧是实践的智慧，通过实践提升为理论，通过理论来指导实践，再通过实践修正、完善理论，如此循环反复，总是不断传承、创新。比如，《易经》是中华传统文化的核心思想，从河图洛书，到《系辞》《易大传》等，易学思想是逐步完善的过程。由易

---

[1]《纯粹理性批判》，〔德〕康德，人民出版社 2004 年版，第 612 页。

学演绎出来的儒家思想、道家思想更是易学思想不断演绎、发展的结果，唐朝天文学家李淳风的《推背图》则用易学来解释中国历史的宿命论。西方科学史上从柏拉图几何一直到牛顿力学、爱因斯坦时空相对论、量子力学也是在传承的基础上不断创新。西方自然科学的认识论是清晰的、系统的、有序的传承，有完整的科学体系。每一次重大理论创新，尤其是基础科学创新都可能加速人类发展的进程。

今天，人类文明的进程已到了人工智能时代。人工智能时代最重要的标志是物理世界通过信息世界与生物世界（包括人类自身）逐步融合。随着人工智能的系列实践，现在的科学基础理论已难以完全适应人工智能发展的需求，这时候，就需要基础科学理论创新，就需要人工智能伦理道德体系的建设，只有这样，才能更好地满足人工智能时代的来临。

7. 第七条原理：人类为满足肉体和精神的需要，会自觉或不自觉地站在空间维度、时间维度、意识维度或兼而有之地发现、分析、解决问题。绝大多数人的需要都是从肉体到精神上升的过程，思维维度依次是空间维度、时间维度和意识维度，这与人的需要基本呈正相关关系。维度越低，看问题越片面；维度越高，看问题越综合。

人类为了生存，首先会从土地、海洋、山川等空间维度出发，根据感觉器官获得的信息解决生存的需要，也会从日出日落、春夏秋冬四季变化的时间维度中寻找自然变化的规律。但人获得精神的需要，多会从意识维度寻找答案。

人类的认知是从感觉器官对物质世界的认知开始，一般从空间维度、时间维度分别或综合思考，多数人不会从意识维度与空间维度、时间维度统一起来思考。由于从不同维度出发，会得出不一样的甚至自相矛盾的结论。如欧几里得站在空间维度发现几何原理，爱因斯坦站在空间维度和时间维度发现时空弯曲。空间几何只从三维的空间维度出发，但显然没把时间维度、意识维度考虑进去，其实几何本质是人的理性思辨的过程及结果。时空相对论从空间维度和时间维度相互依存、不可分离的角度出发。量子力学从空间维度和时间维度相互依存、不可分离的物质世界与意识维度相互依存、不可分离的角度出发。生物中心主义认为意识是构成物质世界的基础，那就主要从意识维度思考了。

人类所做一切的目的是满足肉体和精神的需要，因此，我们不能非此即彼，人类可以根据自身需要，自觉或不自觉地站在不同维度观察世界。在上文的基本定义中，我把物质世界分为三个世界：

（1）三维空间世界。假设在人类意识的共同认知同时在时间静止的前提下，形成绝对的三维空间。物质世界 ＝ X ＋ Y ＋ Z。

柏拉图、欧几里得、牛顿等科学家都是从三维空间看世界，牛顿强调绝对的空间和绝对的时间，宇宙像钟表一样精确地、机械地运行。牛顿理论为第一次工业革命奠定了坚实的理论基础，否则蒸汽机等一系列的发明可能还在黑暗中摸索。但牛顿力学显然解决不了量子力学的问题。

（2）四维空间世界。假设在人类意识的共同认知的前提下，物质世界加上了时间维度，由于时间是连续的、流动的，是个变量，因此，物质世界处在不确定状态。物质世界 ＝（X ＋ Y ＋ Z）× T。

在科学发展上，爱因斯坦从四维空间看世界，发现了时空相对论。《易经》阴阳相对的理论，主要从四维空间看世界。

（3）五维空间世界。由空间维度、时间维度构成的物质世界，加上意识维度，才能构成人类主观认为的物质世界。由于时间是连续的、流动的，是个变量因子；再加上意识是主观的、流动的、变化的，也是个变量因子，因此，人类主观认为的物质世界会形成人类的共同认知，在共同认知的基础上，同时存在个性认知。人类主观认为的物质世界 $= [(X+Y+Z) \times T] \times C$。

量子力学是一群西方科学家的共同发现和共同完善，量子力学从五维空间看世界，其重要理论是外在世界只有与观察者的意识产生相互纠缠作用的关系时，才能被确定。

如果把五维空间比作思维范式的珠穆朗玛峰，西方科学家从三维空间、四维空间到五维空间，不断往上爬，至今未到山顶。

8. 基本原理说明

世界的法则是简单支配复杂。由于有意识产生的基本逻辑作为立论的基础，本章总结了人类思维范式的七条基本原理，总体来说属于集成式创新，部分属于理论创新，当然有待方家批评指正。

（1）"时空相依、不可分离，心物相依、不可分离"这个基本观点并不是我的创新，是易经的主要观点。

本章综合了物理学、生理学、心理学、基因科学等学科知识，比较全面地论述了意识产生的基本逻辑，证明了"时空相依、不可分离，心物相依、不可分离"是人类思维范式的基本观点。论据是经得起考证的，论述的逻辑是严谨的，论点是立得住脚的，因此，论证的过程是创新的。

（2）本章提出了人类思维范式的基本公式，这是本章的创新点。

本章提出人类思维范式三条基本公式：（1）三维空间世界 $= X+Y+Z$；（2）四维空间世界 $= (X+Y+Z) \times T$；（3）五维空间世

界（人类主观认为的物质世界）＝［(X＋Y＋Z)×T］×C。

本章将物质世界分为三维空间、四维空间和五维空间世界，并用基本公式来表示。前面说过，从不同思维范式出发会得出不一样的结论，对此，有什么解决办法呢？这三条公式尝试提供解决的思路。

三维空间世界基本公式可以解释空间几何等重大问题，在人类实践中，为人类蒸汽机、桥梁等工程实践等提供重要的思维支撑。四维空间世界是人类思维范式的共同认知，是人类最为普遍的认知，人类发展史上，对自然的观察、发现、发明等主要从三维、四维空间世界出发，是人类最重要的思维范式。五维空间世界可以说明物质世界维度和人的意识维度相互依存、不可分离，心物相依是心学最为重要的观点。随着量子力学的发展，可以证明心物相依、不可分离的观点。这一观点，本人认为，随着人工智能的发展，极有可能成为人类思维的主要范式。

（3）人类思维范式基本原理的提出，其基本观点散见于各类学说中，但本章尝试从时空相依、不可分离，心（意识）物相依、不可分离两条基本原理出发，有机地把它们统一起来。

第一条原理、第二条原理：本人认为"时空相依、不可分离，心（意识）物相依、不可分离"是人类思维范式的最基本原理，由这基本原理出发，演绎出人类思维范式的其他原理。

第三条原理：这条原理是易经的基本内涵，这里有三点说明：一是把易经观点通俗化，便于人们更好地理解；二是强调物质世界和人的意识共同构成整体性系统；三是说明系统遵循整体性、因果性、交互性等原则。在人工智能时代，通过信息化手段，逐步将物质世界和生物世界相连接，这条原理将极可能成为人工智能思维范式的最重要原理。

第四条原理：这条原理是量子力学的基本原理，但这里旨在说明极微观世界决定微观世界这条基本原理。

第五条原理：本条原理是根据心物相依、不可分离的原理演绎出来的，也是本章的创新点，目的是解决人类自身认识世界、利用世界的需要。三维空间和四维空间世界是人类根据自身感觉的真实来认识、利用世界的。

第六条原理：这条原理的基本观点来自康德的《纯粹理性批判》，与《易经》所说的"形而上者谓之道，形而下者谓之器"的"道"和"器（术）"的意思是相一致的，和辩证唯物主义所讲的理论和实践的关系也是一致的。

第七条原理：本条原理回应人类思维维度基本公式，即三维空间、四维空间、五维空间世界的公式，本原理可有效地解决站在不同维度得出不一样结论的问题，解决人文科学和自然科学思维相对分离的问题，这是本章的重要创新点。

第二部分

自然环境与人类的演化

本部分以广阔的视角和宏大的时间尺度，交叉融合不同学科，从地球的演化、人类的演化出发，回答人与自然的关系，提出生存倒逼原理，分析人类社会的基本关系和社会制度成因。

如何理解人与自然的关系至关重要。自然产生人类，人类定义自然。人类定义自然，指的是人类这一动物种群根据自身与生俱来的直觉感知世界，按照人类自身的逻辑系统，逐步制定人类自身约定俗成的语言、文字等符号系统，从而形成人类自身独有的知识系统，这一知识系统不属于或不完全属于其他动物种群的知识系统。这一判断从不同动物种群同一时间对待同一事物产生的不同行为方式即可证明。

第六章　地球的演化

第一节　地球生命的演化

今天，人类与地心说、日心说那时的认知水平已不可同日而语。"帕克"太阳探测器飞向太阳，火星探测器已到达火星，太空望远镜已能接收遥远的太空信号，虽然对深邃太空依然知之甚少，但人类对深空的认知向前迈进了一大步。中央电视台纪录片《浩瀚宇宙》介绍，天文学家预测，宇宙中有几万个星系，银河系只是其中一个，银河系有2000亿至3000亿颗恒星，太阳是数以亿计的恒星系中的一员，像地球一样的无数行星笼罩在恒星的光芒之下，就像宇宙中的一粒尘埃，毫不起眼。对于人类赖以生存的地球，人类除了要深耕地球，还要跳出地球，从月球，从太阳系，从银河系反观地球，反观人类，这样才能更好地认识地球，认识人类自身。

太阳自诞生到现在，约50亿年，总寿命约100亿年，地球自诞生到现在约46亿年。地球并不大，但它拥有孕育生命所需的一切，它是缔造地球生命的福地。支持生命系统的是岩石行星，地球便是岩石行星。地球生命的存在受太阳、大气层、地球磁场、引力等诸多因素影响，但液态水的存在至关重要。与生命能量来源直接相关的是地球与太阳之间的距离，地球距离太阳 1.49 亿公里，这个距离不近也不远，正好使水能够以液态形式存在。为什么液态水如此重要？如果没有水，就没有办法使碳原子、氧原子以及微量元素形成分子，这些分子是构成生命的化学基础。如果水以冰的形态存在，冰冻住的块状物使碳原子、氧原子以及微量元素不能自由移动，不能互动，就无法构成生命的化学基础。因此，适宜的温度可以使水以液态方式存在，就像沙粒一样，可以互相混合，让原子与分子聚集在一起，最终构成生命的基本单元。

生命的起源必须首先寻找细菌。以地球上的泥土来说，蕴藏着许多东西，通过显微镜，可以看到一些叫作原生动物的微小生物，再继续放大，一把泥土就有数十亿个细菌，有许多生命存在，因此，一把泥土就藏着生命起源的秘密。所有生命物质的总和，即所谓的"生物圈"，只是薄薄地在地球表面覆盖了一层。单细胞及其前体生命形态，发生于地球地质史上的太古代和元古代时期，且迄今仍然遍布于地球表面的几乎所有苛刻环境之中，其中的蓝绿藻"唯我独尊地统治地球上海洋大约达 15 亿年到 20 亿年之久"（生物学家老克利夫兰·P. 希克曼语，见其《动物学大全》），它们作为最原始的初级生物存态，在生物界的现存总量照例首屈一指，须知正是它们构成了海洋水生生物的基层食物链，甚至地表土壤的形成及其主要组分中都有各种微生物的参与。

大约 38 亿年前，地球上出现第一个生命，至今这个星球已出现过近 10 亿个物种，目前生存着的有数百万个物种。生物社会发展和演化一般可分为三个阶段。一是以单细胞生物为主体的生物，二是以多细胞动物为主体的生物，三是以智人为主体的人类，人类社会是从生物社会中不断演化而来。

从生命诞生到寒武纪，单细胞生物主宰了地球。直到古寒武纪，即五亿七千年前的显生宙时期，生命出现了大爆发。多细胞聚合体的动植物才渐次繁荣起来，然而它们的生灭闪烁之状已如走马灯一般，曾经猖獗一时的巨型卵生爬行动物恐龙，称霸地球不过一亿八千万年左右就突然间销声匿迹了。在约 2.3 亿年前，第一批哺乳动物出现，5000 万年前，现代哺乳动物出现。大约 700 万年前，像猿一样的物种转变为两足直立行走的物种，人属动物出现了。若从人类制造石具算起，人类大约只有 250 万年的历史。生物种类的演化自生命出现至今，从未停止，人类并不在生物演化的顶端，也不是生物演化的终点。

《物演通论》中，王东岳根据现代物理、化学和生物学的研究成果，从博物学的总体角度审视，总结了地球生命演化的变化过程。如下图（见下页）。

今天我们到云南澄江化石地自然博物馆，观看距今约 5.2 亿年前海洋生物的化石群三叶虫、昆明鱼等化石时，相信很多人会发出不同的感慨，从鱼到人的演化过程中，依然有许多有待揭开的生命之谜。再过 5.2 亿年，不一定像人的智慧生物再看今天人类的化石时，他们的感受是否像今天的人类看到三叶虫、昆明鱼等化石的感受一样，也许只有时间才能给出答案。今天，人类的行动能力随着科技的高速发展，速度、力量、灵敏度等动作行为迅速退化，根据用进废退的原则，人类的手脚等肢体功能极有可能退化，再过几千万年甚至几亿年以后，人类的样子是否还是今天的样子，也许已是面目全非了。

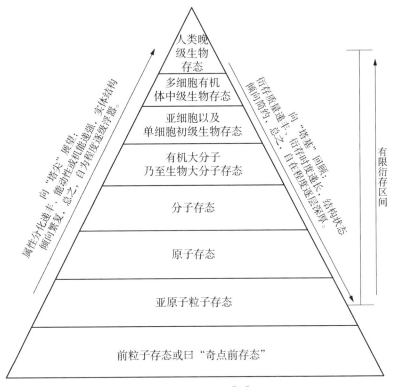

衍存梯度示意图[1]

（或可视为一种新的本体论模型）

第二节　中国自然地理格局

大陆漂移学说认为，地球上所有大陆在中生代以前曾经是统一

---

[1]《物演通论》，王东岳，中信出版集团 2015 年版，第 19 页。

的巨大陆块，大陆彼此之间以及大陆相对于大洋盆地间的大规模水平运动，称大陆漂移，大陆漂移构成了今天的世界版图。

青藏高原的产生就是印度板块和欧亚板块碰撞的结果。青藏高原的隆起，形成了今天中国的基本版图，决定了中国的地貌、气候、水系、生命，影响了中国的文明进程。下面，我们从珠峰高程的测量开始，谈谈中国的自然地理格局，再从中国的自然地理格局，谈谈自然环境与人类的关系。

据中央九台《登峰》节目报道：1975 年 5 月 27 日，中国登山队利用大地三角测量法，测得珠峰高程为 8848.13 米。2020 年 5 月 27 日 11 时，中国登山队登上珠峰，利用大地三角测量法、重力测量法、北斗卫星测量法进行测量，测得珠峰高程 8848.86 米。在 45 年时间内，珠穆朗玛峰增高了 73 公分。从 2008 年至 2020 年，珠峰向东北角方向挪动 30 公分。2015 年 4 月 25 日尼泊尔发生 8.1 级大地震，珠峰向西北方向挪动 30 公分。喜马拉雅山脉相对地球的历史来说，是非常年轻的山脉。尼泊尔大地震主要是印度洋板块和亚欧板块碰撞产生，板块碰撞已持续了 6500 万年，现在还在持续不断地碰撞。印度洋板块仍在以每年 44—50 厘米的速度北进，力量不断向外围扩散，使高原内部及其周围都成为地震高发带。

珠峰以后还会永不停息地演化。大多数时候，有如静水深流，缓慢而坚定，但当能量积聚到一定程度，就会山呼海啸，地动山摇，不断重构。能量释放之后，又进入缓慢、持续、相似的变化之中，周而复始，永无终点。如果放在地球几十亿年的生命中，就像在电光石火之间，已是万千变化。我们始终处在一个跃动不羁的地球之中，人类唯一能做的就是祈求自然之神的恩赐，希望自然能给我们一个适应生存的空间。

《这里是中国》是地理科普书籍，对中国自然地理格局进行了详细的解读。[1] 6500 万年前，印度洋板块和亚欧板块开始相互碰撞挤压，青藏高原开始剧烈隆起，它的海拔抬升至 4000 米以上，欧亚大陆东部的大气环流开始发生重大改变。

珠峰所在的青藏高原、横断山脉为中国第一级阶梯。青藏高原的平均海拔超过 4000 米，地壳厚度可达 80 公里，是世界上海拔最高的高原，有"世界屋脊"之称。它西起帕米尔高原，东至横断山，南抵喜马拉雅山脉南缘，北迄昆仑山—阿尔金山—祁连山北侧，东西长约 3000 公里，南北宽 300—1500 公里，其中绝大部分位于中国境内。青藏高原囊括了地球 14 座 8000 米级高峰。在青藏高原诞生以及隆起的过程中，与之相连的地区也受到挤压，这些地区进一步抬升，包括黄土高原、云贵高原、内蒙古高原等。新疆、甘肃、陕西、山西、内蒙古、四川、贵州、云南（部分）为中国第二阶梯。大部分海拔在 1000—2000 米。大兴安岭、太行山以东的东北、华北、华东、华南为中国第三级阶梯，中国的平原集中在东部，人口集中在东部。大部分海拔在 500 米以下。三级阶梯的梯度落差为东部形成冲积平原提供了条件。黄河、淮河、长江等大江大河冲出山谷后，坡度变缓，河道变宽，河水裹挟着泥沙肆意横流，形成了如同折扇的广阔台地，这叫冲积平原，这里土地平整肥沃，淡水充足。可以说，两大板块的地理大碰撞，造成了今天的中国自然地理格局。高寒的青藏高原，干旱的大西北，相对湿润的东部季

---

[1]《这里是中国》，星球研究所、中国青藏高原研究会，中信出版集团 2019 年版。

风区，形成了中国地势的三级阶梯，整体呈现出一种从荒原到人间的变化。

印度洋板块和亚欧板块相互碰撞，不断隆起的青藏高原形成了高原风机、超级水塔。在北纬 30 度沿线的地区，从北非到西亚，干旱地带几乎连成一片。但青藏高原例外，平均海拔超过 4000 米的高原比平原地区接收的辐射更多。夏季，高原表面吸收的太阳能不断加热地表上方的空气，相当于将一块巨大的太阳能电热毯放到 4000 米的大气层中。大气受热上升，地面气压降低，高原开始抽吸外围的气流补给，于是南亚季风、东亚季风被抽吸到高原，形成水汽气流，喜马拉雅山南缘降水非常充沛，北边形成巨大的冰川，冰川融水又形成高原湖泊群、高原湿地群，这样就形成了中华水塔，成了众多河流的发源地。这里是恒河、澜沧江、怒江、独龙江、雅鲁藏布江、象泉河、狮泉河、孔雀河的发源地，成为亚洲诸多文明的源泉。黄河、长江发源于三江源地区，沿着三级阶梯顺流而下，由此孕育了中华文明。

青藏高原阻断水汽北上，冬季强劲的西风吹起西北沙漠中的沙尘，沿着青藏高原的北部边缘向东推进，沙尘颗粒在太行山以西、秦岭以北降落，形成了黄土堆积厚度最高达 400 米的黄土高原，这为农业种植提供了良好的土地条件。由此，形成青藏高原高寒区、西北干旱半干旱区、东部季风区。

根据《这里是中国》的数据，中国版图上，从陆地地貌类型来讲，可以划分为 33％的山地、26％的高原、19％的盆地、10％的丘陵、12％的平原。从土地利用类型来讲，它可以划分为 38 亿亩林地、33 亿亩草地、20 亿亩耕地、4.7 亿亩城镇村及工矿用地、0.55 亿亩交通运输用地等。粮食生产最重要的条件是耕地和种子，作为大米、小麦等主粮生产的耕地只有 20 亿亩，18 亿亩耕地保护是红线，按中国 14 亿人口比例测算，中国是人均耕地非常少的国家。

第三节　自然环境与人类的关系

从自然环境对人类的影响来看，其中气候、水源、土地对人类生存空间的影响最大。一是气候。气候对人类的影响，主要受高原的空气稀薄和寒冷、高纬度的寒冷方面的影响。青藏高原、北极、南极居住条件都非常恶劣，人类固定居住的人员很少。人类居住集中地主要在热带、亚热带、温带等低纬度、低海拔地区。二是水资源。水资源是人类生存的重要条件，如撒哈拉沙漠，虽然处在低纬度地区，但水资源稀缺，人类仍然难以生存。海洋中含有十三亿五千多万立方千米的水，约占地球上总水量的 97%，而可用于人类饮用的淡水只占 2%。只占 2% 的淡水在全球的分布极不均匀，人类主要居住在江河湖泊沿岸地区。三是土地资源。地球上海洋总面积约为 3.6 亿平方千米，约占地球表面积的 71%，平均水深约 3795米。29% 的陆地总面积，需减除空气稀薄和寒冷的高原地区，高纬度的北极、南极地区以及山区、缺水地等地区。因此，可供人类居住的土地资源就显得非常重要。

以中国的自然地理格局为例。自然环境对人类的诞生、繁衍、迁徙、居住等发展起到决定性的作用。珠峰所在的青藏高原、横断山脉为中国第一级阶梯，高海拔形成的高寒、缺氧使人类难以生存。西藏自治区面积 122.84 万平方公里，约占中国总面积的八分之一，截至 2021 年，第七次全国人口普查结果为 364.8 万人；青海省总面积 72.23 万平方公里，截至 2021 年，第七次全国人口普查结果为 594 万人。西藏、青海总面积为 195.07 万平方公里，总人口为 958.8 万人。占了国土总面积 20.2%，只占全国总人口 0.66%。新疆、甘肃、陕西、山西、内蒙古、四川、贵州、云南（部分）为中国第二阶梯，新疆、内蒙古及黄土高原等严重缺水，云贵高原缺少平整的土地。以新疆为例，总面积 166.49 万平方公里，约占中国国土总面积的六分之一，第七次全国人口普查结果为 2589 万人。大兴安岭、太行山以东的东北、华北、华东、华南为中国第三级阶梯，纬度主要处在亚热带、温带，海拔基本都在 1000 米以下。平原占中国总面积的 12%，都集中在东部，东北的黑龙江、松花江，华北的黄河，华中、华东的长江，华南的珠江都集中在此处，中国与海洋的接壤也全部在此，中国第三级阶梯基本处在低纬度、低海拔、淡水充足、土地平整肥沃的地区，成为中国人口最密集、经济最发达的地区。

为了进一步说明以上问题，现将阿里地区和江苏、浙江、福建三省进行比较。

青藏高原的阿里地区，是西藏平均海拔最高的区域，平均海拔在 4500 米以上，被称为"世界屋脊的屋脊"。根据国家统计局第六次全国人口普查，阿里地区的总面积达 34.5 万平方公里，人口 95465 人，人口密度仅为每平方公里 0.28 人。阿里地区过高的海拔导致生存环境恶劣，高寒缺氧，人烟稀少，这是最重要的原因。

东南沿海江苏省面积 10.2 万平方公里，人口 7866 万人，人口密度每平方公里 771.18 人；浙江省面积 10.4 万平方公里，人口 5442 万人，人口密度每平方公里 523.27 人；福建省面积 12.4 万平方公里，人口 3689 万人，人口密度每平方公里 297.50 人。江苏、浙江、福建三省共 33 万平方公里，人口共 17176 万人，人口密度每平方公里 515.06 人。江苏、浙江、福建三省的总面积比阿里地区少 1.45 万平方公里，人口多出 17176 万人，人口密度每平方公里多出 514.78 人。

江苏、福建两省气候、水源总体一致，但江苏、福建因为土地情况不一样，也产生巨大的差异。江苏总面积比福建少 2.2 万平方公里，人口多出 4177 万人，人口密度每平方公里多出 473.68 人。在气候和水源条件接近的情况下，江苏处在长江下游的冲积平原，土地肥沃，河网密布，长江口与大海相连，交通极为方便。福建处在沿海丘陵地区，八山一水一分田，陆路交通极为不便。从中可以看出，福建与江苏相比，在气候、水源相似的情况下，土地平整与否是决定两地人口居住数量多少的主要因素。[1]

人类可用的土地资源，最好的位置主要在大江大河下游的冲积三角洲。在中国的版图上，人口密度最大、经济最发达的地区是处于黄河中下游的京津冀地区、长江中下游的长江三角洲、珠江下游的珠江三角洲，都是气候宜人、淡水充足、土地平整肥沃的地区。

---

[1]《这里是中国》，星球研究所、中国青藏高原研究会，中信出版集团 2019 年版。

第七章　人类的演化

对于人类的演化历史，目前学术界一般采用考古和基因两种手段进行探索，基因测序在古人类学研究方面已广泛应用。本书从考古学和基因科学的不同视角来看人类的演化。

第一节　人类的历史

从地球生命的演化历史中，我们知道，地球的历史约 46 亿年，生物演化历史约 38 亿年，人类本身的起源，大约在 700 万年前。中国科学院刘嘉麒院士说，若把地球历史浓缩成一天，人类的历史只有 1 分零 17 秒。

关于人类的出现，有一个专门的学科叫古人类学，本书以理查德·利基的研究为依据。理查德·利基，世界著名古人类学家，曾担任肯尼亚国家博物馆馆长 30 多年。理查德·利基 1944 年出生于肯尼亚，父母亲都是杰出的古人类学家，利基家族被誉为"古人类学第一家族"。1959 年，母亲玛丽·利基发现了东非的第一件早期人类化石。这一发现使古人类学界开始将非洲视作人类的摇篮。1969 年，理查德·利基和团队成员在干涸的河床上发现了完整的古人类化石人

骨——南方古猿鲍氏种。这一年，理查德·利基成为利基家族的第二
代成员，在接下来的 30 多年时间里，他主导了多次图尔卡纳湖的考
察，发掘出 200 多块化石，其中，1972 年发现几乎完整的能人头骨，
1975 年发现直立人骨。1977 年，《时代》杂志封面展示了他与能人复
原图的形象。1984 年，他和团队发现所有标本中最具历史意义的一
具几乎完整的年轻男性直立人骨架。这具 160 万年前的骨架，绰号
"图尔卡纳男孩"，是迄今为止发现的最完整的古人类骨骼化石之一。
理查德·利基实现了每个人类学家的终极梦想——挖掘一具完整的
人类始祖骸骨。现根据理查德·利基的《人类的起源》，对人类的
历史粗略地进行介绍。人类演化的历史如图：[1]

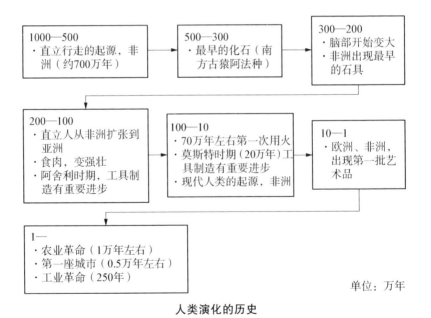

单位：万年

人类演化的历史

---

[1]《人类的起源》，〔肯尼亚〕理查德·利基，浙江人民出版社 2019 年版。

　　第一阶段，人类家族本身的起源，大约 700 万年前，像猿一样的物种转变为两足直立行走的物种，人类和黑猩猩从共同的祖先中分离出来。人类直立行走的起源在非洲。两足行走的出现，不仅是生物学上的重大改变，也是人类适应性上的重大改变。两足行走可以解放上肢操纵工具，操纵工具可以让人类更方便捕猎，从而增加食物种类。捕猎等社会化行为也促进了大脑脑量的增加，这种进化的特征奠定了人类历史演变的基础。

　　第二阶段，从南方古猿阿法种化石来看，这种两足直立行走的物种开始繁衍扩散，生物学家将这一过程称为适应性辐射。在距今 700 万至 200 万年前之间，两足猿进化成许多不同物种，各个物种能分别适应稍稍不同的生态环境。

　　第三阶段，在距今 300 万至 200 万年前之间，在这些扩散后的物种里进化出脑部显著增长的物种。玛丽·利基于 1959 年发现了东非的第一件早期人类化石。路易斯·利基和玛丽·利基夫妇一起参与研究，将这个标本命名为"鲍氏东非人"。人类学家首次应用现代地质测年法，确定鲍氏东非人生活在距今 175 万年前。由于假定他是南方古猿粗壮种在东非的变体或地理变异种，鲍氏东非人这个名字最后变为南方古猿鲍氏种。这些人种都是两足行走，脑部较小而且颊齿较大。

　　从非洲出现最早的石器来看，脑部开始增大标志着第三阶段的到来，是人属出现的信号。人类在 250 万年前开始使用两块石头碰撞，以制造边缘锋利的工具，从而开启了使用一系列技术的人类史前时代。人类的这一分支自直立人进化而来，最终成为智人。现代智人是指拥有鉴别和创新技术能力、有艺术表达能力、有内省意识和道德观念的人。

第四阶段，现代人的起源，即像我们这样的人开始进化，并伴随着自然界从未出现过的语言、意识、艺术想象力和技术创新。[1]距今 200 万—100 万年之间，直立人从非洲扩张到亚洲，人类开始食肉后，身体变得强壮。

从工具的变化来看。140 万年前直立人进化后，从奥杜威工业到阿舍利工业，开始学习工具制造，石器的组合形式变得更加复杂。早期人属制造了简易工具，直立人的进化增加了工具的复杂性。经过 100 多万年的技术发展瓶颈期后，直立人简单的手斧工业发展成复杂的大石片制作技术。阿舍利工业时期只有 12 种广泛使用的工具，而此时利用新技术制作的工具多达 60 种。

大约 70 万年前，人类第一次用火；约 20 万年前，莫斯特时期，工具制造的能力变强。在大约 3.5 万年前的欧洲，人们开始用击打的石刀制作形状精巧的工具，骨头和鹿角也第一次被用作制造工具的原材料。工具有 100 多个种类，包括制作粗布衣的工具和用于雕刻的工具。同时，工具也开始变成艺术品。

大约 3 万年前，非洲和欧洲出现了第一批艺术品，最引人注目的是洞穴深处的壁画，其中表现出了与我们祖先相同的精神世界。人类学家认为在大约 3.5 万年前突然出现的艺术表现力和精致的手工技术清晰地预示了现代人的进化，英国人类学家肯尼思·奥克利在 1951 年最先提出，现代人类行为的繁盛和完全现代化的语言的首次出现密切相关。语言的进化被广泛认为是人性出现的终极标志。

从古人类骨骼化石来看。1984 年，理查德·利基及其团队发现

---

[1]《人类的起源》，〔肯尼亚〕理查德·利基，浙江人民出版社 2019 年版，"现代人起源"，第 111 页。

的"图尔卡纳男孩",是迄今为止发现的最完整的古人类骨骼化石之一,图尔卡纳男孩是直立人,直立人种是人类进化史上关键的一个人种。图尔卡纳男孩可以帮助我们了解 160 万年前早期人类的解剖结构。图尔卡纳男孩身高近 1.8 米,体格健壮,肌肉有力,即使今天最健壮的职业摔跤手也不是他的对手。早期直立人的脑部比其祖先南方古猿大,大约有 900 毫升,但没有现代人大,现代人的大脑容量约 1350 毫升。直立人的头骨又长又低,前额小,颅骨厚,颌骨和眼睛上方的眉脊突出。这种基本结构特征延续到大约 50 万年前,在此期间直立人的大脑容量增大到 1100 毫升。此时,直立人群体由非洲向外扩散,逐渐占据了亚洲和欧洲的广大地区。

　　现代智人的进化发生在距今 50 万至 3.4 万年之间。从 3.4 万年以内的人类化石的解剖结构来看,他们身体不太粗壮,肌肉不太发达,面部较扁,头盖骨较高,颅骨壁较薄,眉脊不突出,大多数标本的脑部较大。根据这段时间内在非洲和欧亚大陆发现的化石和考古记录,可以确定,进化活动的确在以活跃且混乱的方式进行。尼安德特人生活在距今 13.5 万到 3.4 万年前之间,分布在从西欧经近东地区直到亚洲的广大区域。在距今 50 万至 3.4 万年之间,整个旧大陆的许多不同人群都发生种种进化。从希腊的佩特拉罗纳人、法国西南部的阿拉戈人、德国的斯坦海姆人、赞比亚的布罗肯山人等地的化石来看,他们的化石有很多差异,但有两点相同:一是都比直立人更高级,脑部更大;二是比智人原始,头骨较厚且结构粗壮。人类学家将他们贴上统一标签:远古智人。

　　加利福尼亚大学伯克利分校阿伦·威尔逊及其团队,通过对古人类 DNA 的研究,在 1987 年的《自然》杂志首次发表成果,他说:智人从古老型向现代型的转变于 14 万到 10 万年前首次出现在非洲，现今的所有人都是他们的后代。

大约 1 万年前，出现农业革命，世界各地的狩猎—采集者独立发明各种农业技术；5000 年前左右，出现了第一座城市。农业社会经历了一万年左右，人类社会实现跨越性发展，从农业革命进入工业革命，公元 1775 年瓦特蒸汽机开始量产，并成为人类生产制造活动的标准配置，从此人类进入 1.0 工业时代。2.0 时代是电力时代，实现了大规模生产。3.0 时代是电子和信息时代，实现了生产的自动化。

第二节　人类与基因

根据《基因启示录》，对基因的三大定律进行介绍，依据基因三大定律分析基因与人的关系，分析人类精神的演化特征。[1]

1. 基因三大定律

基因跟每一个生命体息息相关。基因的三大定律包括决定律、工作律、演化律。

（1）基因是什么？

基因是什么？基因是上一代传给下一代的遗传因子，包含着重要的遗传信息。所有生物都是细胞组成的，DNA 是细胞核里的一团酸性化学物质，呈双螺旋结构，DNA 是生物界的遗传物质，DNA 中文名叫脱氧核糖核酸。DNA 是一部用 4 个符写成的书——

---

[1]《基因启示录：基因科学的 25 堂必修课》，仇子龙，浙江人民出版社 2020 年版。

A、T、G、C，这 4 个字符代表着 DNA 的 4 种化学成分，学名叫碱基，人类 DNA 总长度为 30 亿个碱基对。有的基因比较小，只有数百个字符，有的基因很大，有数千个字符。DNA 片段负责编码蛋白质的信息，一个基因编码一个蛋白质。

人类从一个受精卵发育而来，受精卵由父亲的精子和母亲的卵子融合形成一个细胞。受精卵会不停地分裂，一分为二，二分为四，四分为八，八分为十六，一直分裂出人体里的大约 50 亿个细胞。当受精卵分裂到八个细胞的时候，每个细胞还是一模一样。但是从八个细胞以后，每一个细胞的命运就发生了变化，变得五花八门。

（2）决定律：基因是生物体四维信息的集合

基因从一维信息变成四维生命的过程，就是表达蛋白质的过程。三维的身体需要无数的蛋白质，感受信息、判断抉择与做出反应的行为过程也需要数不清的蛋白质。现代汽车智能工厂被称为黑灯工厂，智能化、全自动化。人体里比超级工厂还要繁忙的地方，那就是细胞，每个细胞只有几十微米大小，必须用显微镜才能看到，几乎每时每刻都在进行生产。

（3）工作律：基因的开关、分工及层级管理

基因的开关。基因最核心的工作就是生产蛋白质。基因打开，表示基因正在工作，产生蛋白质；基因关闭，表示基因停止工作，不产生蛋白质。基因产生蛋白质的过程有两个步骤。第一步是细胞核里的基因会被蛋白质按照 A、T、G、C 的顺序合成信使 RNA。第二步是信使 RNA 会被运送出细胞核，在细胞里产出蛋白质，组成细胞的各种成分，运送到需要的地方行使生理功能。

基因的分工。所有生物的基因都可以分为三类：工人基因、管理基因和信号兵基因。工人基因，是细胞工厂的主力军，它们生产

的蛋白质构成了我们的身体，比如肌肉里的肌原纤维蛋白、皮肤里的胶原蛋白、分解食物和产生能量的蛋白酶。管理基因，它们生产的蛋白质有个特点，它们永远待在细胞核里，对身体的三维结构和生理机能不产生实质性影响。它们就像公司管理层的经理和高管一样，只干管理工作，只负责工人基因的表达。信号兵基因，它们生产信号兵蛋白质，负责把重要的信号传达给管理者，告诉它们在什么时间、什么地方，打开什么基因。管理基因什么时候开始工作，什么时候按兵不动，必须听从信号兵的指令。工人基因、管理基因和信号兵基因这样配合工作：信号兵基因开关信号，收到信号的管理基因发出打开或关闭工人基因的命令，开始或停止合成蛋白质，而被合成的工人蛋白质负责去身体干活，维持机体的正常运转。

身体里有肌肉细胞、神经细胞、血细胞、骨细胞等不同的细胞。用皮肤细胞的生长来举例说明。让皮肤细胞开始生长的是一种蛋白质，叫表皮生长因子，皮肤细胞的表面有一种感受器，是一种工人蛋白质，它能专一识别表皮生长因子。一旦表皮生长因子出现，这种感受器马上向细胞发出信号，说明细胞要生长。这时信号兵蛋白质揣着信号从细胞质跑进细胞核，把指令递给管理基因，管理基因接到指令后，开动细胞工厂，从表皮生长信号被感受器发现，到第一个工人蛋白质被生产出来，整个过程只要短短几分钟。

这样的基因表达过程，在我们身体的每个细胞里每时每刻都在发生着。每一个身体大概有 50 万亿个细胞，每个细胞中都有2000—3000 个基因在同时表达，这是一个高速运转的工厂。

基因的层级管理。基因的管理方法跟公司的组织架构非常相似。管理者层层下达工作指令，均由上一级的管理者基因负责打开下一级的管理者基因，最低一级的工作指令直接打开工人基因。经过研究，首席执行官层级的管理者基因叫 MyoD，它能单枪匹马地决定细胞的命运。

细胞分为终端分化细胞和干细胞。皮肤细胞和肌肉细胞在生物学中被称为终端分化细胞，它们的命运无法更改，只能在自己的工作干一辈子，衰老以后被分解。在皮肤细胞和肌肉细胞走上工作岗位之前，称之为干细胞。干细胞的含义是能成为任何细胞的细胞，受精卵中最厉害的就是干细胞。这可以成为全身上下无数种不同命运的终端分化细胞。身体生长就是干细胞分化形成不同种类的细胞的过程。

（4）演化律：基因突变

地球生命的诞生已有 38 亿年，从单细胞生物向多细胞生物演化过程中，基因突变和基因重组推动基因的演化，产生具有不同功能的蛋白质，最终形成了各个物种。跟基因突变相比，基因重组加速了生命演化的进程。

基因演化，用计算机程序开发的语言来说，就是小步快跑，试错迭代，通过迭代更新，不断演化出不同的版本。事实上，38 亿年前诞生的基因就是用这种方式进行演化的，学术名称叫基因突变。

DNA 是遗传物质，它的核心任务是从上一代传递到下一代，在这一过程中，DNA 需要复制自己。DNA 在复制过程中，会有一大群蛋白质检查错误，但百密一疏，亿个碱基对中总会有一些没有被纠正的错误会遗传到下一代，从而改变蛋白质的性质，这就是基因突变。

基因突变发生的概率只有十亿分之一，所以叫作点突变。基因突变以后会有两种情况，一种是导致细胞失去正常的生长控制，产生癌症；另一种，基因突变会产生差异，这种差异在另一种场景下可能成为优势。

生物保存基因的策略是尽快将基因传给下一代。因为基因很容易被外界环境毒害，被放射性物质、化学物质等破坏。即使外界环境十分安全，生物体的基因也会缓慢发生突变，生物体的寿命越长，患上癌症的概率就越大。

（5）演化律：基因重组

基因演化的过程，在生物体繁殖后代的过程中完成。我们常说："龙生九子，各有不同。"同一父母所生，只要不是同卵双胞胎，兄弟姐妹之间都会产生差异，甚至反差很大。每个人身上的DNA都有一半来源于父亲，一半来源于母亲。每个人DNA不一样，除了基因在复制时产生的突变外，还有一个很重要的原因就是染色体与基因的重组。

人类的DNA具有由A、T、G、C四种碱基组成的双螺旋结构，严格说来是由两组各包含30亿个碱基的长链螺旋构成。之所以形成稳定的双链，是由于碱基的化学特性——A与T之间、G与C之间能够通过特别牢固的化学作用连接在一起。也正是因为这两条碱基长链相互配对的原理，我们知道了一条碱基的信息，就等于知道了另一条碱基链的信息。因此，我们把由30亿个DNA碱基对组成的整体称为基因组。

这30亿个碱基对组成的DNA并非一整条，而是在漫长的生物演化过程中被慢慢分开，打成了23个包，打包的材料是蛋白质。由DNA与蛋白质构成的包裹可以被化学染料染色，称为染色体。

人类是双倍体。人类的精子是个细胞，含有来自父亲的30亿个碱基对，由23条染色体组成，也叫单倍体。人类的卵子，含有来自母亲的30亿个碱基对，由23条染色体组成，也叫单倍体。精子和卵子融合，组成了一个含有46条染色体的双倍体，从而孕育出一个完整的人。

孩子的性别在精子和卵子结合的那一刻决定。第 1 号至第 22 号染色体男女一样，23 号染色体是决定性别的关键。

父亲第 23 条染色体中有两种可能：X 或 Y，Y 染色体是人类身上最小的染色体，只包含 20 多个基因，其中决定性别的只有一个——SRY 基因。母亲第 23 条染色体中只有一种可能性：X。因此，决定生男生女的关键在于父亲，如果是 X，生女孩；如果是 Y，生男孩。

同一父母所生，兄弟姐妹之间的遗传为什么差异那么大？遗传，一方面是尽可能地把上一代的特征信息通过基因高保真地传给下一代，这方面，可通过 DNA 复制的高保真来实现，基因突变的概率低于十亿分之一；另一方面，尽可能地保持基因信息的多样性，这方面，主要通过生物体的有性繁殖来实现，有性繁殖主要通过雄性与雌性的交配来实现，雄雌生殖细胞相互融合后产生后代。

简单的单细胞生物，是无性繁殖的。无性繁殖的细菌，没有雄雌之分，繁殖过程是细胞一分为二，变成两个细胞。在细胞分裂的过程中，所有的 DNA 都要复制一遍。细菌的后代与上一代一模一样，无性繁殖本身不会让下一代的基因多种多样。细菌繁殖的特点是快，只需要几十分钟就能完成分裂，只要有足够的营养，后代数量就能以指数级增长。

有性繁殖可以让后代的基因多种多样，原因一是染色体的随机洗牌，一是染色体交叉互换。人类的细胞是单倍体，有 46 条染色体，在形成精子或卵子的时候，细胞会分裂，最后形成只有 23 条染色体的生殖细胞，被称为单倍体，这个过程叫减数分裂。

父母通过精子和卵子的融合把基因传给下一代。因为人类有 23 对染色体，这 23 对染色体会一分为二，把同源配对的两条染色体分开，随机分配给精子和卵子。这样的话，位于不同染色体上的基因就有了一次随机洗牌的自由组合机会。

为什么短短 38 亿年，地球生命演化出了近 10 个物种，演化出人类这样智慧的生命？答案是基因突变与基因重组，与基因突变相比，基因重组加速生命演化的进程。

基因重组有两个特点：第一，对蛋白质改变的规模更大。基因突变的规模仅限于一个或几个碱基。基因的外显子可以在不同的基因里跑来跑去，对于一个基因来说，它有可能获得其他基因的外显子，也有可能把自己的外显子送给其他基因，整个过程就像玩扑克牌一样，外显子是扑克牌，时不时需要洗一下牌，重新发一次。外显子基因对应的是蛋白质的独立功能单元，所以通过洗牌的新基因能快速获得与原有的基因不一样的新功能。第二，基因重组的环境更自由。基因几乎可以随便重组，但在漫长的演化过程中，只有对生物生存与繁衍更有利的基因重组才会被保留下来。

从基因演化来看，地球生命的诞生已有 38 亿年，从单细胞生物向多细胞生物演化过程中，基因突变和基因重组推动基因的演化，产生具有不同功能的蛋白质，最终形成了各个物种。

2. 基因与人

从猿到人的演化历程：南方古猿、能人、直立人、早期智人、现代智人。关于人类演化，既有化石证据，也有从古人类化石身上提取的 DNA 证据。人类与其他动物最大的区别是大脑的发育，认知能力大幅提高。人类区别于其他动物的主要特征是具有可塑性的大脑。

大脑是如何处理和储存信息的？首先是感觉器官感知的外界信息传入大脑，神经元接收和发出电信号。当神经元接收到电信号之后，信号兵把电信号转换为化学信号，然后传给管理者，最后启动工人基因的表达，生产蛋白质。接着，新生成的蛋白质会被运送到突触里，神经元的信号因此增强。

突触是连接神经元的枢纽，是由数百个蛋白质组成的接收和发送电信号的装置，起作用的蛋白质越多，能够发出的电信号就越强。人类的大脑通过神经元之间的具有可塑性的电活动记录下了我们看到、听到、嗅到、品到、触摸到的万事万物。可塑性是终生存在的，学习产生的基因表达会让我们的大脑潜力得到充分发挥。如果你不利用大脑的可塑性，不学习新知识，那你的神经元里的基因就不会打开。

生活经历的遗传。基因科学告诉我们，基因决定了人类的性格、亲密关系和学习能力等方方面面。严格来说，人类的基因是生物世界一代一代传下来的，基因经过四十亿年的不间断地传递、突变、重组，才成为今天的样子。

人类文明一般通过语言等符号系统、考古痕迹等进行追溯，而基因科学可以将人类基因储存的信息追溯到非常久远。基因储存的信息非常古老，可以追溯到地球以及地球生命的起源。基因可以把上一代的生活经历遗传给下一代，这种经历不是人类特有的，是经过几十亿年的物种演化过程逐步累积遗留在基因里面的。

1944 年，第二次世界大战期间，这一年冬天非常寒冷，荷兰发起了反对纳粹德国的起义，结果失败了。纳粹德国切断对荷兰的粮食供应，数以万计的荷兰人死于这次饥荒。数十年后，在流行病学调查中惊奇地发现，出生于 1945 年的荷兰人非常容易患上高血脂、肥胖、糖尿病等代谢性疾病。科学家对比了同一家庭中在发生饥荒的冬天孕育的孩子和饥荒过后生下的孩子，研究发现，饥荒中的母亲体内产生了一些信号，对胎儿体内与能量代谢有关的基因做了一些特殊的标记。这些标记叫作 DNA 甲基化修饰。基因被甲基化修饰以后就不能被打开，无法产生蛋白质，但这些标记并没有改变基因本身，称为表观遗传学修饰，意思是遗传学以外的修饰。这个表观遗传学修饰系统是储存在母亲基因组里的应急预案。这个应急预案可以把一些浪费能量的基因关掉，以便渡过难关。很多动物就是靠这个应急预案活了下来。

父亲的一些习惯也可以遗传。2017 年，中国科学家发现，如果雄性大鼠被可卡因诱导成瘾，这些成瘾大鼠的儿子甚至孙子都会表现出对毒品更强的渴望，更容易产生可卡因成瘾。造成这种现象的原因与荷兰饥荒时母亲的孩子一样，成瘾大鼠的基因被甲基化修饰了。由此可见，父亲也可以将生活经历遗传给孩子。甲基化修饰并没有改变基因本身，而是激活了基因里的古老程序，即对基因进行甲基化标记，被一代一代遗传下来的是这个古老的程序。

第三节　精神的演化

人是自然的产物，人由体质和智质构成，生物的体质和智质相互依存，不可分离。人类的智质，即精神也是自然的产物。人的精神，本质上是自然的一种感应方式。无机物质和有机生命都存在感应。从物理感应、化学感应到生物感应，感应的程度不同，感应的方式也不同，感应总是无始无终、无限循环。总之，人的精神与自然界的物理感应、化学感应的属性一脉相承，因此，精神的种子本性自有，必须依托外在环境的熏习才能生长，现行生种子，种子生现行。一旦遇到合适的外在环境，如遇春雨，便破土而出，什么种结什么果，果又潜藏，一遇合适外境，又被激活，因果循环，不断轮回。

下面从生物的感知能力如何产生、从基因定律看智质的变化、大脑容量及意向性的度数、精神哲学的感应属性增益原理这些方面来谈精神的演化。

1. 生物感知能力

从生物演化历史来看，生物的感应性呈放大趋势。物理学上的电磁力及万有引力等，就是物质存在度相对偏高状态下的初级感应形式；这种初级作用力又是较为复杂的化学作用力的前提。接下来，再以种种理化感应力为基础，随存在度或生存度之日趋弱化而代偿性地相继发生出单细胞生物的动趋能力，低等多细胞生物的趋性反应，脊索动物的反射行为乃至高等动物的感官发育、本能应答以及学习能力等。至于人，则已弱化到所需感应的条件如此之多，仅凭感觉和本能反应不足以迎合诸多自存之条件，这才有了大脑皮层和思维逻辑得以发生的代偿基础。可见，人类"感知能力"本质上不过是物质"感应作用"的自然延展或代偿扩容。[1]

精神存在或感知能力的自然发育经历如下的渐进过程：感应（理化阶段）——感性（原始低等生物阶段）——知性（脊椎动物阶段）——理性（人类文明符号化以后）。且在任何后项之中都一无例外地包含着各前项，并以全部全项作为自身的基础和支配项。[2] 即在亚原子以前的宇宙进程中，作为精神前体的物理感应属性就已经将未来精神存在的基因及表达规定下来了，精神的自然发育过程永远以遗传为基础，不断传承、变异。

生物演化有三个阶段，即：以单细胞生物为主体的"初级亚结

［1］《物演通论》，王东岳，中信出版集团 2015 年版，第 82 页。
［2］《物演通论》，王东岳，中信出版集团 2015 年版，第 126 页。

构社会形成"，以多细胞动物为主体的"中级低度结构化社会形态"和以智人为主体的"晚级高度结构化社会形态"，这表明人类社会是从生物社会中增长出来的。[1]

通过生物演化历史，可以看出，愈低等级的物种，对精神的依赖度越低，物种存续时间愈长，如单细胞生命体，物种存续时间已超过 20 亿年。愈高等级的物种，对精神的依赖度越高，物种存续时间愈短，如人类，物种存续时间大概也不过 700 万年。

精神存在或感知能力的自然发育过程：

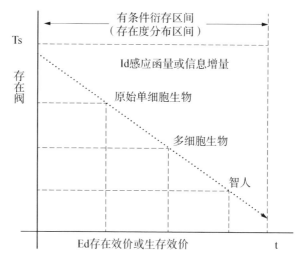

属性分化起点

Id=F(Ed)

Ed+Id=Ts

[2]

精神存在或感知能力的自然发育过程

---

[1]《物演通论》，王东岳，中信出版集团 2015 年版，第 500 页。

[2] 本图为作者根据精神的感应属性增益原理坐标图所作，未经王东岳先生审阅。

从图中可以看出：存在度高，感应度偏低，感应性状偏简单；存在度低，感应度偏高，感应性状偏复杂。存在度与感应度成反比例关系。

2. 从基因定律看智质的演化

基因的演化包括三大定律：决定律、工作律、演化律。决定律说明基因是生物体四维信息的集合。工作律说明基因的开关、分工及层级管理。所有生物的基因都可以分为三类：工人基因、管理基因和信号兵基因。工人基因，是细胞工厂的主力军，它们生产的蛋白质构成了我们的身体；信号兵基因生产信号兵蛋白质，负责把重要的信号传达给管理者；管理基因通过信号兵基因向工人基因传达生产命令。演化律介绍基因突变和基因重组。基因突变和基因重组推动基因的演化。基因的管理方法跟公司的组织架构非常相似。管理基因通过信号兵基因层层下达工作指令，均由上一级的管理者基因负责打开下一级的管理者基因，最低一级的工作指令直接打开工人基因。

人类身体里有肌肉细胞、神经细胞、血细胞、骨细胞等各种不同类型的细胞，工人基因在这座超级工厂非常繁忙，要想维持这座超级工厂正常运转，信号兵基因时时刻刻要传达命令，管理基因层层下达工作指令，最低一级的工作指令才能直接打开工人基因。一座超级工厂，必须有一套复杂的生产系统，从总平台到各个子系统，形成复杂的组织架构，相对独立，相互依存，环环相扣。细胞由体质和智质构成，人类的细胞工厂，需要庞大的智质系统维持运营。

从基因的工作律来看，愈低等级的物种，如单细胞生命体，细胞结构越简单和稳定，对管理基因的依赖度越低；愈高等级的物种，如多细胞物种，细胞结构越趋复杂和失稳，对管理基因的依赖度越高。人类身体里有肌肉细胞、神经细胞、血细胞、骨细胞等各种不同类型的细胞，多种细胞类型的结构复杂，容易失稳，管理基因需要一套复杂的管理系统，进行层级管理，通过信号兵基因命令工人基因生产蛋白质。换言之，多种细胞类型的结构复杂，体质的趋弱和失稳需要发达的智质系统进行代偿，这种递弱代偿方式是人类智质越来越发达的内在原因。

3. 大脑容量的演化

生物演化的历史，同时伴随着大脑容量的演化。神经生物学家哈里·杰里森长期研究陆地在出现生命以后大脑的进化过程。[1]大脑随着时间的推移发生了惊人的变化：新动物群或亚群的产生通常伴随着脑部相对大小的巨变，这被称为脑部的扩大化。当第一批哺乳动物在约 2.3 亿年前出现时，它们的脑量比爬行动物的平均脑量大 4—5 倍。随着 5000 万年前现代哺乳动物的起源，脑量发生了类似的变化。在全体哺乳动物中，灵长类动物的脑容量最大，是哺乳动物平均脑量的 2 倍，而灵长类动物中猿类脑量最大，大约是灵长类动物平均脑量的 2 倍，而人类脑量大小是猿类平均脑量的3 倍。

理查德·利基根据化石的测定，对人类脑量的变化进行了研究。自从 250 万年前人类开始使用工具以后，随着狩猎—采集这种生活方式的发展，人类技术得到快速发展，制作的工具更为精细复杂。最早的南方古猿脑容量为 400 毫升左右，160 万年前早期直立

---

[1]《人类的起源》，〔肯尼亚〕理查德·利基，浙江人民出版社 2019 年版，第 195 页。

人图尔卡纳男孩脑容量为 900 毫升，50 万年前直立人脑容量为 1100 毫升，今天人平均脑容量为 1350 毫升。为应对内、外部复杂的环境，需要日益复杂的工具制造技术，这与脑容量的增大形成因果关系。

在大脑结构研究中，大脑影像显示，意念产生的位置局限于大脑某些特定的区域，这些区域包括部分前额叶皮层，以及颞叶中的颞顶节点，也就是颞叶和顶叶连接的地方。研究证明，核心意念区域的神经活动量和心智活动的度数存在正比例关系，心智活动的度数越高，需要的神经元越多。能够做到高度心智活动的人，往往在前额皮层有着更大的眶额区（在眼睛正后方的上部）。灵长类动物大脑在社会化的活动中，会消耗更多的能量，高度数的意向性需要更多的神经元参与，从而完成高度数的意念活动。

能够完成高度数的意念活动的物种，需要更大容量的大脑。在类人猿灵长类的大脑额叶区域，恰恰在进化后期快速增大，在社会化活动最多的物种中，大脑额叶区域最大。这反映出，灵长类动物为了生存，需要演化出大容量的大脑，以适应更多的社会学习。大容量的大脑使灵长类的生育率降低，因为大容量的大脑需要更长的发育时间，雌性的压力会减少怀孕的机会。

灵长类动物大容量大脑与所处的种群的规模大小有正相关的关系，群体规模越大，社会结构越复杂，就会需要更大容量的大脑来处理复杂的社会关系。大容量的大脑越大，心智活动的度数越高，认知能力越强。所以，灵长类动物种群的社会化是大脑进化的主要推动力量。

通过对人类大脑的研究，科学家发现人类大脑的生长发育时间长得令人吃惊，大约需要 20 至 25 年的时间，这段漫长的时间是为了大脑适应社会的复杂性。与此同时，大脑所需的能量消耗很大，一个成年人的大脑容量从重量来说，只占了体重的百分之二，却要消耗普通人每日摄入的总能量的四分之一，从事脑力工作的人每日消耗的能量更多。

关于大脑的研究，有一种意向性的度数的研究。在意向性的度数研究中，所有有意识的动物假如知道自己的心智，这就达到了第一度的层次，实验证据表明，猴子基本只有基础的一度意向性；对于别人心里有什么看法，能形成自己看法的能力，这就形成心智理论能力，实验证据表明，黑猩猩和红猩猩能达到二度意向性。而人类的意向性层次有很多，在出生不久，婴孩就会出现自我意识，这便是第一层次的意向性；大约在五岁，儿童形成了比较健全的心智理论能力，这便是第二层次的意向性；然后逐层加强，一般的成年人会达到第五层次的意向性。在普通的成年人身上，大部分成年人意向性度数集中在第四至第六层次的度数之中，平均稳定在第五层次，大约只有百分之二十的成年人能够超过五度。[1]

4. 精神哲学的感应属性增益原理

《物演通论》作者王东岳提出了精神哲学的感应属性增益原理。此原理认为，精神或感觉感知能力是自然物质感应属性代偿增益的产物。一切主观意识及感知程序本身都是客观存在及其自然演运的产物；而一切感知形态及其逻辑函项都是预先被规定下来了的主观存在及其精神演运的产物。精神的感应属性增益原理如下图：

---

[1]《人类的演化》，〔英〕罗宾·邓巴，上海文艺出版社 2016 年版，第 47 页。

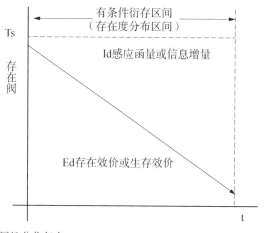

属性分化起点
Id=F(Ed)
Ed+Id=Ts

精神的感应属性增益原理坐标图

知的程度（感应度或感知度）与在的程度（存在度或生存度）呈反比例关系。知是一个被规定的自然演动矢量，它不仅有一个下限的规定——即知者自身之存在度的规定；而且有一个上限的规定——即知者自身之代偿度的规定；而这正是知的本原或精神存在的气脉。[1] 总之，所知受能知的规定，而能知受能在的规定。

生物智质的系统发育过程自始至终都伴随着生物体质结构及其生存素质的弱化过程。也就是说，体质结构的分化度越高，生物的求存和育后难度越大，复杂的体质结构相应要求复杂的内向整合协调系统予以代偿，苛刻的生存境遇相应要求细的外向逻辑认知系统予以代偿，由此演成生物神经精神系统的双刃功效——是谓"智质代偿"。[2]

---

[1]《物演通论》，王东岳，中信出版集团 2015 年版，第 122 页。
[2]《物演通论》，王东岳，中信出版集团 2015 年版，第 359 页。

第八章　人与自然的关系

第一节　人类在自然界中的位置

人类在自然界的位置，如图：

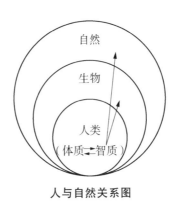

人与自然关系图

我们把自然作为一个整体，大约 38 亿年前，地球生命诞生初期，自然界出现了单细胞的生物，通过不间断的基因突变和基因重组，大约 700 万年前，人类诞生了。人与自然是从属关系，生物从属于自然，人类从属于生物，人类只是无数生物种群中的其中一种，总之，人类是自然的产物。

我们不妨把时间向上追溯到宇宙的起源、地球的诞生与生命的演化，然后逐步缩小时间的尺度，回归到今天，把人放回到生物种群中，再寻找人类在自然界中的位置。

宇宙世界，无始无终，无边无界，生生灭灭。太阳是无数个恒星中的一个，目前大约存在了 50 亿年，地球是无数个行星的其中一个，人类是无数个生物种群中的其中一种，个人是无数人群中的其中一个。在无始无终的时间里，太阳、地球、人类以及个人，只能暂时存在于宇宙的某一个瞬间；在无边无际的空间里，太阳、地球、人类以及个人，只能暂时存在于宇宙中某一个角落；在生生灭灭的宇宙中，太阳、地球、人类以及个人，只能暂时在宇宙中的某一个瞬间、某一个角落、某一个小的时段里生生灭灭，最终从生物存在回归到物理存在。这应该是目前自然科学的主流认知。

当然，对于还有 50 亿年的太阳系而言，相对于人类极为短暂的历史，这个时间足够长了，宇宙那么大，人类那么小，而人类本来就是宇宙的产物，人类实在没有必要悲观，我相信宇宙将不生不灭、不增不减。

当人类回归到生我养我的地球时，对于已能够脱离地球引力，飞向月球乃至更为遥远的太空的人类来说，既要思索宇宙的演化，也要思索地球与人以及其他生命的关系，思索人类从何而来、到何而去的问题。思索的这些问题，既是现实的问题，也是未来的问题。

人是生物种群中的一个种群，我们不妨把人作为一种生物存在、动物存在来看，把动物最基本的生存、繁衍作为最基本、最简单的评价标准，尽可能把人与其他动物种群一样平等看待，从中我们看看人类在动物种群中的生存能力、繁衍能力。生存能力，我们只谈动物生存的基本条件，饮食、御寒、居住、出行四个方面，只谈作为动物能够存在的基本条件。饮食、御寒、居住、出行四个方面的评价主要从直接获取自然资源和间接获取自然资源两个方面进行对比。直接获取自然资源，指动物完全依赖自身的生理、心理条件，不借助任何工具直接获取生存所需的资源；间接获取自然资源，指需借助工具获取自身所需的生存资源。繁衍能力，我们只谈动物繁衍的基本条件：生育能力、出生后的独立生活能力。

从目前自然科学界已经认可的、人们耳熟能详的例子中，简单地进行比较，从中得出大多数人可能比较容易接受的结论。得出结论的目的是思考人与自然的关系、人与其他动物种群的关系、人类社会的形成、人与人之间的关系。通过思考这些关系，试图把人类社会的复杂性回归到简单性，得出简单性的结论后，用简单性的结论试图解释人类社会的复杂性，世界的法则总是简单支配复杂。

自然产生了人类，从纯粹求存的角度来看，与其他生物种群并无二样，如果有区别，在于人与其他动物种群相比拥有发达的智质系统，拥有很强的主观创造能力。

第二节　存在与思维的关系

1. 存在与思维的关系

存在与思维的关系，如下图：

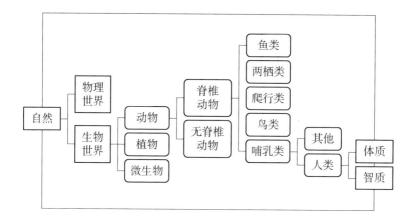

如图所示，人是自然的产物，生物从属于自然，人类从属于生物。精神是自然的一部分，是自然物质感应属性代偿增益的产物。精神对自然的感知只是人的主观呈现物，自然只是唯识所现。

据自然科学的普遍分类方法，自然界分为物理世界和生物世界。在生物世界中，按常见的生物分类方法，生物分为动物、植物、微生物，动物分为脊椎动物和无脊椎动物，脊椎动物分为鱼类、两栖类、爬行类、鸟类、哺乳类，人类属于哺乳类动物，人类处在动物世界的第四个层级、生物世界的第五个层级、自然界的第六个层级。

在说明人与自然的关系之前，先举一个例子。人与蜜蜂都是动物，根据基因演化的定律，它们都是 38 亿年前地球生命诞生以后通过基因突变和重组不断演化而来，它们都是自然的产物。

随着生物 38 亿年的演化，人与蜜蜂已属于不同的动物种群。人眼是单眼，蜜蜂有 2 个复眼和 3 个单眼。在正常状态下，1 秒钟内，人眼可看见 24 帧玫瑰花画面，蜜蜂可看见 300 帧玫瑰花画面。蜜蜂的可见光范围比人宽，包括紫外光。人眼的眼球嵌在眼眶内，观察范围只局限于前方及左右两边；蜜蜂的眼球凸出，观察范围可做到360度无死角。另一方面，人和蜜蜂的神经系统、基因信息、行为方式等生理、心理方面也截然不同。同一时间面对一束玫瑰花，人和蜜蜂的视觉图像一样吗？人们大都相信所看见的玫瑰花的图像是真实存在的，是不以人的意志为转移的，是人所共见的实在之物。但人容易患一个毛病，全然不顾蜜蜂所看见的玫瑰花图像也是蜜蜂共见的实在之物。同是玫瑰花，但人和蜜蜂对玫瑰花的视觉形象却完全不同，玫瑰花其实是人和蜜蜂各自的主观呈现物。玫瑰花的图像纯粹是人和蜜蜂各自主观加工过的形象，是唯识所现。由此类推，小鸟、蚊子、小鱼等动物与人这一物种对玫瑰花的视觉形象也完全不同。只需把人放在动物种群之中，与其他动物种群进行比较，便可得出以上观点。

以人和蜜蜂的例子，现在来讨论人与自然的关系。人是自然的产物，人类从属于生物，生物从属于自然。人与自然不是并列关系，而是从属关系。精神（意识）是自然的产物，是自然物质感应属性代偿增益的产物，附属于存在，是自然的一部分。存在与思维不存在二元对立，存在是一，但存在唯识所现，虽存非真，是人类先天性的主观假设。

没有思维，存在无法感知。但由于人类自身生理结构的缘故，任何人，任何时候，对任一事物（包括人本身）的直觉感知与生俱来便存在主观加工，存在只是人类主观加工过的存在，存在只能唯识所现。

没有存在，思维无法依附。首先，人的肉体和精神相互依存，精神与肉体同时存在才能成为一个健全的人。其次，人诞生于自然，生长于自然，最终又回到自然。总之，人必须依附自然。因此，世界当然存在，但任何动物对感知的对象自有不同的呈现方式，人类也一样。

唯识所现并不否认外在的世界存在，只是说，任何动物都有与生俱来的独有的感应方式，任何动物对感知的对象自有不同的呈现方式，人类对感知的对象有自身的呈现方式。如太阳、大地、江河、房屋、汽车，面对同一事物，人对这些事物有自身的呈现方式，蜜蜂有自身的呈现方式，其他动物亦然。

现在总结一下存在与思维的关系。人是自然的产物，精神从属于自然。物质决定意识，但物质唯识所现。没有存在，思维无法依附；没有思维，存在无法感知；思维从属于存在，但存在唯识所现。唯识所现指的是，面对同一事物，不同的动物种群各自有自身独有的呈现方式，呈现结果通过不同的动物种群各自主观加工后以不同的方式呈现出来。唯识所现，并非否定物质世界的存在，而是指人类感知的存在是人类主观加工过的存在。

2. 人类感知世界的基本条件

（1）人类感知世界的基本条件

人类感知世界需要的基本前提：①人能感知外在的世界。②人要建立逻辑系统。③人要建立语言、文字等符号系统。这三个条件就广义而言，只要是一个正常的人，都具备三个条件。世界虽存非真，唯识所现，人类就会自觉或不自觉地进行先天性的主观假设和后天性主观假设。

① 人能感觉感知外在的世界。从认识论入手，通过意识产生的基本逻辑的分析，可以充分证明：由于不同生物的生理结构不同，任何动物都有与生俱来的独有的感应呈现方式，任何动物，任何时候，感觉感知的任一存在都是主观加工过的存在，人类普遍认为的

客观实在之物，都是人类与生俱来的感觉感知的先天性的主观假设。

②人要建立逻辑系统。人类根据自身与生俱来的生理结构，建立人类普遍认同的逻辑系统。逻辑系统一是人与生俱来的，二是人类根据自身不断累积的经验发展起来的逻辑体系。这里需要特别说明的是，不同动物与生俱来的逻辑系统是不相同的，人类不可用自身的逻辑系统强加于别的动物身上，正如人不能把人类的肉食强加给以竹子为主食的熊猫一样。

③人要建立语言、文字等符号系统。人类给予物质世界的名称，包括语言、文字等符号系统是人类根据感觉器官对物质世界的局部或时空片段，按人类自身的逻辑抓取部分特征，再进行主观命名，名称无法包含所指名称本身的全部内涵，人类给予物质命名从而建立语言、文字等符号系统只是为了自身需要区别和利用不同事物而已。

（2）人类感知世界的真实程度呈现大幅度递降的特征

人类感觉感知的世界是人类先天性的主观假设的世界，是人类求存的需要，虽存非真。人类语言等符号系统是人类在先天性主观假设的前提下进行的后天性的主观假设。存在本来已是人类主观加工过的存在，即在先天性主观假设的基础上进一步有意识地进行主观假设，存在的真实程度进一步下降。

人类需建立人类普遍认同的理性逻辑系统，对事物产生判断，存在的真实程度再进一步大幅度下降。如人类公认的数学公式、定理，很多人认为是进入真理的快车道，殊不知，所谓的真理，必须建立在先天性的主观假设的基础上。

总之，人类感觉感知的世界，也就是客观存在的世界，是人类先天性的主观假设，虽然存在，但不真实；人类的语言等符号系统使存在的真实程度进一步下降；人类的逻辑使存在的真实程度再进一步下降。

所谓存在，纯粹是人类求存的需要，永远不可能知道离开意识之外的真实世界的样子。为了求存，人类先天性主观假设便认为自身感觉感知的世界是真实存在的，如太阳、空气、大地、水分等。为了自身的生存与发展，人类自觉或不自觉地在先天性主观假设的基础上建立起语言文字等符号系统及逻辑系统，为了求存，我们依然假设它们是客观真实的存在。如前所述，人类就进入知与一无所知的悖论：

知，必须建立在主观假设基础之上，人类的知主要来源于与生俱来的感觉认知以及后天人类经验的不断累积、叠加，甚至固化。与生俱来的感觉认知本身就是先天性的主观假设。释迦牟尼认为一切都是假说，是对的，否则，一切均无可说。惠能法师说："了无一物可见，是名正见；无一物可知，是名真知。"[1] 无知，先天性主观假设一旦去除，人类无论如何思想，如何进行语言文字的表达，都一定会自相矛盾。从这一角度来说，人类一无所知。从纯粹理性的角度来说，任何动物（包括人类）只能求存，不能求真。

乌纳穆诺说："如果一个人不自相矛盾，那一定是因为他实际上什么也不说。"[2] 老子说："道可道，非常道；名可名，非常名。"人要想了解世界的完全的真实，是不可能的。人一思考，事物便自相矛盾；人一说话，对于事物的整体而言，就带片面性、主

---

[1]《金刚经·心经·坛经》，谢志强编著，北京燕山出版社 2009 年版，第124 页。

[2]《生命是什么》，〔奥〕薛定谔，北京大学出版社 2018 年版，第 82 页。

观性，人类本质上对世界一无所知。苏格拉底说："我知道，我一无所知。"实在不是哲人的自谦，而是真知。

（3）如何对"真实"进行定义：真实是人类自觉或不自觉的主观假设。

为此，为了生存与发展，人类必须对"真实"进行定义，人会不自觉地或自觉地进行假设，真实必须建立在主观假设的前提下才能变得真实。

什么叫不自觉的假设，就是人类普遍认为的客观存在的世界，即人类直觉感知的世界，人类普遍相信它就是真实的，不以人的意志为转移。人们普遍认为的真实，指人类的感觉感知普遍认知这个事物是这样，而不是那样，普遍认为这个事物是真实的，如太阳、月亮、大海、牛、羊等，而且并不是从人类心理方面进行联想与猜测。人类在此基础上建立自身的认知体系，知识体系以原理、规则为标准，对事物进行符合逻辑的判断，如欧几里得几何原理。西方科学基本遵循这一原则，然后逐步建立起人类文明体系。这些理论，我们不能否定，但要不断完善、修正，要不断发现规律并利用规律。

什么叫自觉地假设，就是人类根据感觉感知的世界，主动地、有意识地进行假设。语言文字、数学等符号系统、逻辑系统等人类文明的诞生，都是人类为了自身的生存与发展，自觉地进行主观假设的结果。再如，宇宙大爆炸始于奇点，这就是人为的、有意识的假设。

人类对"真实"会自觉或不自觉地进行假设，对于普通人来说，关系不大，依然会根据人类自身固有的方式过日子，但对于科学、哲学或宗教的研究就会特别重要，因为，只有解除阻碍认识世界的认知障碍，提升认知层次，才能更好地走向未来。

第三节　人与自然如何相处

人与自然的关系如何相处，这是一个大问题。我想，人类找到在自然界中的位置是前提，顺应自然是人类生存的第一法则，在遵循第一法则的基础上进行主观创造是第二法则。

1. 顺应自然是人类生存的第一法则

自然进程决定生命进程，生命进程决定文明进程，人类文明进程是自然进程人格化的表达，顺应自然是人类生存的基本法则。人类社会的发展本质上是发现规律和利用规律的过程，顺之则昌，逆之则亡。基本法则是因时而变，因地制宜，因人而异，因势利导。

人与自然如同一个家庭，人是自然之子，人与自然有天然的血缘关系，是自然大家庭的其中一员，人与其他物种是兄弟姊妹的关系，人类社会是自身种群之间的关系。人类种群有人种、民族、国家、信仰等各种各样的分类，但都依附于自然而生存。人只能在自然适宜的环境下产生、发展，终将因环境不适宜生存而消失。

因此，人类只能顺应自然，不可能战胜自然，顺应自然规律是人类生存的唯一选择，"人定胜天"要理解为人在顺应自然的前提下利用自然规律为自身所用而已，如都江堰水利工程。自然进程决定了人类文明的经济、政治、社会、文化生态，希腊的海洋文明、中华的黄土文明已充分证明。

如何顺应自然，是人类面临的首要问题。我认为，人类首先要从生物种群演化历史来看人类自身种群的演化历史。人类社会的演化历史，大部分是从人的社会行为的角度进行分析，但如果把视角放到生物种群演化的历史来看，或许会获得截然不同的视角。越是低等级的生物，体质结构越是稳定，智质能力越是低下，对自然的依赖程度越高，越趋近于自然状态，如藻类。越是高等级的生物，体质结构越是趋弱，智质发育相应增强，对自然的依赖程度趋低，自身主观性越强，更愿意按其主观意志获得自身所需的状态，如人类。

其次，人类社会与其他生物社会的发展进程各自都有自身种群独有的发展形式，几乎每个生物种群都存在自身种群的社会结构，社会并非人类独有，蜜蜂、蚂蚁、狼群等都有自身完整的社会结构。人类社会有其自身独有社会发展形态，我们要充分研究人类社会自身的发展机制。根据递弱代偿原理，人类体质在动物种群中趋弱，需要发达的智质代偿，来弥补体质的弱化，因此，我们要研究人类精神产生机制。除了智质代偿，人类需要互相依存，才能更好地生存，因此，我们要研究人类经济、政治、社会、文化等产生机制。

2. 创新创造是人类生存发展的第二法则

创新创造必须在遵循第一法则的基础上，利用人自身发达的智质系统，调动自身的主观能动性，发现自然规律，利用自然规律进行创新创造。创新创造包括经济、政治、社会、文化等方面，而科技创新是所有创新创造的核心，科技是第一生产力。

发现规律是科技创新的道，利用规律是科技创新的术。科技创新的前提，必须从人如何感知世界开始，解除认知障碍，提升人的认知层次，进行思维方式的创新，思维方式是理论创新的脚手架。在此基础上，进行基础理论的创新，基础创新的本质是发现规律，如牛顿、爱因斯坦、普朗克、洛伦兹、薛定谔等做的都是基础理论的创新，基础理论创新是发明创造的地基。在基础理论创新的基础上，实现应用创新，应用创新的本质是利用规律，为人类生存发展提供技术支撑，应用创新是人类文明大厦的建筑框架。

第九章　生存倒逼原理

第一节　自然资源与人类需求的矛盾

人类在漫长的演化过程中，人类的生存受气候、水源、土地这三方面的制约最大。在气候方面，人类在高纬度的南极、北极以及青藏高原等高海拔地区生存困难。在人类活动区域方面，人类主要在陆上生存，陆地只占地球面积的29％，而人类主要在土地相对平整的地区生存，高山、丘陵等土地不平整的地区生存困难。在淡水资源方面，淡水只占地球水资源的2％。人类必须在水源充足的地区生存，如撒哈拉沙漠、塔克拉玛干沙漠等水源不足的地区生存困难。

作为陆居动物，人类主要生活在低纬度、低海拔、淡水充足、土地平整的地区，这些地区从地球面积而言，面积狭小，人类的生存空间被严重压缩，即便如此，整个人类正在加速城市化进程，人类生活空间被挤压在水泥森林里，人类生存空间不断被压缩在狭小的局部空间里。

从自然地理的角度，适宜人类居住的面积非常有限，而人类生存和发展需要消费的资源又比绝大多数动物种群多很多，在生存资源的存量不足的前提下，随着人口的增长、欲望的膨胀等因素，人类需要的生存资源的增量不断地增加，这成为人类冲突最重要的原因之一。人类所需的自然供给的存量资源的有限与人类自身的增量需求的无限形成巨大的矛盾，这是人类自身斗争的最根本原因。

生存环境资源的供给不足和人类需求的不断增加，使供给需求矛盾不断增加，由此，形成人与自然的矛盾；人类动物性中与生俱来的贪婪欲望、自私狭隘、仇恨愤怒、痴迷偏执、争强好胜等因素，形成人与人之间的矛盾。这两大矛盾成为人类斗争的主要根源。

人类与绝大部分动物在从自然界直接获取生存资源方面相比较，人类在自然界中直接获取生存资源的能力有限。由于直接获取自然资源的能力不足，人类在生存存量资源的争夺上产生激烈冲突，其中最为突出的表现是对土地及海洋资源及其附着物的争夺，这是人类战争的主要根源之一。

第二节　人类与其他动物种群对自然资源的利用

人类生存的基本需求包括体质和智质需求。一是体质需求，包括衣、食、住、行等自身生存需要的功能性、基础性需求；二是智质需求，包括如何满足体质的需求，如何获得内在的安全、愉悦、内心的提升等心理性需求。

动物界对动物自身可使用的地球存量资源的使用，可分为直接使用和主观改造后使用。直接使用，如动物对野生的果子直接食用，主观改造后使用，如小鸟利用树枝等材料进行筑巢。把人类放到动物种群中进行比较，可供人类直接使用的地球存量资源随着人类的演化变得越来越少，人类对地球可供自身使用的存量资源通过自身主观改造后的使用越来越多。以人和其他动物基本所需的食物、居住、御寒、出行、繁殖等进行简单的对比。

从食物的来源角度看，人类获取食物与其他物种相比更难。除人之外的动物种群大多从自然界中直接获取，但蜜蜂、蚂蚁等动物也会通过自身主观改造再使用，猴子、猩猩等动物可通过石块砸碎核桃，获取核桃仁等食物。人类所需的大米、小麦、玉米等主粮，牛、羊、猪、鸡、鸭等主要肉食品，蔬菜、水果等蔬果，随着人类的演化，基本靠人类自身的主观改造，完成自我供给。由于直接获取食物难度很大，直至今日，整个地球还有无数的人挨饿。

从居住角度看，人类需要建筑物来弥补露天环境生存能力的不足。动物界大多数动物直接居住在自然中，不需要通过筑巢来居住，但蜜蜂、蚂蚁、鸟类等很多动物需要筑巢。人类的建筑与小鸟筑巢、老鼠筑洞并无本质的区别。在居住的基本功能需求方面，人类无疑是所有动物种群中所占用资源最多的，具体表现为建筑环境要求高、人均所占面积大、所需建筑材料多、建筑周期长等。在城市居住空间方面，随着城市化的进程加快，拥入城市的人口越来越多，发达国家的城市化率达到70%—80%。为了容纳更多的人口，在城市空间利用方面，一是增加密度，建筑物之间的空间被大大压缩，大家可以看看香港中环中央商务区，建筑物密密麻麻；二是向地下拓展空间，包括地铁、地下商业等空间；三是向空中拓展，在纽约、上海、香港、东京等世界性城市，摩天大楼比比皆是；四是缩小个人居住空间，比如香港家庭面积非常狭小。人类生存在城市狭窄的立体空间里，在居住、出行、饮食、学习、工作等方面需付出高昂的成本。2022 年，日本东京湾区居住了 3800 万人，GDP 占了日本的三分之一。

从御寒功能角度来看，动物界基本靠自身的耐寒基因和适应寒冷环境的演化来适应高寒的环境，如青藏高原的牦牛、藏羚羊，北极的北极熊，南极的企鹅等动物。人类必须依靠主观改造才能御寒，原始人需利用兽皮来御寒，现代人需通过兽皮、羊毛、棉衣、羽绒等才能御寒。除了纯粹的御寒功能外，人类的衣物还要满足职业、美观、个人气质等社会性需求和心理性需求。因此，人类的御寒成本比其他动物种群高出许多。

从行走的角度来看，动物界基本在自然条件中出行，如候鸟通过空中航线，完成迁徙，不开辟道路或借助交通工具。蚂蚁也会开辟道路，但人类在交通方面要求非常高，出行工具非常多。在马车时代，人类的空间活动范围非常有限。工业社会以后，空中有飞机、飞船等，地面有汽车、火车等，海面有各种船只，海面下有潜艇；在道路方面，空中需要航线，地面需要铁路、公路等，海上需要码头、航线。在一般家庭中，汽车等交通工具成为除住房之外最大的开支。

以上只是从个人或家庭角度来看，实际上，人类还需大量的公共空间，如学校、办公场所、商业空间、医院、养老院、体育场馆、公园等各种建筑，这些建筑作为社会运行的基础设施，占用了大量的公用资源。

从繁衍的角度来看，人类与其他哺乳动物相比较，人类繁殖时间长，单次孕育的人数少。人类怀孕时间需要 300 天左右，猴子的怀孕时间在 200 天以内；婴儿出生后需要十几年的养育时间才能独立生活，猴子只需极短的时间就能独自生活。如果把人类怀孕、养育时间算起来，在动物种群中人类养育时间最长，养育成本最高。

求存和繁衍是生物的第一本能，求存是评价生物能力的最主要条件。从生物种群生命存续的时间来看，人类存续时间并不长，只有 700 多万年的历史；从在自然界中获取生存资源的难易程度来看，人类获取生存资源的难度很大；从自身种群之间的斗争激烈程度来看，人类之间的竞争、斗争、战争可能是动物种群中最残酷的。总体来看，人类在自然界中获取生存的能力并不强。人类在动物种群中体质趋弱，获取生存资源的能力趋弱，因此，需要发达的智质代偿，来弥补体质的弱化，需要群体性的社会活动，来满足肉体和精神的需求。

第三节　生存倒逼机制

在"人类与基因"的章节中，可以知道，多种细胞类型的结构复杂，体质的趋弱和失稳需要发达的智质系统进行代偿，这是人类主观创造能力不断发达的内在原因。另一方面，人类主要生活在低纬度、低海拔、淡水充足、土地平整的地区，人类的生存空间被严重压缩。与此同时，人类个体在自然界直接获取生存所需自然资源的能力极为有限。这内外两方面形成人类生存的倒逼机制。

生存是人类的第一选择，吃饭问题是人类能否生存的基础，是国家和老百姓的头等大事。以耕地面积来算，2021 年，美国 23.66 亿亩，世界第一；印度 23.5 亿亩，世界第二；俄罗斯 18.25 亿亩，世界第三；中国约 18 亿亩，世界第四；巴西 8.36 亿亩，世界第五；阿根廷 5.88 亿亩，世界第六；加拿大 5.8 亿亩，世界第七；

尼日利亚 5.1 亿亩，世界第八；乌克兰 4.93 亿亩，世界第九；澳大利亚 4.65 亿亩，世界第十；巴基斯坦 4.58 亿亩，世界第十一。美国耕地数量最大，耕地质量最优，拥有大量的平原和河流，属于温带大陆性气候，非常适宜农作物的种植。

从中可以看出，用于粮食生产的耕地非常不均匀，美国、俄罗斯的人均耕地面积最大，是粮食生产大国和出口大国，中国人均耕地面积非常少，面临人多、地少、水缺的局面。大米、小麦作为最重要的主粮，全球分布极不均匀，有很多国家的民众长年处于饥饿的状态。大米生产，印度、泰国、越南是主要大米生产国，三个国家的大米出口量，2021 年便占世界大米出口的 70％。2021 年，俄罗斯和乌克兰占全球小麦出口量的 32％，全球有 26 个国家超过30％的小麦来自俄罗斯和乌克兰，有 11 个国家超过 70％的小麦来自俄罗斯和乌克兰。2022 年 2 月 24 日，俄乌冲突爆发，瞬间便引发全球粮食危机。

现以中国农业为例来谈生存倒逼机制的产生。中国农业总体的特点是人多、地少、水缺。根据《读懂中国农业》所述，2009 年中国耕地面积为 20.3 亿亩。随着城市化进程等因素，耕地面积不断被蚕食，不断递减。中国有 14 亿人，人均耕地不足 1.4 亩，相当于世界平均水平的 40％。中国人均和亩均水资源量只有 2100 立方米和 1400 立方米，仅为世界平均水平的 28％和 50％。在耕地质量上，中国大约三分之二的耕地属于中低产田，农业基础相当薄弱。中国占世界 6％的淡水资源，9％的耕地，要解决世界 21％的人口的吃饭问题。[1] 从中可以看出，中国要做到谷物基本自给，口粮

---

[1]《读懂中国农业》，张云华，上海远东出版社 2015 年版，第 32 页。

绝对安全，饭碗任何时候都要牢牢端在自己手上，这是关系中国能否生存与发展的大问题。

单靠中国这一点耕地，用传统农业生产模式，不可能养活14亿人。从2004年到2022年，中国的中央一号文件连续十八年聚焦"三农"问题。2022年中央一号文件，为了端牢饭碗，提出"稳产量、调结构、保耕地"三大要求。其中要求严守18亿亩耕地红线，把耕地保护作为刚性指标实行严格考核、一票否决、终身追责。措施之严厉，前所未有。从中我们可以看出，中国的粮食安全面临严峻的考验。一旦失守，中国将面临严峻的生存危机。

回顾中国历史，温饱问题从来都是大问题，历史上发生过无数的灾荒，为此发生过无数的斗争。中国共产党成立于1921年7月，成立之日便面临着内忧外患的危局，中国共产党最终选择了"农村包围城市"的武装革命路线。农村革命最重要的目的是打土豪、分田地，人民当家作主。农民之所以响应，是因为土地是农民生存的基础，对于广大的无产阶级而言，要想生存必须要有土地，为此必须革命。1978年改革开放，其中一项重要举措是分田到户，实行家庭联产承包责任制，这样激活了农民的主体积极性，为了吃饱饭，倒逼农民必须付出巨大的努力，在党的领导下通过自身的主观能动性实现脱贫致富。

中国耕地人多、地少、水缺的问题，直接威胁到中国人的粮食安全，倒逼中国人必须通过主观创造，通过综合治理的手段解决粮食安全的问题。通过严格的耕地保护政策保护耕地，通过"南水北调"解决华北地区缺水、地下水严重超采的问题，通过机械化、智能化、无人化的农业设备解决耕地、播种、施肥、喷药、收割、仓储等农业生产全过程产业链的问题，通过袁隆平等一批科学家解决种子问题，大幅提高单位产量。中国粮食生产在耕地数量和质量严重不足的情况下，倒逼政府、高校及科研机构、生产企业、市场主体等形成高度的职业分工、相互依存的紧密关系。改革开放四十多年来，中国通过努力，彻底改变了中国农业两千多年以来的面貌。1998 年农产品数量不足的矛盾基本解决，彻底告别持续数千年的饥饿困扰；2005 年，中国政府宣布取消农业税，标志着我国延续 2000 多年的农业税正式成为历史；2020 年，中国政府宣布消除了当前标准的绝对贫困，实现全国脱贫，这是中华民族几千年来从未实现过的目标。

以粮食生产为例，一方面要增加人类所需的自然供给的存量资源，人类所需的自然存量资源受气候、水源、土地等核心因素的制约，存量资源的总量增加非常有限。另一方面，对可供人类利用的存量资源的优化和种质资源等方面的优化是主要出路。在气候方面，主要掌握气候变化规律，寻找适应气候环境的方法；在水源方面，通过水利设施，人为地控制、调配水量资源，如都江堰、"南水北调"、大运河等。在土地方面，通过平地、填海等增加土地容量。在种源方面，通过生物技术培育优质品种，从而提高单位苗产量。与此同时，通过法律法规进行刚性约束，如采取国家管制的中央储备粮制度，形成政府管制下的市场体系，在粮食危机出现的时候，通过政府配给的方式进行供给管制，打击粮食囤积等投机倒把行为；通过文化、教育等道德伦理手段进行软性引导，如节约粮食、光盘行动等。

从中可以看出，人类在演化过程中，在生存资源总量不足的情况下，生存环境的倒逼，迫使人类需要充分发挥主观能动性，发现自然规律并利用自然规律，通过知识创造满足自身需求，通过资源交换、职业分工、相互依存的方式实现利益的最大化。

第四节　生存倒逼原理

在《人类的起源》中，关于人类体质和智质之间的关系，理查德·利基经过化石研究，提供了大脑容量变化极具说服力的证据。160万年前图尔卡纳男孩体质非常强壮，但脑容量大约只有900毫升，从50万年的人类化石的解剖结构来看，现代智人体格已变弱，但大脑容量增大到1100毫升。现代人体质越趋弱小，但现代人的大脑容量约1350毫升。这种对比，说明人类的体质的趋弱和大脑容量的增大成反比例关系，体质的趋弱需要智质来代偿。

在"人类与基因"一节中，从基因定律分析了人类智质的演化。细胞结构越简单和稳定，对管理基因的依赖度越低；越高等级的物种，如多细胞物种，细胞结构越趋复杂和失稳，对管理基因的依赖度越高。人类身体里有肌肉细胞、神经细胞、血细胞、骨细胞等各种不同类型的细胞，多种细胞类型的结构复杂，容易失稳，管理基因需要一套复杂的管理系统进行层级管理，通过信号兵基因命令工人基因生产蛋白质。换言之，多种细胞类型的结构复杂，体质的趋弱和失稳需要发达的智质系统进行代偿。在生物漫长的演化过程中，动物的体质和智质发育总体呈跷跷板的关系，即在生物诞生之初，单细胞生物体质结构简单，生存环境适应强，智质发育弱；到多细胞生物时代，体质细胞结构越趋复杂，生存环境适应趋弱，智质发育趋强。这种递弱代偿方式是人类智质越来越发达的内在原因。

在"生存倒逼机制"中，分析了人类的生存倒逼机制的形成原因。从人类生存环境来看，人类在演化过程中，在生存资源总量不足的情况下，倒逼人类需要充分发挥主观能动性，发现自然规律并利用自然规律，通过知识创造满足自身生存与发展需求，这是人类智质越来越发达的外在原因。

综合考古学、基因学、社会学的分析，可以得出一个基本结论：人类多细胞类型结构复杂，体质的趋弱和失稳需要发达的智质系统进行代偿，这种递弱代偿方式是人类智质越来越发达的内在原因。人类主要生活在低纬度、低海拔、淡水充足、土地平整的地区，人类种群生存空间被严重挤压，这种生存倒逼是人类智质发达的外在原因。内在的递弱代偿和外在的生存倒逼的共振和叠加是人类智质发育、主观创造能力不断加强的主要因素，是人类种群与其他动物种群的主要区分。

人类的智质由先天的基因遗传和后天所处的环境共振、叠加而形成。智质种子必须依托外在环境的熏习才能生长，现行生种子，种子生现行。智质种子包含着民族性、家族遗传性、地域性、职业性、时代性等特征，智质种子在后天成长过程中在家庭、学校、社会、宗教信仰等各种影响下生长、形成，智质始终保持着智质种子基因底层的稳定性，但又始终处在相似性、连续性或突变性的动态变化之中。

从工具发明及使用的角度来看，工具是人类意识活动过程的外化，是人类主观意识的创造，是人类感觉器官的延伸，是人类发现规律和利用规律的外在表达。在制造和使用工具方面，人类具有所有动物种群中最强的主观创造性，制造和使用工具的能力最强。

发明工具和使用工具不是人类的专属，很多动物都会使用工具。西非黑猩猩能熟练地使用石块砸开坚果，同时，会将这项技能当面传授给小猩猩；黑猩猩当手指不够长时，可折下树枝做成合适的长度，一头做成树杈状，从而摘取果子。切叶蚁将树叶切成方形的形状，然后背着比自身体重重 20 倍的树叶，按照统一路线秩序井然地背回巢穴，将树叶堆放在一起进行发酵，通过酵素来满足自身的食物要求。很多小鸟会根据自身筑巢的要求咬断树枝，按鸟巢的要求非常精密地编织鸟窝；有些鸟为了保证安全，不受攻击，会将巢穴安置在树枝的末端，将树枝末端的叶子撕掉，甚至将巢口开在下方。这些动物都会根据自身需要进行主观创造，制作自身需要的工具。

人类社会在灵长类动物社会化的基础上发展而来，有着灵长类动物社会群居性、亲密性等社会特征，人类内在的递弱代偿和外在的生存倒逼，使人类不断提升认知能力和主观创造能力，人类的意识活动成为人类社会产生与发展的第一动力，与此同时，逐步形成并发展了职业分工和相互依存的机制。在漫长的发展过程中，人类逐步形成资源交换、职业分工、相互依存的社会运行机制，资源交换、职业分工、相互依存的社会关系和资源争夺、职业竞争、依存失衡的社会关系形成连续不断的交替发展过程，这逐步演化成人类社会的基本关系。

第十章　人类社会

对于人类社会，我们用宏大的自然视角、生物社会视角、人类历史视角可以看得更为清楚。

从自然视角看，人是自然的产物，从属于自然，是自然的一个组成部分，自然资源是人类唯一的依靠，人类需通过对自然资源的获取、交换或争夺才能生存。从生物社会视角看，人类社会是生物社会的一个组成部分，人类在灵长类动物社会化的基础上发展而来，与灵长类动物存在共性的社会化特征。从人类历史视角看，当我们把人类放到700万年的历史长河中，从250万年的狩猎—采集模式，不断收缩到1万年左右的农业社会，250多年的工业社会，就会发现，人类对自然资源的索取越来越多，职业分工越来越细，主观创造能力越来越强，制造工具的能力越来越强，相互依存的关系越来越复杂，但人类社会资源交换与争夺、职业分工与竞争、相互依存和失衡的社会基本关系并未改变。从人类社会的基本关系出发，可以发现，人类社会制度的主要成因是：自然环境是制度产生的基础，社会关系相互糅合是制度演化的主要趋势，科技创新是社会生产关系变革的主要变量。

本章结合人类的历史、人与自然的关系等论述，从灵长类动物社会化的基础开始，再谈狩猎—采集模式，从中寻找一直延续的人类社会的基本关系。

第一节 灵长类动物社会化的基础

根据《人类的演化》一书，对灵长类动物社会化的基础进行整理。[1] 灵长类动物最显著的特征是高度的社会化，由于灵长类动物天然存在着亲密、友爱、互助等生物特性，灵长类物种能够组成经得起时间考验的稳定团体。灵长类动物群居的主要目的是获取生存所需的食物，形成共同防御机制，抵御外侵，与此同时，还有繁衍以及满足情感的需要。

通常来说，当灵长类动物迁往一个陌生的地方，或从森林走向更加开放的陆地的时候，在获取食物的情况下，更容易暴露在天敌的攻击之下。在这种情况下，单独觅食的动物，会聚集起来，改变生活习性，如从夜行改为昼行，由此，族群的数量会增加，族群之间会更紧密地团结起来。

灵长类动物群居的优点是可以共同获取食物，共同防御外侵，但也带来许多问题。首先是族群内部因各种矛盾会引起各种冲突，如争夺食物、争夺地盘、争夺配偶、争夺族群中的地位等，这种争夺往往随着族群成员数量的增加而增加，这种现象在猴群中表现得非常明显。其次是，随着族群成员的增加，原居住地难以获得足够的食物，这时逼迫族群需要扩大活动范围，甚至需要远距离迁徙，这样自然减少亲密接触、打闹娱乐等其他活动时间，同时也增加遭

---

[1]《人类的演化》，〔英〕罗宾·邓巴，上海文艺出版社 2016 年版，第 39 页。

遇天敌等未知风险。第三，灵长类族群在漫长的演化过程中，会逐步形成种群内部的社会性契约，这种契约一方面维护族群内部的稳定，另一方面就会出现坐享其成者。个别力量强壮的个体通过欺压弱小的个体从而占有更多的食物、更大的地盘、更高的地位、更多的配偶，这种族群内部的剥削行为往往随着族群成员的增多而加剧，而被剥削者为了不被剥削，往往会联合其他弱小者一起反抗剥削者。

　　生存与繁衍是灵长类动物最重要的任务。在灵长类动物中，雌性承担了生育、抚育后代的主要责任，由于群居造成食物不足、居住环境狭窄等原因，会造成族群之间内部的争吵、争斗，这些矛盾会给雌性内分泌系统造成影响，造成经期的紊乱，进而增加生育的难度。在族群中，个体的压力会因为地位的降低而增加，通常雌性的地位越低，受到的冲击越大，就会干扰正常的经期荷尔蒙，影响正常的排卵周期。每少排卵一次，就会减少怀孕的机会，生育产出与健康体能就会减少一部分。这种现象总的来说，会增加少育或不育，从而会影响族群数量的增加。总的来说，随着族群内部数量的增加与雌性压力的增加成正比，为此，很多雌性个体希望生活在较小的团体中，但为此，小团体获取食物的难度也自然增加，天敌的威胁程度也随之增加。

　　随着族群数量的大幅度增加，族群由大分小的趋势不可避免。族群的分化主要以雌性生育的血缘为纽带进行，这种小团体逐步演化成大的族群，然后又由大分小，如此反复，逐步形成族群之间复杂的关系。在族群中，猿猴会在大群体中结成小同盟，以维护小同盟成员免受骚扰。如何维护成员之间的关系，渠道之一是相互梳理毛发而建立感情机制，这种感情非常亲密，会激发大脑的胺多酚，相互梳理的两个动物，能够非常默契地长时间待在一起，从而建立起相互信任与负责的关系。实验证明，毛发梳理和其他抚摸、拥抱、亲吻等亲密行为能激活一种特殊的神经元，会产生更多的胺多酚，从而达到镇静、愉悦、安静的作用。

在大多数灵长类动物中，个体的压力会随着种群数量的增加而增加，因此，个体之间结成小联盟的需求就会越来越强烈。这种情况下，小联盟的团队之间会更加专注地为自己团队的成员梳理毛发，会自然减少为小联盟之外的族群梳理毛发。事实上，族群之间，面对面的互动时间对于维护族群之间的亲密关系非常重要，族群之间的关系会随着互动时间的增加而增加，反之，会随着互动时间的减少而下降。

在社会心理学中的情感关系层面，斯坦伯格（Robert Stemberg）提出了爱情三角理论，这个理论是被广泛接受的心理学理论。这个理论用三个维度来定义爱情，即爱情三要素：亲密、激情、承诺。激情往往出现在热恋中的恋人之间。亲密、承诺是情感关系的支撑点。亲密包括实际的亲密和感受的亲密。在猿猴等灵长类动物身上，相互梳理毛发，或抚摸、亲吻等行为，由此产生相互的情感依赖，这就是实际的亲密。感受的亲密，如随时体会相互的感受。承诺，指愿意为同伴负责，给同伴伸出援手，给同伴一种依靠、一种信任。这是灵长类动物形成社会性的重要基础。

第二节　人类社会基本关系

1. 人类社会的雏形：狩猎—采集模式

在《人类的起源》中，介绍了人类早期的狩猎—采集的生存模式。[1] 人类在一万年前才开始发展农业，此前的几百万年，狩猎—采集是人类一贯的谋生策略。狩猎—采集者群体一般生活在大约 25 人的小群体里。这些群体以成年男性和女性及其后代为核心，他们与其他群体交往时，形成了由习俗和语言连接的社会政治网络。一个典型的网络中大约有 500 人，形成一个地方性部落。这些部落的人们住在临时的营地，在那里寻找日常食物。在狩猎—采集者群体中，劳动分工明确，男人负责狩猎，女人负责采集植物性食物，照看孩子。营地是活跃的社会交往场合，也是分享食物的地方；当分享肉类食物时，常进行一些复杂的、受严格社会规则制约的仪式。狩猎—采集是一种极为有效的生存方式，他们常常在 3 到 4 个小时就收集到足够一天的食物。哈佛大学的人类学家们在 20 世纪 60 年代到 70 年代进行了考察研究，位于卡拉哈里沙漠边缘的昆桑人部落就是这样生存的，昆桑人知道开发现代人看起来似乎贫乏的资源。他们的生命力来源于相互依存和合作的社会体系中，共同开发植物和资源。

达尔文在 1871 年出版的《人类的由来》一书中提出，石制武器既能抵御肉食动物，也能杀死猎物。人造武器狩猎是使人类最终发展为人的因素之一。他有 5 年"贝格尔号"和航海经历，他写道："我们的确起源于野蛮人。……他们没有艺术感，像野生动物一样以捕猎为生。"珀佩尔和施赖尔评论说："在狩猎模式中，人类为了在酷热的大草原上生存而食肉，使人类这种动物变成一种特殊的动物，在随后的历史中生活在暴力、掠夺和血腥的环境里。"罗

---

[1]《人类的起源》，〔肯尼亚〕理查德·利基，浙江人民出版社 2019 年版，第 81 页。

伯特·阿德里在 1971 年出版《非洲创世纪》，书中著名的开场白是："人类不是生来就清白无罪。"[1]

理查德·利基根据肯尼亚北部 50 号考古遗址的考古证据和他的想象力，重现了 150 万前的情景。他写道：[2]

"在一个大湖的东面，有一条季节性的河流缓缓流过由河水淤积而成的一片开阔的平原。……在河湾处，我们看见一小群人，是 5 个成年女性与几个青少年和婴儿。他们体格健壮，行动敏捷，正在高谈阔论，有的妙语连珠，只为闲聊，有的正在讨论当天的计划。日出前，人群里的 4 个成年男性早早地出发去寻找肉类了。女性的任务则是采集植物性食物（这才是他们的主要食物）。男子狩猎、女人采集的体系在他们之间运行得很好，其历史已经久远到无人能记得清了。

……当天的大部分时间，男人们一直蹑手蹑脚地尾随一小群羚羊，注意到其中有一只跛了脚。这只羚羊好几次被甩在羊群后面。男人们意识到这是捕捉一只大型动物的机会。他们手持简陋的武器，有天然形成的，也有人工制造的。作为一个团队，他们还需要依靠计谋，悄悄地移动，掩蔽在周围的环境里，熟知进攻的最佳时机，这些都是狩猎者最有效的武器。

机会终于来临，三个男人默默地移动到最佳位置。其中一人用力扔出一块石头，准确击中目标，另两人跑向已被击中而不能移动的猎物，一根尖头短木棒迅速刺中这只动物，其颈部喷出一股血，

---

[1]《人类的起源》，〔肯尼亚〕理查德·利基，浙江人民出版社 2019 年版，第 86 页。

[2]《人类的起源》，〔肯尼亚〕理查德·利基，浙江人民出版社 2019 年版，第 101 页。

它挣扎了一会，很快就死了。

三人筋疲力尽，浑身又是汗又是血，却欣喜若狂。附近的熔岩卵石堆是制造工具的原材料，宰割这只野兽必须使用工具。用一块卵石猛击另一块，就能制造出足够锋利的石片来割开坚韧的兽皮，露出关节和白骨上的红肉。他们迅速而熟练地剥出肉和肌腱，带着两大块肉返回营地，彼此逗笑着述说这一天的经历和各自的贡献。他们知道自己会受到热烈欢迎。

晚上吃肉的过程几乎成为一种仪式。首领割下一片片兽肉，分给坐在自己周围的女人们和其他的男人们，女人们把一部分肉给她们的子女，他们拿着小块肉换着玩，男人们也与同伴交换肉片吃。吃肉不仅是为了得到营养，也是一种让人们结合起来的社会活动。"

理查德·利基对自己重塑的故事进行了评论："许多人认为我重塑的故事把直立人过分现代人化了，我却不以为然。我描述了一幅狩猎—采集者生活方式的场景，还赋予他们语言。虽然与现代人相比，这些只是较原始的状态。无论如何，考古学证据清楚地证明了这些生物的生活超出了其他大型灵长类动物，他们利用技术以获得肉类和地下块茎等食物。在人类史前阶段，我们的祖先正以一种让我们一下子就能辨别的方式进化为现代人。"[1]

在大约一万年前农业社会出现以前，人类几百万年的时间里都以狩猎—采集作为生存的主要方式。动物、植物是狩猎—采集模式的基础，这一模式首先需要寻找有猎物和植物资源的地方；其次需要部落组织，男人、女人要进行分工、协作，捕获的猎物和采集的

---

[1]《人类的起源》，〔肯尼亚〕理查德·利基，浙江人民出版社 2019 年版，第 107 页。

植物要按照一定的仪式进行分享；再次是需要工具，其中石制武器是狩猎的重要工具。人类为了生存，捕获更多的猎物，需要发明更多的石制、木制工具，因此，狩猎是人类进化史上重要的标志。

狩猎—采集模式经历了 250 万年，相较于 1 万年左右的农业社会、250 多年的工业社会，狩猎—采集模式推动了工具的发展、人类技术的进步，促进了大脑容量的增加、自我意识觉醒，在不同地区形成了不同种族、民族，不同地区不同的人产生了不同的语言，不同的习俗、文化、宗教等，逐步形成了复杂的社会关系。

现代文明一定蕴藏着古代文明的基因，无论技术如何发展、工具如何先进、社会如何演化，人类文明一定有其底层的共性基础。因此，研究人类社会，我们不光要看只有一万年左右的农业社会、250 多年的工业社会，还要追溯到 700 多万年的人类历史，其中250 万年的狩猎—采集社会是重要的阶段。从以上介绍中可以看出，狩猎—采集模式需满足几个基本的条件：

（1）需要寻找有猎物和植物性食物的自然环境。

（2）需要进行分工、合作，相互依存。

（3）需要石制等工具。

尽管人类社会已越来越复杂多样，但其基本关系并未改变，人类社会的基本关系在狩猎—采集时代已基本确定。

2. 人类社会基本关系

纵观人类 250 万年狩猎—采集时期、1 万多年的农业社会、250 多年的工业社会，总的来说，自然资源的交换与争夺是人类社会的常态，自然资源基本决定了经济生产方式，经济生产方式促使职业分工与竞争，职业分工与竞争促使社会分化，逐步形成相互依存的社会关系，相互依存的关系总体处在相互依存与依存失衡的动态变化之中。

　　对于人类社会的基本关系，我们用宏大的自然视角、生物社会视角、人类历史视角可以看得更为清楚。从自然视角看，人是自然的产物，从属于自然，是自然的一个组成部分，自然资源是人类唯一的依靠，人类需通过对自然资源的获取、交换或争夺才能生存。从生物社会视角来看，人类是灵长类动物，人类社会在灵长类社会化的基础上发展、演化而来。人类社会并非生物界唯一的社会形态，生物界许多动物种群都会根据自身的生物特性及所处的环境逐步形成该动物种群自身独有的社会，蜜蜂、蚂蚁、狼群、象群、狮群等动物种群都有自身种群独有的社会形态。

　　人类社会是人类根据自身种群的生物特性以及所处的生存环境在漫长的时间里共同形成、演化的社会形态，是人类自身独有的社会形态，以人类自身的演化发展方式不断地发展变化着。人类社会与其他灵长类动物的社会化存在着共性基础，有着灵长类动物与生俱来的自然属性，人类的社会性潜藏在人类作为生物存在的属性之中。把人类放到生物种群的角度来看，人类社会行为与其他动物种群自身的社会行为并无区别，不同动物种群的社会行为方式构成了自然界生物社会大厦。人类作为灵长类动物，基因中存在着与生俱来的群居性、互助性、友爱性和贪婪自私性、竞争性、斗争性等社会性特征，与此同时，由于个体或家庭难以靠自身能力获取生存所需资源，必须通过分工和合作才能更好地生存和发展。

　　从人类历史视角来看，在狩猎—采集模式中，氏族部落的人们需要寻找到有猎物和植物性食物的自然环境；需要进行分工、合作，相互依存；狩猎需要石制等工具。在获得猎物和植物性食物等生存资源时，一般会进行内部或外部的交换，但同时伴随着对生存资源的争夺；为了获得猎物和植物性食物等生存资源，必须进行分工、合作，由此产生了不同的职业，这些职业必须相互依存，由此产生了社会关系的分化，逐步产生不同的社会阶层；为了获得猎物和植物性食物等生存资源，需要制作不同的工具，由此推动了技术的进步。这些因素构成了人类社会的基本关系。

人类内在的递弱代偿和外在的生存倒逼，使人类不断提升认知能力和主观创造能力，人类的意识活动成为人类社会产生与发展的第一动力。人类在自身发展过程中，逐步形成资源交换、职业分工、相互依存的社会运行机制，资源交换、职业分工、相互依存的社会关系和资源争夺、职业竞争、依存失衡的社会关系形成连续不断的交替发展过程，逐步演化成复杂的人类社会形态。

自然资源是人类赖以生存的基础，但由于各自拥有的自然资源有所不同，需要通过交换与争夺才能获得自身所需的生存资源；随着人类种群不断壮大与分化，个体的能力难以获得自身所需，为了更好地生存与发展，通过职业分工与竞争提升生产效率；因为各自所拥有的自然资源不同，个体所从事的职业也不同，需要相互依存才能获得所需资源，由此产生了经济、政治、社会、文化等各种组织，但相互依存的关系并不稳定，会因为自然资源、职业分工、经济、政治、社会文化等不同原因产生失衡。

资源交换、职业分工、相互依存的社会关系和资源争夺、职业竞争、依存失衡形成连续不断的交替发展过程。交替发展过程中，有时会产生资源平等交换、职业合理分工、相互依存关系紧密的良性的社会关系，如贞观之治、开元盛世。随着时间的推移，就会产生资源相互争夺、职业激烈竞争、依存严重失衡的恶性社会关系。

伴随着这种关系产生人类的各种矛盾，如职场矛盾、阶级矛盾、民族矛盾、种族矛盾、国家矛盾，这些矛盾会出现激烈竞争、斗争甚至战争。在国家之间的矛盾冲突中，主要围绕利益进行争夺，拥有自然资源多，主观创造能力强，国家内部经济、政治、社会、文化关系稳定的国家，具体表现为经济实力强、军事实力强、人才实力强、人民凝聚力强的国家，往往会成为斗争或战争的胜利者，其中军事实力、经济实力占主导因素，其他一些小国家会成为依附国。

人类社会关系总是处在不断组合、重构的过程中，政治组织逐步从氏族部落向城邦、国家形态发展，技术发展从石器时代向青铜器时代、铁器时代发展，在不断组合、重构过程中，经济、政治、社会、文化等相互依存关系会不断调整、冲突、磨合、融合，然后在一些地区、国家逐步形成相对稳定的向性，尽管这种向性会永不停息地调整、冲突、磨合、融合，但相互依存的底层架构会随着历史的演化逐步稳定下来。

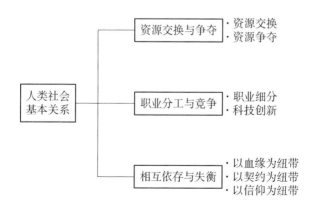

人类社会基本关系结构图

3. 资源交换与争夺

自然产生人类，自然资源是人类唯一的依靠。人类主要生活在低纬度、低海拔、淡水充足、土地平整的地区，人类种群生存空间被严重挤压。由于人各自拥有的自然资源不同，人类需要进行交换才能满足生存、发展所需的自然资源。在自然资源交换过程中，由于存量资源的不足、能力的不同、力量的失衡、人性的贪婪等原因，就会产生对自然资源的争夺。自然资源的交换与争夺，总是交替发展，是人类社会最重要的活动。

自然资源从空间分布来说，包括地（海）面的农、林、牧、渔等自然资源，地（海）下的矿产等资源，地（海）上的通用航空、民用航空、太空等空中资源，具有区位优势的区位资源。区位资源会随着交通工具、建筑水平等科技水平的发展发生变化。在农业时代，区位优势地区往往在内河所处的区域中心位置，如洛阳、开封、西安、南京、扬州等地，但今天区位资源最为突出的地区是大江大河出海口、大运河，如粤港澳大湾区、长三角、京津冀、纽约湾区、旧金山湾区、东京湾区，大运河如苏伊士运河、巴拿马运河。区位资源所在地一般聚集地区、国家或世界性的各种优质资源，由区位资源优势地区向周边地区辐射。

资源的差异。人类由于生存的地区等因素影响，个人、团体或国家所拥有的自然资源非常不同，必须通过交换自然资源及自然资源的衍生物才能满足自身所需的自然资源。比如，人们最常见的柴米油盐必须通过交换才能满足。能源与粮食是世界上最重要的资源。柴，即能源。石油、天然气、煤炭的储量非常不均衡，其中中东、俄罗斯是能源储量最大的地区。俄罗斯石油储量 65 亿桶，占全球 6%，天然气储量 48 万亿立方米，占全球 33%，煤炭储量

1933 亿吨，占全球 20％，俄罗斯对此严重依赖，丰富的能源是俄罗斯 GDP 的最主要来源。与此相比，北约严重缺乏能源，对俄罗斯能源依赖度达到 40％，单从能源依存来说，俄罗斯与北约之间有非常重要的相互依存关系。中国石油、天然气的资源非常贫乏，对外依存度达到 60％—70％，是名副其实的能源进口国。米，即粮食，大米、小麦、玉米、大豆等主粮是一个国家的命脉，这跟每个国家的土地、种子等自然资源高度相关。油，食用油、动物油、大豆油等也是国家的大宗食品。盐，中国几千年来几乎都采用专卖制度。

资源的交换。由于人类各自拥有的自然资源失衡，需依托国家、种族、民族、家族、信仰等社会关系和职业能力通过交换或斗争、战争争夺获得相应的自然资源。首先是获取自然资源。人类为了更好地求存，会主动适应自然环境，观察自然现象，发现自然规律，通过发现自然规律为自己所用。人类常说的征服自然、改造自然，只是人类为了自身的所需，在无限的自然中极其有限地利用自然规律本身固有的属性，为自身所用而已，如火药、指南针、造纸术、火箭、飞船等均是如此，与蚂蚁筑巢本质上没有区别，只是程度不同、形式不同而已。其次是交换自然资源。人类所处的自然资源不同，不同的人掌握的自然资源不同，人类所需的自然资源自身难以满足，于是就会产生资源交换资源的需要，原始的物物交换便产生了。为了最大化提高交换效率，降低时间、空间及人力成本，于是便产生集市、货币等交易媒介。由于人类获取资源和交换资源的需要，由此必须制定相应的规则，便自然催生、发展了经济组织。

资源的争夺。由于人类生存所需资源的严重不足，难以通过交换获取自然资源，再加上人们各自拥有的自然资源又非常不均衡，为了获取生存的权利，占有更多的自然资源，有些人或组织不惜抢占别人已获得的自然资源。自然资源的争夺非常激烈，国家、企业及个人对土地、海洋及其附着物的争夺从未停止过，为此，发生过无数次战争。在农业文明时代，由于交通等技术条件的限制，资源的交换与争夺往往局限在局部地区。第一次工业革命以来，由于航海技术、军事技术等技术发生飞跃式发展，英国等西方列强用坚船利炮强行敲开了很多国家大门，从而实现全球资源的交换与争夺。从资源的种类来看，随着工业革命的发展，第一产业的大米、小麦、大豆、玉米等农产品资源逐步实现全球配置。粮食市场的交易与争夺是大国博弈的重要筹码。第二产业的工业原材料，如石油、天然气、煤炭、铁矿石、稀土等成为全球重要的交易与争夺资源，其中石油、天然气能源市场的争夺异常激烈；随着空中技术的发展，对空域资源尤其是太空资源的争夺也日趋激烈，目前已成为美国、中国、欧盟、俄罗斯等大国、国际组织的主战场。依托第一、第二产业自然产生的第三产业，尤其是金融业成为世界核心国家交易与争夺的资源。1944年布雷顿森林会议，美元金本位取代英镑金本位，标志着世界金融中心向美国转移，由此形成美元霸权。金融资源交换与争夺现已成为美国、中国、欧盟、日本、俄罗斯等核心国家、重要国际组织的焦点。

国家之间的冲突最根本的在于利益的冲突，通常情况下，国家之间没有永远的朋友，只有永远的利益。第二次世界大战期间，美国和日本的太平洋战争非常惨烈，但随着1950年朝鲜战争的爆发，美国为了对抗中国和苏联，便将日本变成盟友，让日本成为美国的傀儡，从中可以看出，美国的东亚战略纯粹出于利益的考量。纵观世界历史，对于自然资源的争夺，从未停止。今天世界的主要矛盾也是自然资源的争夺。美国是世界第一大国，但美国立国主要通过战争争夺原住民印第安人的土地资源，美国今天的强大建立在印第安人血泪之上。美国拥有930多万平方公里国土面积，全世界排在第四，还有广阔的海洋空间。美国可用土地非常广阔，世界第一，是名副其实的农业大国。即便如此，美国还在全世界扩张。美国发动伊拉克战争，是为控制中东的石油能源，巩固石油美元的地位，控制亚非欧战略通道。发动阿富汗战争，是为了控制亚欧大陆的中枢位置，遏制中国和俄罗斯的崛起，控制阿富汗丰富的铜矿等矿产资源。美国主导北约东扩，是俄乌冲突的主要推手，是为了遏制俄罗斯的崛起。美国挑起台海争端、南海争端，是为了遏制中国通往印度洋、大西洋的通道。美国从建国以来，与西方列强海外抢夺、殖民的本性一脉相承，在资本至上的国度，一切为了利益。其他国家亦是如此，中东是世界的火药桶，以色列和巴勒斯坦的矛盾，土地矛盾、宗教矛盾是主要矛盾。印度和巴基斯坦的主要矛盾是克什米尔的归属问题。俄罗斯和乌克兰之间的主要矛盾是克里米亚、乌克兰东部地区的归属问题。阿根廷与英国的马岛战争，是马岛的主权归属问题。俄罗斯与日本的矛盾是北方四岛的问题。诸如此类，不胜枚举。

在社会关系产生的基本逻辑中，资源交换与争夺，是人类历史过程中周而复始的常态。资源交换是理性的、良性的，资源争夺是非理性的、恶性的。为此，人类制定各种规则进行相互约定。从人性的角度来看，资源争夺也是人类动物性的一种表现，遵循的是丛林法则。一切以实力说话，其中军事实力是根本，经济实力是支撑。

遏制资源争夺，光靠伦理道德是做不到的，最重要的在于争夺方之间力量的平衡。力量主要是军事实力、经济实力、科技实力等综合国力。随着资源拥有者实力的强大，会让资源争夺者付出巨大的代价，为此，资源争夺者会计算争夺的成本。随着全球化的日益加快，全球逐步形成三股主要力量，即美国、中国、俄罗斯。以美国为首形成欧洲、大洋洲、日本、韩国等依附地区，中国、俄罗斯的战略同盟日趋紧密，中国、俄罗斯也有各自的伙伴国。世界虽大，但总体由几个关键的大国掌握大局。美国是靠霸权起家的国家，第二次世界大战后取代了英国，成为一支独大的霸权国家，美国及其加盟国成为世界上资源争夺的最主要国家。大国博弈，总会出现不断的冲突、融合，当各方的力量逐步趋于均衡的时候，资源争夺的概率就会降低，各参与国会逐步回到规则体系里面，进行资源的交换，从而实现各自资源的融合。

4. 职业分工与竞争

从狩猎—采集社会到农业社会再到工业社会的人类漫长的发展过程中，人类的职业分工随着社会的发展变化不断细分，职业竞争不断加剧，与此同时，相互依存程度越来越高，依存失衡风险不断增加。职业分工一方面推动了科学技术及社会方方面面的发展，一方面加剧了社会阶层的分化。随着科学技术的高速发展，社会阶层的两极分化日益明显，贫富悬殊日益加剧。

由于人的体质趋弱，必须通过智质代偿，这种递弱代偿倒逼人的主观创造能力的发展。随着人的认知能力和主观创造能力的发展，人类个体逐步从某一领域垂直地深入，这样就大大提高了社会效率，从而催生了职业分工、专业细分。这种职业分工，逐步形成了各个行业，由此产生了社会分化，形成了不同社会阶层。从整个社会来看，形成经济、政治、社会、文化等社会形态。社会形态由许多行业组成，不同的行业又产生不同的行业细分，行业细分到具体的岗位，便产生不同的专业工种，如管理型岗位、专业技术岗位、市场销售岗位等。职业分工一方面提高了效率，但由于岗位的不足，从事该专业的人员数量又增加，便自然产生竞争。随着竞争的加剧，当市场存量趋于稳定或低增长的情况下，同时供给端技术没有新的变革的时候，随着行业从业人员的增加，技术同质化现象会日趋严重，会形成供给端高成本的内耗但市场却不能获得相应回报的困境，单位劳动投入报酬严重递减，这种现象称为内卷。当内卷越来越严重的时候，就会形成"零和游戏"或"零和博弈"，即总量为常量的情况下，一方所赢的正是另一方所输的。所谓总量为常量，意味着总量处在一个有限且封闭的空间，竞争规则是排他性的零和博弈，这种现象可以存在于社会的各个行业和阶段中，随着行业的细分，在细分行业中内卷现象发生的概率很大。

由于资源交换、职业分工、相互依存的社会关系和资源争夺、职业竞争、依存失衡会形成连续不断的交替发展过程，在资源存量有限的前提下，相互依存的关系日趋复杂、缺少稳定的情况下，提升职业能力，增加主观创造能力成为人自觉或被迫的选择，这种选择的结果就是职业能力的提升。职业能力的提升大大提升了人的发明创造能力，推动了科学技术的发展。农业技术的发展，是人类人口增长的重要原因，第一次工业革命以来，从1775年瓦特发明蒸汽机算起，只不过二百多年的时间，人类社会的发展发生了翻天覆地的变化，科技创新成为第一生产力，科技竞争成为大国博弈的主战场。现代战争成为技术的战争，美国、苏联等国家曾各自利用先进的技术进行军备竞赛。

职业能力提升的主要渠道是教育。智力的开发来源于两个方面，一是通过一代一代不断的经验累积，总结经济、政治、社会、文化、生态等各种文明成果；另一方面，通过各种各样的实践，不断完善、发展经济、政治、社会、文化、生态等各种文明成果。这种行为，便催生、发展了各种教育组织。

人类的知识创造，成为人类发展的主要力量。如何进行知识创造，人才培养起决定性的作用。教育有不同的分类，普遍的分类包括学校教育、家庭教育、社会教育、自我教育和信仰教育。学校教育是提升个人能力的主要渠道。中小学、初中、高中是基础教育，基础教育在于公平性、基础性、广泛性。大学是高等教育，高等教育主要趋势一类是研究型、创新型的大学教育，如重点大学等高校、科研机构，知识创造的主体主要在研究型大学和科研机构；一类是应用型的职业院校，强调针对性、实战性、有效性。企业教育，一般的企业主要突出职业教育，根据企业的岗位能力要求，针对性进行企业培训，目的是提升员工的岗位技能，提高企业的生产效率，从而增加企业的利润。

总之，学校教育是教育组织中最重要的组织，是人类文明发展的第一推手，肩负着传承、创新两大任务，而创新是人类文明发展的第一动力来源，如先秦时期，西方的柏拉图学院、中国的稷下学宫等成为中西方文明的重要策源地。

5. 相互依存与失衡

相互依存，指随着人类社会的产生与发展，人类从狩猎—采集模式这种相对简单的相互依存模式逐步向越来越复杂的相互依存模式转变。越趋复杂的相互依存模式催生、发展了不同的职业分工，职业分工产生了社会分化，社会分化产生了不同社会阶层。不同的职业分工必须相互依存，由此，催生、发展了经济、政治、社会、文化等各种依存关系，产生各种社会组织，如家庭组织、家族组织、行业组织、经济组织，学校、宗教、政治等组织。在所有社会组织中，能整合经济、政治、社会、文化等各种资源的组织是政治组织，因此，政治组织成为了人类社会最大的组织。各种依存关系需要相应的规则来维系，由此，催生、发展了法律、社会制度、伦理道德、宗教信仰等规则体系，相互依存的各种规则关系和社会组织有时会相对固化，但总是处在动态的发展变化之中。

经济、政治、社会、文化等种种相互依存的关系会因为内部、外部等原因失去平衡，依存失衡的结果会产生各种社会矛盾，引起冲突、纠纷，甚至战争，在社会关系依存失衡的过程中，各种规则关系会主动或被动地调整，引起制度的改良或改革，甚至社会的变迁等。

在职业分工和相互依存的关系上，职业分工的细化，会自然产生相互依存的关系，但不同的职业分工，相互依存的程度不尽相同。社会分工越粗放，生产效率越低，相互依存度越低，如原始氏族部落，靠手工耕种、自给自足的农民家庭。人类为了更好地生存，为了提高效率和质量，逐步向专业化方向发展，专业化的结果就是社会、行业、市场不断细分，职业能力越强，细分程度越高，所产生的效率越高，相互依存度越高。

人类相互依存的关系，在以血缘为纽带、以契约为纽带、以信仰为纽带这三个方面最为常见，这三个方面的关系常常相互叠加、相互交织，难以分离。

一是以血缘为纽带的相互依存关系。人类的相互依存关系，我们可以用经纬关系来说。从纵向的时间维度来看，会形成以血缘为纽带的家族、民族、部落、种族、国家等社会组织关系，这种社会关系是最为紧密的社会关系。以血缘为纽带的社会关系中，人与人之间的关系往往以情感因素为纽带，人们更愿意为家人或亲人做出更多无私的行为，更愿意做一些不计报酬的付出，人与人之间的关系也会更加紧密。人与人之间的信息接收和处理更快，认知成本更低，决定也更快，相互依存的关系更加稳固。在猿猴群体中，猿猴常常在一起互相梳理毛发，互相梳理的小群体会随着家族大型群体规模的增加而增加，互相梳理以便维护亲密关系，缓解压力，有效地抵挡外来干预，其实人类也有类似的行为。在人类几百万年的发展史上，以血缘为纽带的家庭、家族、部落、氏族等是人类社会最重要的社会关系。

灵长类动物种群，随着种群的壮大，会出现分层结构的社会体系，人类也一样。分层结构的社会体系是为了形成联盟或者形成互助体系，用来对冲个体在大型群体中生存的代价。每一层的架构都是为了支撑上一层，上一层是底下一层的特性显现，两个层次密不可分，在社会结构中，内层较小的群体是外层较大群体存在的基础。在狩猎—采集社会中，一个种族群体人数普遍在 50 至 150 人，分成不同层级，种群的主要任务包括：狩猎—采集食物来源、保护生存区域、保护成员不受捕食动物或其他同类种群的威胁、防范同类种群的侵犯、保护生育期的妇女及儿童、与其他种群进行资源交换。人类无论从早期的狩猎—采集社会，还是到今天的工业社会，以血缘为纽带的社会关系依然是人类最重要的互相依存关系。在人类社会中，以血缘、亲缘为纽带的民族国家是世界文明体系的主要特征，形成普遍的国家认同，这些国家一般会有普遍认同的宗教信仰或文化价值观。

二是以契约为纽带的相互依存关系。从横向的空间维度来看，人类社会在同一时期同一区域形成以契约为纽带的学业、职业、行业、民族、部落、种族、国家等社会关系，这种社会关系以法律、法规、社会规范等为基础，是社会稳定最为重要的基础。

随着人类种群的不断壮大，人类会不断演化出无数个小群体，以血缘为纽带的社会关系无论在家族内部或外部都无法满足生存与发展的需求。在生存资源的获取上，会自然与其他同类种群交流，从中寻找贸易伙伴，进行资源交换。随着种群的扩大、需求的增加、交易的频繁，由此会自然演化出家规、商业、政治、文化等各种规则，这种规则一般情况下以契约为纽带，由此衍生出不同经济、政治、文化、社会等方方面面的法律、规则等制度体系。这种社会关系，人与人之间的交往主要以利益交换为基础，侧重于以经济利益交换、社会地位交换、能力交换等。

国家的出现是人类社会相互依存关系发展到一定程度以后逐步出现的最为重要的社会关系。在国家出现及发展的过程中，国家形成的路径是不尽相同的。在国家形成的主要因素中，自然环境是基础，自然环境决定了经济形态，经济形态决定了经济生产的职业分工，职业分工直接影响了相互依存的关系。

三是以信仰为纽带的相互依存关系。在相互依存的社会关系中，还有一种非常重要的社会关系，这种关系以信仰或同一价值观为纽带，以共同信仰为基础，信仰往往会成为除血缘关系以外连接人与人之间情感因素的重要纽带。

在各种信仰中，宗教是人类的主要信仰。一般会把各种宗教分为萨满教、教义宗教。萨满教是体验型宗教，游牧或狩猎族群一般会信仰萨满教。教义宗教，是仪式宗教，一般情况下会有本宗教信仰的神、神学，寺庙、教堂等神圣空间，有祭师、有宗教仪式等。如基督教有教堂、耶稣像、《圣经》、牧师、仪式等。人有了固定居所以后，才能建设举行仪式的场所。固定居所的社会群体一般来说信奉教义宗教，如基督教、伊斯兰教、佛教等。西方文明主要以基督教为精神纽带，穆斯林地区主要以伊斯兰教为精神纽带，俄罗斯主要以基督教中的东正教派为精神纽带，泰国等国主要以佛教为精神纽带。

以血缘为纽带的组织关系，以契约为纽带的组织关系，以信仰为纽带的组织关系，在家族、民族、部落、种族、国家等社会组织中，总是相互交织、难以分离，这些社会关系共同构成了复杂的社会关系。在各种社会关系中，经济利益、社会地位之间的社会关系最为紧密，这两种利益常常以血缘、亲缘为纽带形成利益共同体。

相互依存和依存失衡，常常交替进行。人类的斗争包括国家之间的斗争，国家内部经济、政治、社会、文化之间的斗争，人种、民族、家族之间的斗争，宗教派别之间的斗争，阶层或阶级之间的斗争，等等。在人类斗争中，这些斗争往往交织在一起，构成复杂的历史经纬。

总的来说，人类的斗争是由资源交换产生的资源争夺、职业分工产生的职业竞争、相互依存产生的依存失衡造成，是外在的生存倒逼和人类内在的贪婪、嫉妒、愤怒、偏执、傲慢等动物天性共振、叠加造成。在人类社会运行过程中，资源交换、职业分工、相互依存的社会关系和资源争夺、职业竞争、依存失衡的社会关系形成连续不断的交替发展过程。

俄乌冲突是相互依存和依存失衡的例子。2022年2月24日俄乌冲突爆发。2月21日，普京发表全国电视讲话，他说："乌克兰对于我们来说不是一个普普通通的邻国。乌克兰是我们自己历史、自身文化，是我们精神空间不可分割的一部分。它不仅是我们同事、朋友中的同志和好朋友，更是有血缘的亲人。很久之前，历史上生活在西南边土地上的古罗斯人就自称为俄罗斯人和东正教信徒。到了17世纪，这些领土的一部分再次并入了俄罗斯国家。"这里说明，俄罗斯与乌克兰之间曾经存在着国家、民族、宗教之间深层次的关系，这种社会关系依存可以说是人类社会之间主要的依存方式，同一民族、同一信仰成为他们之间的主要依存方式。俄乌冲突就是社会关系相互依存失衡的结果。

俄乌冲突看似是俄乌关系失衡，放大一点看是俄罗斯与以美国为首的北约之间的依存失衡。欧洲的北约国家对俄罗斯的石油、天然气、煤炭等能源，小麦、葵花籽油、肥料等农产品依存度很高，因为俄乌冲突，美国和其盟友全面制约俄罗斯，由此造成俄罗斯与北约在能源、粮食方面的依存关系严重失衡。从全球来看，很多国家对俄罗斯能源、粮食等方面的依存也严重失衡。

第三节　社会制度成因

文明是一条历史长河，现代文明蕴含着古典文明的精神基因。对于社会制度的产生与演化，要从历史的纵深处找到源头，从文明的交汇处找到融合点，从现实差异中分析其普遍性，在动态变化中观察社会流变的因果关系，从中发现社会周期变化的基本规律。

人类社会的基本关系是资源交换、职业分工、相互依存的社会关系和资源争夺、职业竞争、依存失衡的社会关系形成连续不断的交替发展过程，逐步演化成复杂的人类社会形态。人类社会制度的产生与演化是这种社会关系的具体反映。社会制度成因的基本逻辑是：

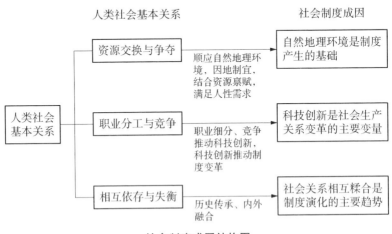

社会制度成因结构图

　　如上图，从人类的狩猎—采集模式出发，在 250 多万年的时间里，人类对自然资源的获取越来越多，对自然资源的交换或争夺的次数越来越频繁。人类为了生存与发展，必须顺应自然环境，因地制宜，结合所在地的资源禀赋，满足自身的需求，因此，自然环境是人类社会制度产生的基础。

　　随着人口规模和需求的增多，职业分工越来越细，由此催生了不同的行业，专业不断地细分。为了提高效率，人类充分调动主观创造能力，工具制造能力越来越强，科技创新水平越来越高，从人类历史长河来看，科技创新是社会生产关系变革的主要变量。

　　随着人口规模和需求的增多，职业分工越来越细，人类相互依存的关系越来越紧密，关系越来越复杂，以血缘、契约、信仰等为纽带的社会关系相互叠加、相互交织。不同的自然环境，不同的种族、民族等，不同的科技创新能力，形成了不同的经济、政治、社会、文化等相互依存关系。相互依存的社会关系，总是在传承中不断冲突、融合，不断创新，不断演化，总体来说，社会关系相互糅合是制度演化的主要趋势。

社会制度的产生与演化有着非常复杂的因素。从社会制度主要成因来说，自然环境是制度产生的基础，社会关系相互糅合是制度演化的主要趋势，科技创新是社会生产关系变革的主要变量。

1. 自然环境是制度产生的基础

自然进程决定文明进程。一方水土养一方人，自然环境一定程度上决定了人类的生存方式。人是自然的产物，人为了生存与发展，在与自然的相处中，会逐步结合自身所处的自然环境发展出经济、政治、社会、文化等方方面面的社会形态。从广义的角度来看，自然产生了人类，人类只是自然生态中的其中一个组成部分，因此，人类社会当然也属于自然环境的衍生产物。从狭义来看，人类为了自身的发展，站在自身的角度，可将人与自然分开（事实上无法分开），把人类单列出来，思考人类文明的产生与发展。人类社会按目前的分类，主要分为经济、政治、社会、文化这几个方面。这几个方面的产生与所处的自然环境高度相关，在发展过程中，人们会自觉地或被迫地进行制度设计、改良、改革。

整个中华文明史，文明主体是大陆文明，以农耕文明、游牧文明为主，海洋文明为辅。农耕文明主要活动区域在第二阶梯、第三阶梯的黄土高原、华北、华东地区。黄河、长江中下游地区气候宜人、土地平整肥沃、淡水充足，史前农业已发明出大量的石制农具，后来随着铁制农具的发明，农业很快得到发展，形成集约化程度很高的农业。农耕文明受到气候、土地、水源等自然条件影响很大，所以中国先民特别重视观察气候、土地、水源等自然规律，同时，中华先民特别敬畏天地自然，以天地为祭拜对象，北京的天坛、地坛等就是对天地进行祭拜的场所；皇帝自称天子，天子即天的儿子，替天行使职权；耕作的人群以血缘为纽带的氏族部落为主体，为了凝聚血缘关系，建设祠堂等祭祠场所，认祖归宗，慎终追远。游牧文明，以畜牧业为主体，天然带有流动性、扩张性，马匹所到之处便是家，所以被称为马背上的民族。沿海一带，主要人群是以农耕文明的族群为主体，但需从事海洋捕捞、海洋贸易等活动，商品交易就会发达，像浙江温州、广东潮汕、福建泉州等沿海地区，地域文化在农耕文明的基础上融入了海洋文化的特征。潮汕文化中非常重视祠堂文化，拜祭祖先，突出孝道，强调家族秩序，这是中华传统文化的基本特征；另一方面，他们突出抱团打天下的团队精神，宁做鸡头、不做牛尾的老板文化，敢为天下先的冒险精神，这是海洋文化的典型特征。

中华文明具有以农耕文明、游牧文明为主的文明特征，在农业社会时期，其基本特点是宗法性社会。宗法性社会，以血缘、亲属关系为结构，以亲缘关系的原理和准则延伸为社会管理的原理和准则，一切社会关系都以家庭化为基础，宗法关系就是政治关系，政治关系就是宗法关系，政治关系以及其他社会关系都依照宗法中的亲缘关系来规范和调节。在宗法社会中，在社会性质上，强调伦理本位，淡化契约、法律等规则本位。伦理关系的特点是在伦理关系中要有长幼尊卑的等差、要有秩序，要有情分、有情义，主导的原则是情义，而非法律，重义务而不重权利。

西方文明，以古罗马文明为例。我们不妨看一下今天有关意大利的基本情况。一是气候条件。亚平宁半岛是地中海气候，十分不利于农业，尤其不适于主粮种植。二是农田面积。在科技发达的今天，农田只占国土面积的 10％，即 3 万平方公里。在土壤质量上，整个亚平宁半岛是山区，平原稀少，土地贫瘠。三是淡水资源。意大利处在地中海气候带，以山区为主，总体缺淡水，尤其是缺乏农业灌溉水源。根据以上条件，古罗马文明没有发展以农业为主体的经济形态的基础条件。但古罗马文明处在地中海，海洋条件非常好，这就为古罗马发展渔业、商业贸易、航运等海洋经济提供了得天独厚的基础条件，可以从事海洋捕捞、海洋贸易等行业，天然具备商业交易的基础条件。与古罗马相应的古希腊文明也是如此。

古罗马、古希腊是城邦制国家，以商业文明为社会基础，商业必须以契约为交换基础，海洋捕捞、贸易等需要团队合作，需要航海技术支撑，所以逐步发展出以形式逻辑为基础的科学思维，以科技文明为支撑的科学技术体系。亚里士多德认为，商业文明是文化发展的重要途径。海洋文明是基于商业交换而形成的生命力的发展，有天然的向外扩展性，这种扩张以技术、组织等力量为基础，当遭到外族抵制时，就会产生武力征服的形态。古罗马、古希腊文明的主体是海洋文明，经济形态以海洋经济为主体，形成了西方文明的基础。

以血缘为纽带的农耕文明、游牧文明，人与人之间的关系主要以血缘为基础，以宗族、民族约定俗成的行为规范为约束机制，形成以血缘为核心、以行为规范为准绳的松散机制，人与人之间感情相对融洽。以契约为纽带的商业文明，人与人之间关系主要以利益为基础，以契约为约束机制，形成以利益为核心、以契约为准绳的捆绑机制，人与人之间感情会相对淡漠。

古希腊、古罗马等西方文明在工业革命前，在海洋捕捞、贸易等过程中，船舶航行主要靠人力、风帆，有极高的风险和不确定性，再加上对自然的无知、恐惧等因素，这些人群的精神天然需要寻找精神寄托，寻找精神寄托成为人类自身潜在的内在禀赋，这为宗教信仰的产生提供了精神的土壤。

2. 社会关系相互糅合是制度演化的主要趋势

社会关系是人类经济、政治、社会、文化关系等关系的总和，人类社会制度的演化是各种社会关系不断裂变、不断撞击、不断糅合的过程。自然进程决定文明进程，但经济、政治、社会、文化等社会关系随着时代的发展、不同地区人群的融合、王朝的更迭、科技的发展、宗教等不同的因素会不断调整，总体呈现连续的稳定向性和阶段性结构调整的特征。经济、政治、社会、文化的社会关系在不断冲突、撞击、磨合、共生融合中相互糅合，最终会形成相对稳定的社会形态，如王室、阶层、职业，这一相对稳定的社会形态随着时代的变迁不断调整。调整的过程常常是缓慢变化，形成相对稳定的格局，但在王朝更迭、科技革命、外部力量冲击等多种因素作用下，社会关系随之发生激烈的变化，在经济利益、政治制度、意识形态、宗教信仰等方面产生激烈的碰撞，人类社会关系在社会大变局中有可能发生质变，形成新的社会形态。下面就中华文明、西方文明、伊斯兰文明进行简要的分析。

中华民族的发展是各种古文化不断裂变、不断撞击、不断融合的过程。根据《中华文明起源新探》，著名考古学家、考古类型学的奠基人苏秉琦先生认为，中华文明已有超百万年的文化根系，从一万年前的文明起步，五千年前氏族到国家"古文化、古城、古国"的发展，再由早期古国发展为各霸一方的方国，最终到二千二百年前的秦朝，发展成为多源一统的帝国，帝国体制一直延绵不绝。

苏秉琦先生把中国考古学文化分为六大区系，面向海洋和面向欧亚大陆各三大区系。面向海洋的三大区系为以山东为中心的东方，以太湖流域为中心的东南部，以鄱阳湖—珠江三角洲为中轴的南方。面向欧亚大陆的三大区系为以燕山南北长城地带为中心的北方，以关中、豫西、晋南邻境为中心的中原，以洞庭湖、四川盆地为中心的西南部。[1] 面向海洋和面向欧亚大陆的区系分别与世界的大陆文化和海洋文化相衔接。20 世纪后半段（第二次世界大战以后）世界考古的大发展已表明，东西方古代文明的发展大体同步。东西方从氏族到国家的转折大致在距今 6000 年前；彩陶的产生，由红陶、彩陶为主发展为以灰、黑陶为主的文化现象的出现也大体同步。世界古文明三大中心，一是西亚、北非，二是以中国为代表的东亚，三是中美洲和南美洲，这三大中心都经历过从氏族到国家，国家又经过古国、方国到帝国的不同发展阶段。中华各民族祖先经过无数次的组合与重组，尤其是秦汉以后蒙古族、鲜卑、满族等北方民族入主中原后，逐步形成了中华民族多元一体、满天星斗的民族形态。

中华体制，秦以前的周朝是分封制，类似于美国的联邦制。项羽失败的重要原因之一是制度选择，他选择周朝的分封制，把刘邦发配到四川，让他当蜀王，这给刘邦留下了东山再起的机会。从周朝的分封制到秦朝的中央集权郡县制、大一统的帝国体制，这是中

---

[1]《中国文明起源新探》，苏秉琦，生活·读书·新知三联书店 2019 年版，第 155 页。

华体制历史上最大的变革。在农耕时代，生产力水平低下，科技落后，像中国这样地域辽阔，民族多元，民俗、方言等千差万别的国度，如果不采取一统天下的制度，无法做到车同轨、书同文、度量衡等方面的统一。

战国的百家争鸣，结果是百家杂糅。秦朝的制度，并非秦国的专属，而是战国各诸侯国的集大成。中华文明的稳固形态确立于秦汉，演变之关键处在战国。读懂战国，才能读懂秦汉的制度选择。

诸子百家虽然哲学体系差异极大，但有一条共同的底线，即建立"统一秩序"。儒家强调"定于一"的礼乐道德秩序，法家强调"车同轨、书同文"的权力法律秩序，墨家强调"尚同"与"执一"的社会行动秩序。即便强调极端自由的道家，对统一秩序也是认同的，老子说"以国观国，以天下观天下"，可以看出老子"小国寡民"建立在天下统一的基础之上。百家争鸣，争中有融，融中有争，百家杂糅，相互融合。郭店简中，可以看到儒家与道家混同；上博简中，可以看到儒家与墨家混同；马王堆帛书中，可以看到道家与法家混同。"德"不为孔孟独享，"道"不为老庄专有，"法"不由商韩把持。在秦征服六国之前，诸子百家的思想融合已经开始。

战国百家争鸣成了思想制度的熔炉。秦国的法家贡献了大一统的基层政权；鲁国的儒家贡献了大一统的道德秩序；楚国的道家贡献了自由精神；齐国将道家与法家结合，产生了无为而治的"黄老之术"和以市场调节财富的"管子之学"；魏韩贡献了纵横外交的战略学与刑名法术的治理学，赵燕贡献了骑兵步兵合体的军事制度，如此等等。

中华体制大一统的思想，始于秦朝，成熟于汉朝。汉的政权结构来自秦，意识形态来自鲁，经济政策来自齐，艺术文脉来自楚，北伐匈奴的军事力量来自赵燕旧部。当然，中间也有非常多的变革，比如，产生于隋朝的科举制度，确保了人才选拔、社会阶层的流动，是世界上最伟大的制度发明之一。

1840 年到 1949 年，中国的经济、政治、社会、文化等社会关系受外国侵略、清朝灭亡、国内斗争、道路选择等各种冲击，各种社会关系不断斗争、冲突、融合。毛泽东最终选择了马克思主义与中国革命实践相结合的社会主义制度。1978 年改革开放，邓小平在毛泽东思想的基础上，创新性地提出了中国特色的社会主义市场经济。从中可以看出，中国模式的选择，一是传承，二是糅合，三是创新。

现代西方文明融合古希腊文明、古罗马文明、基督教文明和工业文明的精髓为一体。其中，古希腊文明是源中之源，古希腊文明的源头是海洋文明。读懂古希腊，才能读懂现代西方文明的道路选择。

古希腊文明，以城镇为居住点，以海洋贸易为依托，生存与海洋、陆地资源息息相关，城镇生活、海上运输必须依托集体才能更好地生存，由此形成以契约为纽带的社会关系，形成以形式逻辑为基础的思维体系。西方文明，在希腊城邦制的基础上，古希腊文明和希伯来文明相互糅合。

自 1492 年哥伦布发现新大陆起，西方世界崛起的先决条件就是有效激励制度的建立。所谓有效激励制度，主要包括私有产权、自由权利、生命权利的保护，公司制度的建立，股票市场的建立，市场经济制度的建立等，这些制度并非英国的专属。这些制度的建立，大大激发个体的主观创造力。制度建设 + 科技创新是西方世界崛起的根本原因。

《中华帝国全志》《天工开物》等著作中学西用，为西方科学启蒙起到了重要的作用。《中华帝国全志》是中学西用的巨著。1735年原版《中华帝国全志》是西方早期汉学三大著作，是法国耶稣会1773年解散之前的最后一部巨著。《全志》第一卷包含地理和历史两部分，在地理部分中，当时中国的15个省各自所占篇幅大致相同；第二卷描述中国的社会与文化；第三卷展示与中国人的宗教和科学相关的知识；第四卷讲述归入中国版图或附属的地区，如西藏地区、朝鲜半岛和鞑靼地区，所谓鞑靼实际上包括内外蒙古和东北地区。第一卷和第四卷共有50幅地图，都附有相关的地理说明，另外还有14幅木版图片。由于史料之丰富，更是被学术界视为18世纪全面论述中国最重要和最具影响的著作，为欧洲18世纪的"中国热"增添了助力，同时也为法国乃至欧洲汉学奠定了坚实的基础。该书以专题的形式介绍中国的地理概况、历史文化、政治制度、社会习俗及自然状况，将当时的中国形象展现在欧洲人面前。传教士的不懈努力，使基督教得以在中国持续传播了很长一段时间。《中华帝国全志》作为那个时代发展的产物，是中西交流的见证，对于今天我们研究明清之际的中西交流以及18世纪欧洲发展史都有重要的补充价值。

18世纪，因为耶稣会在西方的重要影响力，推动了欧洲的思想运动，尤其是耶稣会士对中国的关注和研究，深深影响了法国大革命的先驱们，孟德斯鸠和伏尔泰的思想言论就是最明显的例证。启蒙思想家们援引中国的资料很多都是来自杜赫德的《中华帝国全志》，在他们的著作中，引用《中华帝国全志》对中国的描述，注入自己的思想，用他们心中的中国形象推动了法国大革命的爆发。

伏尔泰在他的著作中有关"杜赫德"的条目这样写道:"杜赫德虽然不曾走出巴黎,不认识一个汉字,但是,他借助教会同僚们撰写的相关报道,编撰了一部内容最丰富的关于中国的佳作,堪称举世无双。"

现代的伊斯兰文明,其源头是伊斯兰世界和阿拉伯文明、伊朗与波斯文明、土耳其和奥斯曼文明。伊斯兰文明,其文明基础是阿拉伯地区的部落文明。酋长制度在中东、非洲广大地区比较普遍,尤其盛行在广大偏远、落后的地区。酋长制度最初从原始的氏族部落制度发展演变而来。诞生于公元 7 世纪的伊斯兰教,逐步形成伊斯兰文明作为精神纽带的政教合一国家制度。

中西融汇,古今贯通,是人类文明不断融合、发展、创新的必由之路。从中西方发展历程来看,中华文明和西方文明的制度选择都有其历史根源,既有合理性,也有弊端,通过取长补短的机制,将会逐步走向趋于符合国情的合理性。西方文明其哲学基础源于古希腊的方法论,以形式逻辑为基础,以实验验证的科学为手段,解决问题侧重于术,具体问题寻找具体方法、实施路径。西方哲学的优势在于方法论,劣势在于缺少中国哲学整体论。反过来,中国哲学的优势在于整体论,劣势在于缺少方法论。因此,中国应该以兼容并蓄、多元共存、开放包容的胸怀,主动拥抱西方严谨的逻辑思维、层级清晰的方法论,创新性融入中华传统文化共生共存的整体论,因时而变的周期论,因地制宜的环境论,因人而异、以人为本的人本论,因势利导的势能论。

3. 科技创新是社会生产关系变革的主要变量

社会生产关系变革产生的因素,包括政治力量的斗争、经济利益的冲突、社会阶层的斗争、意识形态的斗争、宗教信仰的斗争、科学技术革命等方方面面。在众多推动社会生产关系变革的因素中，当我们站在 250 万年的狩猎—采集社会、1 万年左右的农业社会、250 多年的工业社会的人类历史长河来看，工具的创新起到决定性的作用，科技创新带来的科技革命成为社会生产关系变革的主要变量。

人类所能利用的自然资源总体来说非常有限，当自然资源产生的存量财富增长乏力的情况下，知识创造是财富增量创造的主要来源，人们为此会发挥主观创造能力，把科技作为第一生产力。自从第一次工业革命以来，知识创造是社会财富增量创造的主要动力，技术创新会大大推动文明结构链的创新，产业、金融、经济、社会、制度、文化等随之产生改良、革命。

（1）科技创新推动文明结构链的创新

科技创新和人才资源是推动文明结构链发展的原动力。现在简单回顾一下四次工业革命的基本情况。

工业革命发展阶段和主要标志

从上图可以看出，1.0 时代是蒸汽时代，实现了生产的机械化。公元 1775 年瓦特蒸汽机开始量产，并成为人类生产制造活动的标准配置，从此人类进入工业时代（人类历史离上一个关键时刻的出现大体经历了一万年）。2.0 时代是电力时代，实现了大规模生产。3.0 时代是电子和信息时代，实现了生产的自动化。4.0 时代是人工智能时代，各项技术实现融合，并将日益消除物理世界、数字世界和生物世界之间的界限。科技创新和人才资源是推动文明结构链发展的原动力，是第四次工业革命的主要推动力量。

从人类文明的历史来看，人类文明实现飞跃性的发展，是在第一次工业革命以后。从人类三次工业革命来看，技术创新会推动文明结构链的创新，其顺序为：技术结构创新——产业结构创新——经济结构创新——金融结构创新——社会结构创新——制度结构创新。信息革命产生并发展了人类历史上从未有过的产业，科技革命带来了社会的全面变革。以互联网时代为例，从门户网站的信息单向流动，到电商等平台实现信息双向流动，逐步走向万物互联的时代。

随着人工智能 5G、算力的高速发展，互联网时代从信息的相互交互向产业数字化、数字产业化转型。第一产业，农业从牛耕时代向机械时代转型，从机械时代向智能时代转型，传统渔业向智能渔场转型，传统牧业向智能牧业转型。大米、小麦、玉米等主粮生产过程中，翻地、播种、施肥、喷药、收割、仓储从机械化向智能化、无人化、远程化转型，种质资源通过基因技术、人工智能技术等形成种质数据库，优质的种子资源的培育大大加快。第二产业，工业从机械化、自动化全面向智能制造转型，纺织、汽车、交通、采矿、建筑全面向智能化、无人化、人性化转型。生物制药领域，传统新药研发周期有的会超过十年，随着分子生物学技术的数字化，以强大的算力为基础，新药的研发周期大大缩短。第三产业，金融业从金属货币向纸币时代转型经过了漫长的时代，而进入互联网时代，从纸质时代向电子货币时代转型，延续了几千年的现金交易迅速向移动化、电子化转型，现正向全面数字化货币转型，货币形态实现了质的飞跃。数字货币时代，将会重构金融和实体经济之间的关系，货（实体）和币（金融）从分离、各自独立运作，向货则币、币即货的融合转型，货和币实现全过程的留痕，这种转型将逐步重构银行、保险、证券、信托等金融生态，货币将逐步回归实物之间的交易媒介本质，金融作为单独行业的经营模式极有可能出现实体经济和金融经济混合经营的新的生态。可以预见，依托强大的数据中心、5G、人工智能、算力等基础设施，第一、二、三产业将会发生深刻的变革，生产过程的全要素快速流动，生产效率将大幅度提高。

产业的革命，必然倒逼制度的变革。在政府服务方面，随着政府政务的数字化，政府变成服务型政府，从跑断腿到一站服务，标准化、流程化、远程化已逐步实现，门难进、脸难看、事难办的现象已大大减少，办事效率大幅提高。政府决策将会以大数据为支撑，以强大算力为手段，以大概率的基础判断为决策依据，能减少主要领导拍脑袋、拍胸脯的决策行为，事后拍大腿、拍屁股走人的推诿行为。由于每个自然人的信用数字化，权力寻租空间会被大大压缩，由于不能腐就会产生不敢腐、不想腐的行为。在社会管理方面，随着监控无处不在、现金数字化等因素，社会治安越来越安全；在医疗服务方面，随着数字化会形成远程问诊、远程医治、远程监测，优质资源逐步均衡化；在学校教育方面，随着 AR、VR 等数字技术的应用，优质资源远程化已初步实现。

科技革命是双刃剑。由科技革命带来的经济、政治、社会、文化方面的变革，必然产生新的社会矛盾，潜藏着巨大的社会危机。由于数字技术的企业和从业者毕竟属于少数，数字化时代将使整个社会的大量就业者面临着巨大的生存压力。目前，随着智能化、数字化的推进，传统的产业工人大幅减少，面临失业的境地。如建筑机器人已实现基础、建筑主体、室内装修全过程的智能化，传统产业工人面临大幅减少，甚至失业的状况；出租车、网约车行业，随着无人驾驶的到来，大部分人将面临失业；餐饮行业，炒菜机器人、端盘子机器人、扫地机器人出现，餐饮服务业人员将大幅减少；清洁机器人、机器船等，使清洁工人大幅减少；汽车生产行业，全程智能化，使生产工人大幅减少。整个社会失业、半失业已成为严重的社会问题。与此同时，数字科技等企业，逐步向垄断型企业转变。2020 年，光腾讯的游戏、音乐产业一年实现产值 360 亿，平均一天一个亿，形成寡头垄断。在科技行业，类似的现象比比皆是。这里将会产生一个巨大的社会问题，绝大部分底层劳动者就业空间越来越少，薪资越来越低，而数字科技行业、资本行业聚集了社会的巨量财富，百分之几的精英人群拥有百分之八十以上的财富，巨大的贫富差距将使社会形成断层，社会的不稳定性因素不断累积，风险不断增加，断层之间的不断碰撞形成新的社会震源。

随着传统的权贵阶层、资本阶层、学术阶层的固化，数字时代的科技新贵会形成新的利益阶层，这些利益阶层会通过各种渠道进行利益绑定，形成新的利益共同体，将会深刻影响国家的方方面面。另一阶层是处在社会底层的广大劳动者，生存空间被不断压缩，极易形成社会火药桶，引发严重的社会危机。

总之，科技革命推动产业创新，产业创新催生金融创新，第一、第二、第三产业创新推动产业结构转型，逐步形成新的经济结构。新的经济结构推动制度创新、政府职能转型。新的经济结构、政治结构推动教育、就业、医疗、养老等社会创新，文化价值观也随之发生改变。但科技革命的同时，相伴而生的是传统产业衰落、经济结构失衡、财富分配悬殊、社会矛盾激化、社会危机累积。生

产效率与社会公平的问题，社会断层之间不断碰撞、累积的社会地
震烈度问题，已成为社会的焦点问题，与科技革命相适应的法律法
规、权力与资本的制衡机制、社会分配等制度总是滞后于市场，这
需要执政者极高的智慧、极大的胆识、极强的执行力才能化解这些
危机。

（2）科技革命的冲突与融合

从人类生存倒逼机制可以知道，人类需发挥主观创造力才能更
好地生存发展，而科技创新是提高生产力的第一要素，科技创新能
力是军事实力、经济实力、资本实力强大的核心要素。因此，科学
创新主体之间会产生不断的冲突与融合，在科技革命的过程中，会
产生技术的代际差距，科技的竞争尤为激烈。

当人类社会出现重大科技革命的时候，新技术拥有者与技术落
后者形成代际差距的时候，原有的相互依存的关系会被打破，相互
依存关系失衡。一些企业利用互联网电商平台，形成对实体店的冲
击，本质上是新技术产生的商业模式对传统实体店经营模式的降维
冲击。

国家之间关系也是如此，农业文明时期，世界第一强国是中
国。战国时期，秦国统一天下，除其打破社会阶层的军功制度等制
度的先进性之外，最重要的是军事技术领先战国诸雄。秦国弩机，
采用模具生产，射程最远、威力最大、使用最方便，妇孺都能使
用，秦国军事技术的先进是秦国军事强大的重要一环。

1793 年，英国马戛尔尼使团访问中国，为 83 岁的乾隆皇帝祝
寿。因第一次工业革命而兴起的新兴帝国与世界上最强大的古老帝
国在国家层面第一次进行面对面的交流。结果双方在跪拜等礼仪制
度等方面发生了激烈的碰撞，乾隆皇帝及朝廷官员对英国带来的新

科技并不感兴趣。马戛尔尼想通过贸易打开中国大门的愿望没有实现。1840 年鸦片战争，英国利用坚船利炮强行打开了中国的大门，此后，由于新技术拥有者英国等国与中国形成工业、军事等技术的代际差距，再加上内部腐败、愚昧等各种因素，中国成为列国瓜分的对象。1949 年新中国成立后，中国与西方的关系逐步重构。1991年海湾战争爆发，以美国为首的联军以精确制导的远程导弹进行攻击，伊拉克军队毫无还手之力。这是先进技术对落后技术的降维打击。

第一次工业革命以来，科技实力成为主导世界的第一力量。农业文明与工业文明产生激烈的冲突，第一次工业革命主导者是英国，英国等西方列强利用其远洋、军事等技术优势，英国成为世界霸主。

工业文明带来的市场细分程度越来越高。由于轮船、飞机、高铁、高速公路、网络等交通设施的高速发展，地域空间被打破，社会相互依存度从区域向全球扩展，这种扩展趋势越来越快。由于各国科技发展的不平衡，主导国与其他国家形成科技实力的代际差距，新技术拥有者利用技术所带来的轮船、大炮枪支等军事力量对技术落后者进行碾压。科技力量的差距成为资源交换与争夺、制度输出、文化价值观输出等方面的主导因素。

第二次工业革命主导者是美国，美国取代英国成为世界第一强国。第二次世界大战，在美国和日本的太平洋战争中，对日本投降起到重要作用的是美国在广岛、长崎投下的原子弹，是技术的代际差距产生的降维打击。"二战"后，世界上很多优秀的科学家移居美国，这为美国成为科技强国提供了强大的人才基础，美国在科技创新、金融资本、产业应用等方面建立了很好的制度，使美国迅速成为世界第一科技强国。

第三次工业革命主导者是美国，美国成为世界霸主，用强大的军事实力、经济实力、科技实力独霸世界，起决定性作用的是美国在太空技术、信息技术、半导体等方面的科技前沿技术。

美国继承西方列强的武力征服世界的传统，军事武力＋以基督教排他成为美国霸权的标配，它可以任意挑战《联合国宪章》，挑战主权国家。近四十年来，先后挑起南联盟（1999 年）、阿富汗（2001 年）、伊拉克（2003 年）、利比亚（2011 年）等地区的战争，采取军事碾压。由于战争双方技术的不对称，美国及其盟友利用绝对军事优势实施降维打击，从而取得绝对胜利，伊拉克的萨达姆、利比亚的卡扎菲这样的独裁者根本无法抗争。远程化、无人化、精准化成为现代战争的主要形态。从纯粹军事的角度来看，现代战争是科技实力的比拼。

第四次工业革命，以人工智能等新技术为标志，美国霸权受到新兴市场国家的冲击，世界向多极化加速转变。

（3）科技创新关键在于知识创造

纵观英国、美国的强国之路，自由权、私有产权、股权、绩效等现代社会制度是西方世界崛起的基础，科技创新是社会生产关系变革的主要变量，科技创新生态体系的建设是科技创新的土壤，人才培养体系的建设是科技创新的关键因素。

科技创新的关键在于知识创造，知识创造的前提是建立科技创新生态。美国在第二次世界大战后，之所以能够成为科技强国，很重要的原因是建立了完整的科技创新生态体系。纽约湾区和旧金山湾区，目前有世界上最好的科技创新生态体系。在政府资源上，科技创新体制、机制灵活，财政实力强；在产业资源上，有强大的产业集群效应，汇聚全球产业资源；在金融资本上，是国际金融中心，汇集全球资本，拥有所有金融形态，科技成果和金融资本之间形成良好的关系；在科技实力和人才资源上，有世界上最好的大学及科研机构，汇聚了全球最优秀的人才资源；在文化资源上，开放包容务实，不同种族、不同国家、不同信仰的人都可以找到自身的位置。高校、科研机构是科技创新的主体。在高端教育资源上，纽约湾区有哈佛大学、麻省理工学院、普林斯顿大学、耶鲁大学、哥伦比亚大学等，旧金山湾区有斯坦福大学、加州大学伯克利分校等。纽约湾区和旧金山湾区的 6 所大学包揽了世界四大湾区大学前 6 名，位列世界排名前十位。

科技创新生态应包含以下要素。如下图：

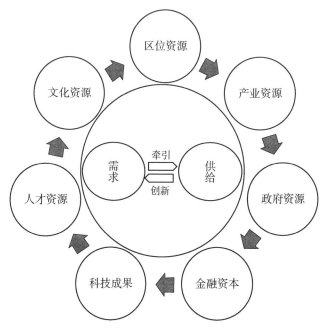

科技创新生态体系

科技创新的基本逻辑，按经济学的需求、供给的关系来看，需求牵引供给，供给创新需求，两者呈动态的平衡关系。需求创新，往往以需求为导向，供给创新，除为了满足需求导向外，还存在基础理论创新、工程应用创新，这种创新常常是引领性、突破性的，因此，真正的知识创新在于供给创新。

科技创新生态主要包括区位资源、产业资源、政府资源、金融资本资源、科技成果资源、人才资源、文化资源等。需求供给主体是企业；供给创新主体是高校、科研机构及企业；优质的区位资源是各种资源的聚集区，如世界四大湾区；政府是政策、财政、税收等综合资源供给者；金融资本机构是科技创新的资本资源供给者；中介机构、智库等是服务供给主体；文化资源是科技创新的生态环境，开放、包容、务实、创新的文化生态是科技创新的土壤。只有实现各种资源的有效配置，才能实现供需的动态平衡，才能有效建立科技创新生态。

人类文明的发展，主要在于发现规律和利用规律。发现规律最重要，它是最基础的创新、最重要的知识创造，发现规律主要指建立哲学理论、科学基础理论。利用规律主要指对理论的利用和实践，发明就是对发现的规律的利用，利用规律本质是应用创新、技术创新。科技创新的前提是建立科技创新生态，要建立良好的科技创新生态，关键在于个体及其团队的知识创造。

知识创造，需要持续保持好奇心，敢于质疑、批判。今天中国的教育普遍存在的问题是，教师们成为"知识贩子"，在激发学生的兴趣、培养学生的好奇心和质疑能力、批判精神方面非常欠缺。知识创造者非常重要的是敢于并且善于对以往已形成的知识、公理，尤其是名人的知识创造进行质疑、批判，从而建立自身正确的见解。理性的批判是知识创造的前提，如几千年以来唯物、唯心的二元对立，成为哲学的根本问题，而唯识哲学则为唯物、唯心提出解决二元对立的另一种理论。牛顿发现了万有引力，但他寻找自然规律与神的意志的统一。爱因斯坦发现狭义及广义相对论，但他在寻找科学与宗教的联系，他本身就是一名虔诚的基督教徒。丘成桐相信几何是通往真理的通道，但他怀疑几何的终结。绝大部分大智慧者无不质疑、好奇、追寻宇宙的真理，宇宙的真理也许永远没有标准答案，但追求真理的过程却是人类之所以为人最为永恒的一大命题。

在人类的认知能力不断提高的情况下，要像爱因斯坦和玻尔关于量子力学的论战一样，越是基础，越要质疑；越是大家，越要批判；越是交叉，越要尝试；越是前沿，越要挑战。也许会为此碰得头破血流，但这很可能会产生新的思想。

知识创造，需要"争智于孤"。今天的高校、科研机构的很多专家、教授普遍存在的问题是，离开教学、科研的本位，引领性、原始性、基础性创新普遍落后于社会机构，"争名于朝，争利于市"很多，"争智于孤"的人很少。知识创造，尤其是基础理论的研究，大多是孤独的，要看知识创造者是否有长期坐冷板凳的准备，是否有终其一生一无所成的准备。

知识创造，需要广阔、深厚的知识储备，在数字时代，尤其需要学科交叉融合的知识储备。目前，中国的教育从高中开始便是分科而学，到了大学基本是专业学习，学科的广度越来越窄，学科的知识结构很不完整。面临数字时代，学科交叉融合已形成世界教育面临的大趋势。近代西方科学昌明的时期，是自然哲学时期，自然哲学时期是没有分科的。古代印度教育的"五明"教育也是综合性的学习。知识储备不单是某一学科的知识储备，应该包含自然科学、哲学、宗教等人文、科学的复合性的学科知识，在这些复合性知识中，知识创造者应该找到它们之间普遍性的联系，寻找它们之间内在的规律。

知识创造，需要持续的专注和定力。今天的大学生很多是为了混文凭，专业学习更多是在应付，很多学生学习的专注度不足，受外界干扰很大，缺少学习定力。高校及科研机构的研究者受市场、课题、政策导向、职称评定等影响，专注度也受到很大影响。知识创造者很重要的是围绕已定的目标持续地、专注地做好一件事，唯精唯一地做下去，这就是知识创造者的定力。

新的思想，需要不断验证和修正。知识创造因为是从 0 到 1，从最初的想法到理论雏形，一定是从思想的火花，逐渐形成多点火花，但这些思想的闪光点，可能很长时间都不能有机地联系在一起。但不断地学习积累、琢磨，总会形成结构式的思维，逐步将这些知识贯通起来，新的思想就可能产生，一是取决于该思想是否真的新，还是"新瓶装旧酒"；二是新思想是否有完整的核心思想和理论体系；三是在新思想逐步完善和宣传过程中，能否不断验证、不断修正。量子力学理论就是一代代科学不断验证、修正的过程。

第四节　文明的冲突与未来

1. 文明的冲突

在《文明的冲突》中，亨廷顿将世界的主要文明归纳为八个：中华文明、西方文明、伊斯兰文明、东正教文明、日本文明、印度文明、拉丁美洲文明、非洲文明（可能存在的）。

中华文明以中国为核心，还包括东南亚及其他地方的华人群体，还有越南、朝鲜、韩国的相关文化。中华文明有五千多年从未中断的文明史，中华传统价值观以易学为首，以儒释道为代表，多元一体、兼容并蓄，宽厚仁爱、开放包容。西方文明，主要分布在欧洲、北美，以美国为核心国家，以欧盟国家为主体，以基督教为主要信仰；但西方文明各个国家之间有极强的差异性，因此，对西方文明不能贴标签，要做到具体问题具体分析。伊斯兰文明，伊斯兰教起源于公元7世纪的阿拉伯半岛，然后迅速传播，向南到北非和伊比利亚半岛，向东到中亚、南亚次大陆、东南亚。伊斯兰教是一个绝对的信仰，将宗教和信仰结合起来，将信仰伊斯兰教和非信仰伊斯兰教者区分开来。伊斯兰教缺少一个或多个起主导作用的核心国家。伊斯兰文明内部存在不同派别、不同政见等。东正教文明，以俄罗斯为中心，源自拜占庭文明，有别于西方基督教文明。俄罗斯历史上长期实行君主专制制度。日本文明，以大和民族为主体，起源于公元100—400年之间。日本受中国的影响很大，日本文明最大规模的对外学习，第一次是唐朝，至今日本奈良的唐招提寺还是唐朝时期的建筑；第二次是明治维新时期，脱亚入欧。日本文明是岛国文明，有其独特性。印度文明，以印度为核心，以印度教为主要信仰，主要分布在南亚次大陆。拉丁美洲文明，总的来说，吸收了西方文明，同时融合了本土文化。非洲文明比较分散，整体来看，非洲原住民的部落认同普遍而且强烈。[1]

自有人类以来，不同文明的冲突、融合从未停止。自从第一次

---

[1]《文明的冲突》，〔美〕塞缪尔·亨廷顿，新华出版社2017年版。

工业革命以来，世界文明从区域性向全球化转变，各大文明之间不断冲突、斗争、融合。本书把全球化分为三次。

第一次全球化，以第一次工业革命为标志，以英国为主导。英国、葡萄牙、西班牙、荷兰等西方国家依托先进的航海技术、军事技术、军事组织等进行全球扩张。根据《文明的冲突》所述，1800年，欧洲人或前欧洲殖民地（在南美和北美）控制了地球表面土地的35％，1878年这一数字为67％，1914年为84％。到1920年，当奥斯曼帝国被英国、法国和意大利瓜分时，这一比例进一步提高。1800年，英帝国包括150万平方英里的土地和2000万人口，到1900年，维多利亚女王时代的"日不落"英帝国包括了1100万平方英里和3.9亿人口。这一期间，美国于1776年抢占印第安原住民的土地在北美洲立国。[1]

第二次全球化，以第二、三次工业革命为标志，以美国为主导。美国利用军事霸权、科技霸权、金融霸权、以基督文化为主的价值观，联合英国、法国、德国等西方国家，先后创建了布雷顿森林货币体系、国际货币基金组织（IMF）、世界银行（World Bank）、关贸总协定（GATT）等，构成了第二次世界大战后的全球经济秩序。1991年，苏联解体，美国成为世界单一霸权国家，随后几十年先后发动了海湾战争、科索沃战争、阿富汗战争、伊拉克战争、利比亚战争。2008年由美国次贷危机引发了世界金融危机，这是美国由盛至衰的重要标志。

西方文明与伊斯兰文明正面临着激烈的冲突。基督教和伊斯兰

---

[1]《文明的冲突》，〔美〕塞缪尔·亨廷顿，新华出版社2017年版，第38页。

教都是一神教，与多神教不同，它们不容易接受其他的神，有极强的排他性，它们常常用非我即彼的眼光看待世界；它们都依靠武力进行扩张，两种宗教历史上发生过激烈的冲突。1095 年起，基督教世界先后发起了十四次十字军东征；1453 年，奥斯曼帝国的土耳其人占领君士坦丁堡，1529 年，包围维尔纳；第一次世界大战结束之时，英国、法国和意大利对奥斯曼帝国发起攻击，到 1920 年，只有土耳其、沙特阿拉伯、伊朗和阿富汗四个伊斯兰国家保持了独立，未受到非穆斯林的统治。第二次世界大战后，西方文明与伊斯兰文明的对抗，既是利益的对抗，也是价值观的对抗。以美国为首的西方国家一是控制中东石油能源，将石油能源与美元深度绑定，实现石油能源霸权、美元霸权；二是控制亚非欧三大洲的枢纽位置，实现对主要国家的战略遏制；三是基督教的排他性和伊斯兰教的排他性形成激烈的对抗。以色列是犹太教的发源地，是基督教的源头，同时，犹太人是美国资本的主要控制者。以色列虽小，代表的却是西方文明的整体利益。石油能源、美元可以进行交换，但两种排他性极强的宗教信仰难以融合，长期以来的斗争伤痕难以弥合。

第三次全球化，以第四次工业革命为标志，以美国、中国为主导，世界文明在不断冲突、磨合、交汇融合中，从美国单一霸权逐步向多元一体、兼容并蓄的世界文明体系转型。

2001 年中国加入世贸组织时，美国是世界头号贸易伙伴，2010 年，中国成为第一制造业大国，占全球制造业增加份额的三分之一，而美国的份额已跌至不足五分之一。2020 年，世界上主要的贸易伙伴是中国。从世界经济格局来看，中国已经取代了美国，成为全球经济增长的主要引擎。从 2008 年的世界经济大衰退开始，世界 GDP 增长的三分之一由中国创造，过去 20 年，中国、美国和欧盟共同成为全球经济的三大支柱。国际货币体系正从美元和欧元两极体系向美元、欧元、人民币三极体系过渡，人民币在未来将与美元和欧元并驾齐驱，摩根士丹利（Morgan Stanley）预计，到 2030 年人民币将成为世界第三大储备货币。

核心国家的冲突本质是综合国力的冲突，以军事实力、经济实力为硬实力，以文化价值观、宗教信仰为软实力。以美国为首的西方国家以征服性武力的暴力方式称霸世界，西方霸权寄托在军事武力上的强制性，但强制性来自科技实力和经济实力，都是工具理性，缺少人性的内涵和道德的仁爱之心。

中华哲学以易学为核心，重视整体论，思维方式侧重整体性、辩证性、因果性。西方哲学以形式逻辑为核心，重视方法论，思维方式侧重工具理性，侧重对问题的解构。思维方式的不同，会导致看问题的方式不同、行为方式的不同。中华文明更容易从历史周期率、全球格局变化、人性需求等方面全面、系统、辩证地观察全球变化趋势；西方文明更容易从自身所拥有的政治、经济、军事、文化等核心资源与对手进行匹配，从中提出解决问题的办法。这种方法从短期来看往往非常有效，但往往会忽略全局性、长期性、人性需求性。美国撤出阿富汗后，没收了阿富汗的 95 亿美元；俄乌冲突爆发后，美国冻结了俄罗斯的资产，从短期看，有力地打击了俄罗斯，但结果是丢失了以国家信用为背书的货币基础，这成为美元、美债危机的重要原因。

在文化价值观方面，西方的基督文明有极强的排他性。在军事实力、经济实力、科技实力等硬实力持续壮大的支撑下，中华文明开放包容、和而不同、宽厚仁爱的普世价值观，具有无限的生命力，具有极强的软实力，其以世界和谐为目的、共建共享共赢的理念、构建人类命运共同体的目标，会被广大被西方霸权长期压制的国家所普遍接受。

2. 利己与利他

人性中普遍存在利己和利他的特性。利己是人类的普遍性行为，大多数人都有趋利避害的心理和行为，国家保护私有产权、股权、绩效、薪酬等制度大多都从利己的角度进行设计。西方社会15世纪以来社会的大发展有一个重要的制度基础是私有产权、股权等有效激励制度的建立。从利己行为出发进行经济制度设计，成为经济制度设计的基本出发点，是西方科学昌明的制度基础，是现代社会制度设计的基础。

人类社会的制度设计往往兼具利己和利他的特征。如在社会制度设计中，如教育、医疗、住房、养老等社会制度，最基本、最基础的原则是公平和效率，这一原则本质上是利他原则。在资本主义早期，资本家和工人之间的关系常常非常对立，在资本主义发展过程中，逐步发展出强有力的工会等组织，随着时间的推移，资本主义制度不断修正，资本家的利己和社会公权力要求的利他在许多国家得到有效的制衡，如德国的社会制度设计即兼顾了利己和利他。

人类自有利他的行为。我们可从自然角度、动物社会、人类社会及人自身角度来进行分析。从自然角度来看，人是自然的产物，人和自然是一体的，人的行为要有利于自然，反过来，自然才会有利于人类；人类破坏自然，将受到自然的报复。如大规模破坏植被，就会大规模沙漠化、大规模的水土流失，因此，人在利己的同时，要有利于自然，利他（自然）即是利己。从动物社会角度来看，人类是动物社会的一员，人类过度猎杀动物，会造成动物的灭绝，破坏了动物社会的平衡，如在草原把狼赶尽杀绝后，草原动物生态便会失去平衡。因此，人类保护动物，利他（动物）也是在利己。从人类社会角度看，人类有灵长类动物的群居性、友爱性、亲密性，利己的同时，只有利他才能保护群居和友爱、亲密等关系。从人自身角度看，人在血缘、亲缘的社会关系中，有天然的利他性，如爱自己的父母、兄弟等，由此扩展到其他人。

人类的利己和利他性，在不同时期，不同国家、地区，不同种族，不同宗教等之间有极大的不同。在战争、商业竞争、政治竞争等特定环境下，人的利己行为会放大，利他行为会缩小；在充满亲情的家庭、家族，充满爱的一些宗教场所等特定环境，人的利他行为会释放，会放大。人类的利己和利他行为会受到经济、政治、社会、文化等方面的影响。经济是人类生存的基础，管子说："仓廪实而知礼节，衣食足而知荣辱。"人类的衣食住存的基本生存保障是人类文明的基础，是利他的基础。政治的公平公正是利他的前提，所谓"不患寡而患不均"，政治保障是民风淳厚的前提。教育、就业、医疗、养老等社会保障是人民安居乐业的前提，文化的熏陶是社会和谐稳定的软实力。就国家而言，经济、政治、社会、文化等制度只有利他（人民），反过来人民才会利他（国家），此时，利他和利己是一体的。

人类社会的相互依存机制，从效率上来讲，强调职业分工、专业细分；从公平上来讲，强调相互约束机制，需制定军事、法律、法规、伦理道德等约束机制。这些机制需与时俱进，不断深化。由于人类的竞争、斗争的成本很高，基于趋利避害的心理，人们会自然权衡斗争或和睦相处的利弊。当人类之间的矛盾不断激化时，会激发、放大人类的憎恨、愤怒、报复等天性，斗争甚至战争便发生；当人类之间的矛盾逐步缓和时，人们便会通过机制相互约束，相互友爱。当全社会的约束机制趋于公平而且执行到位的时候，人类会自然释放出爱这种善良的天性，善良、爱是人类的内在禀赋。人类有自私的利己行为，但从人类内在禀赋和外在的相互依存的关系来看，人类同时存在利他行为。利己和利他在人类行为中同时交织在一起，但各人的程度有所不同，各个民族和各个国家的程度有所不同，其中外在环境的影响是利己和利他行为权重变化的主要因素。人类的利他行为，人类善良的天性，在生存资源得到满足而且社会机制公平的情况下，会得到极大的释放，这种善良的天性会随着道德伦理规范、宗教制度等方面不断强化，逐步将人类引向善良的境界。人类整体利他、整体向善包括但不限于以下条件：

（1）生存资源得到满足，物质生活得到普遍的满足。这主要体现在经济建设之中。

（2）政治等社会制度基本公平，社会公平机制执行到位，社会保障机制完善。这主要体现在政治、社会建设之中。

（3）伦理道德规范或宗教机制完善，有良好的向善引导机制。这主要体现在社会、文化、价值观建设之中。

（4）人类自我人格教化机制完善，通过教育机制，使智力创造更多生存资源，用爱有效公平分配生存资源，因此，人类必须要有效建立伦理道德或宗教的教化机制。这主要体现在道德建设之中。

3. 文明的冲突与大同

人类理想社会的制度模型总体来说，要遵循顺应自然、顺应民心的原则，要遵循激发人性需求、约束人性恶习的原则，要遵循效率与公平的原则。顺应自然、顺应民心指要顺应自然的法则，顺应广大老百姓的就业、教育、住房、医疗、养老等的基本需求。激发人性需求、约束人性恶习指通过制度设计激发并满足人对利益、社会地位、能力提升、情感归属方面的追求，约束人性中的对利益、社会地位等方面过度贪婪、占有。遵循效率与公平指经济总体要强调效率，以市场为主体，以市场需求为牵引，政治、社会、文化总体要强调公平，但效率与公平必须兼顾国家与个体之间的利益，要形成动态平衡机制。

由于个人、团体或国家所拥有自然资源不同、职业分工不同、社会关系不同，由此，在人类社会发展过程中，演化出不同的社会制度。第一次工业革命以来，全球化的步伐不断加快，不同社会制度之间的冲突、融合从未停止过。比如，经济方面，市场经济和计划经济的冲突；政治方面，民主制度与专制制度的冲突；社会方面，教育、就业、医疗、养老等制度的冲突；文化价值观方面，不同文化之间的冲突，基督教、伊斯兰教等不同宗教之间排他性的冲突。

纵观人类文明史，不同文明的冲突与融合从未停止，只是有时狂风暴雨，有时细水长流。不同的文明发端于不同区域，正如不同的河流，有不同的流域，自然有不同的形态。河流的形态是自然选择的过程，对待不同的文明应该像对待不同的河流一样，尊重、包容文明的多样性，不能堵，只能疏导。对不同文明的围堵，就像对洪水围堵一样，就会产生更大力量的对抗，可能决堤，可能泛滥；对不同文明的包容、导流，就会使洪水按可控的方向流动。

世界的主要文明就像大江大河一样，黄河、长江、恒河、尼罗河、幼发拉底河、莱茵河、密西西比河、亚马孙河等河流无不流向大海。随着地球的公转、自转，大海的潮起潮落，洋流的流动，不同的河流其实在不知不觉间融合在一起。随着日起日落，大气变化，雾气蒸腾，天降雨雪，又成为各大河之水，文明的融合亦是如此。单从河流来看，存在不同的差异，但从大海对河流的包容来看，存在着共通性、一元性。一元是多元并存的一元，就像大海为一，包容多元的河流一样。不同的文明应该像大海包容不同的河流，尽管河流入海处会有浑浊，但丝毫不影响大海的蔚蓝。差异构成了世界的丰富多彩，共通构成了世界的普世价值。老子说："甘其食，美其服，安其居，乐其俗。"费孝通说："各美其美，美人之美，美美与共，天下大同。"这便是世界的普世价值。

人类文明的共通价值，我觉得至少应该包括：

（1）文明是否顺应自然，与自然和谐相处，还是破坏自然？

（2）文明是否进行资源交换，还是相互争夺？

（3）科技是否造福人类，还是毁灭人类？

（4）文明究竟与人为善，还是与人为恶？

（5）文明是否能够求同存异，还是唯我排他？

人类共处一个地球村，随着交通、网络等科学技术的高速发展，人类的交流已不受时间、空间的限制，人类的资源已可实现全球共享，人类已在不同国家、不同地区、不同种族、不同宗教信仰等方面共建共享各种成果。人类在不断交流过程中，会找到相互依存、相互约束的平衡机制。人类文明已从区域性向全球性转型，人类文明更加趋向于一元性和多元性。一元性指和平、发展、公平、正义、民主、自由会成为全人类共同价值；多元性指在共同价值基础上，各自有不同的文化价值、信仰等，现实世界必将走向天下大同。不同的文明应该在对抗中进行对话、在冲突中进行融合、在差异中进行糅合，就像顺着河流的水势一样，顺着人性的需求，满足人性的不同需求，公平公正地进行利益交换，尊重不同文明的价值观，共创共享成果，求同存异，多元一体，兼容并蓄。总有一天，可以看到人类文明和谐相处、天下大同的曙光。

第三部分

多维思维范式

本部分主张在三维空间、四维空间、五维空间的不同维度，建立多维思维范式，在不同维度建立不同的理论。

第十一章　世界是三维、四维还是五维

第一节　疑惑与追问

1. 丘成桐的疑惑：几何的终结？

柏拉图说："神以几何造世。"柏拉图指出，我们所见的世界，只是这个不可见几何形体的反映罢了。数学家丘成桐说："我一直觉得几何就像是通往真理的快车道。可以这么说：几何学是从我们所在之处通往想到达之处的最直接道路。"同样是丘成桐，他说："古典黎曼几何已经无法描述量子层次的物理学，因此需要寻找一种新几何学，一种同时适用于魔术方块和普朗克尺度的弦的推广理论。问题是如何实践这个想法，就某种程度而言，我们是黑暗中摸索。"即便如此，丘成桐在"最后的胜利"篇说："我个人确信最后的胜利者将是几何学。"[1]

2. 爱因斯坦：活在科学和宗教中的巨人

爱因斯坦对牛顿力学和牛顿引力理论进行了质疑，质疑的结果是发现了牛顿力学和牛顿引力理论只有在低速（相对于光速）和弱

---

[1]《大宇之形》，〔美〕丘成桐、史蒂夫·纳迪斯，湖南科学技术出版社2015年版，第352页。

引力场（空间扭曲可以忽略）的情况下才是正确的，否则就需要使用狭义相对论和广义相对论。

爱因斯坦对量子力学也进行过质疑。20世纪，爱因斯坦与马克斯·玻恩关于量子力学的伟大论战，是科学史上大事件。1924年4月29日，他在给玻恩的信中说："当电子在光照之下不仅在逸出的时刻而且在方向上都由自己的意思作出选择，想到这点我就感觉难以接受。如果是这样的话，我宁愿做一个鞋匠或者甚至是赌场里的雇员，也不愿做一个物理学家。"[1]

爱因斯坦无法接受量子力学的随机性，他认为观察的现象背后有一个严格的因果过程，在他看来，所有事实都是可以观测的，电子在所在金属中逸出的时间和方向是可以预测。与此相反，量子力学却认为不可能知道电子逸出的时间和方向，只有经过测量才会知道电子所处的某一位置，正是测量这个观察者的行为使电子的不确定性的位置变成可测量的实际数值。

爱因斯坦在给玻恩的信中说："你认为合理的物理学家对我来说找不到充分的理由。我无法严肃地相信量子理论，因为物理学应该表示时间和空间的真实情况，不受幽灵一般的超距作用的影响，而量子论与这一想法不一致。"[2]

1926年12月4日，爱因斯坦完全被量子理论激怒了，写下了下面著名的言论："量子力学固然是壮丽的，我内心深处有个声音却告诉我，它还算不上是真实的。这个理论说了很多，但是并没有真正让我们更接近上帝的秘密。无论如何，我都深信上帝一定不是

---

[1]《量子纠缠》，〔英〕布赖恩·克莱格，重庆出版社2011年版，第18页。
[2]《量子纠缠》，〔英〕布赖恩·克莱格，重庆出版社2011年版，第3页。

在掷骰子。"[1]

爱因斯坦在科学探索的同时，也是一位虔诚的宗教徒。爱因斯坦说："没有宗教的科学是跛子，没有科学的宗教是瞎子。"这位科学伟人的一生，是在科学和宗教两大思想体系中度过的。在西方，伟大的科学家同时又是虔诚的宗教徒，可以列出一长串名单：牛顿、笛卡儿、罗素、莱布尼茨……爱因斯坦的一生活在科学和宗教之中，内心充满着疑惑，有许多一生未解之谜。

3. 张双南：科学和宗教、伪科学的区别

张双南是中国科学院高能物理研究所研究员、硬 X 射线调制望远镜卫星首席科学家，2017 年 6 月 13 日于酒泉卫星发射中心发表了演讲《科学和宗教、伪科学的区别》。他讲了科学的三个要素："科学的第一个要素是科学的目的，就是发现各种规律，而且并不限于自然科学研究的自然规律，也包括其他各种规律，比如心理学、行为学、精神学、社会学、经济学等学科所研究的各种规律。""科学的第二个要素是科学的精神，包括三个内容：质疑、独立、唯一。""科学的第三个要素是科学的方法，也包括三个内容：逻辑化、定量化和实证化。"

4. 疑惑与追问

先谈谈丘成桐教授的疑惑，从三维空间几何，到时空几何，到尚未完全证明的量子几何，他困惑着，他承认古典黎曼几何已经无法描述量子层次的物理学，因此需要寻找一种新几何学。即便如此，丘成桐在"最后的胜利"篇说："我个人确信最后的胜利者将是几何学。"

---

[1]《量子纠缠》，〔英〕布赖恩·克莱格，重庆出版社 2011 年版，第 18 页。

爱因斯坦，科学巨人，他质疑牛顿理论，发现相对论；他质疑量子力学，结果他错了。在科学上，他不相信量子力学，在精神上，他一生在科学和宗教之间困惑着。"对相信物理的我们来说，不管时间多么持久，过去、现在、未来之间的分别，只是持续存在的幻想。"这句话表明，这位伟人对客观物质世界的真实存在表示了怀疑。

再来看张双南教授的演讲，我的疑惑是在这个世界上，永远会存在那些我们用科学根本无法解释的事情和现象。很多现象无法做到张双南教授提出的三个要求，尤其是第二要素和第三要素，但是，今天不能被科学证明不一定就不是科学。

古今中外，各种自相矛盾的理论充斥着人类历史长河。看来，人类对于宇宙世界的认识，包括爱因斯坦在内，似乎都是盲人摸象。普通人大多只是摸到脚、耳朵、身体、鼻子等其中的一小部分，有自知之明的人承认自己的无知，有些自作聪明的人相信看到了世界的全部，爱因斯坦这些科学巨匠们摸得多几个部分，尽管如此，他们依然对这个世界显得如此无知，他们有自己的自知之明。普通人就像初进幼儿园的小朋友，见到老师总是充满仰望和崇拜，老师们的言语往往被孩子们认为是确信无疑的真理，于是很多人不敢质疑老师们的言语，而这个被仰望和崇拜的老师，如爱因斯坦却对这个世界充满疑惑。

人类靠眼睛、耳朵、鼻子、舌头、皮肤这五个感觉器官和大脑去感知外在的世界（包括自己在内），绝大多数人都相信自己的感觉是真实的。人类思考问题，一般都只聚焦物质世界的本身，多数人不会想因为有意识的存在，物质世界才能被感知。

第二节　西方科学思维范式

爱因斯坦说："西方科学的发展是以两个伟大的成就为基础，那就是：希腊哲学家发明的形式逻辑体系（在欧几里得几何中），以及在文艺复兴时期发现通过系统的实验性可能找出因果关系。在我看来，中国的贤哲没有走上这两步，那是用不着惊奇的。"

从柏拉图（前 427—前 347）、亚里士多德（前 384—前 322）（《形而上学》）、欧几里得（前 330—前 275）（《几何原本》）到文艺复兴以后的伽利略、牛顿、爱因斯坦、量子力学科学家群体，西方自然科学的认识论是清晰的、系统的、有序的传承，有完整的科学体系。

1. 从欧几里得到牛顿：空间维度和时间维度分离，空间几何得到巨大发展，由因果关系思维导出机械论。

（1）欧几里得，古希腊数学家，写成《几何原本》十三卷。欧几里得的《几何原本》对于几何学、数学和科学的未来发展，对于西方人的整个思维方法都有极大的影响。《几何原本》是古希腊数学发展的顶峰。欧几里得将公元前 7 世纪以来古希腊几何学积累起来的丰富成果，整理在严密的逻辑系统运算之中，使几何学成为一门独立的、演绎的科学。几何学以空间为观察主体，以分析空间结构为主，根据空间得出一个确定性的结论。几何学是综合的并且是先天的规定空间属性的一门科学，几何学的定理可以不容置疑地被证明，它是纯粹的客观，没有任何人类经验性直观感受。

（2）伽利略（Galileo Galilei，1564—1642），近代实验科学的奠基人之一。伽利略从实验中总结出自由落体定律、惯性定律和伽利略相对性原理等，从而推翻了亚里士多德物理学的许多臆断，奠定了经典力学的基础，反驳了托勒密的地心体系，有力地支持了哥白尼的日心学说。他以系统的实验和观察推翻了纯属思辨传统的自然观，开创了以实验事实为根据并具有严密逻辑体系的近代科学，因此被誉为"近代力学之父""现代科学之父"，其工作为牛顿的理论体系的建立奠定了基础。

（3）艾萨克·牛顿（1643—1727），提出万有引力定律、牛顿运动定律，发明微积分、发明反射式望远镜和发现光的色散原理，被誉为"近代物理学之父"。牛顿承认时间、空间的客观存在。他把时间、空间看作是同运动着的物质相脱离的东西，提出了所谓绝对时间和绝对空间的概念。牛顿的哲学观点与他在力学上的奠基性成就是分不开的，一切自然现象他都力图用力学观点加以解释，这就形成了牛顿哲学上的自发的唯物主义，同时也导致了机械论的盛行。

这种机械观，把一切的物质运动形式都归为机械运动，把解释机械运动问题所必需的绝对时空观、原子论、由初始条件可以决定以后任何时刻运动状态的机械决定论、事物发展的因果律等，作为整个物理学的通用思考模式。可以认为，牛顿是开始比较完整地建立物理因果关系体系的第一人，而因果关系正是经典物理学的基石。

2. 爱因斯坦：空间维度和时间维度相互依存、不可分离，万物时空相对，机械论的确定性思维向不确定性思维发展。

爱因斯坦在 1905 年发表狭义相对论，最终在 1915 年完成广义相对论。时间和三维空间不可分离地纠缠在一起，形成一个称为时空结合的四维空间。时空概念构成了爱因斯坦的引力理论，成为广义相对论的基础。

英国作家威尔斯在 1895 年出版的《时间机器》中说："维度其实有四个，其中三个是我们称为空间的三个平面，第四个为时间。然后，人们总倾向于要把前三维和第四维加以虚假地区分。"闵可夫斯基在 1908 年演讲中说："单独的空间和单独的时间注定要分为幽影，唯有两者的结合方能保存一种独立的实在性。"物质世界的构成不仅要有空间，而且也要有时间，因此描述四维（X、Y、Z、T）中的事件，我们需要四个坐标：三个空间坐标和一个时间坐标。时间坐标是流动的。

爱因斯坦的广义相对论证明了时空曲率。他认为，像太阳这样巨大质量天体所造成时空结构的弯曲，就像块头大的人站在蹦床上，会造成蹦床变形。如果把一粒弹珠弹进蹦床里，它会绕着人旋转，最终掉进人所造成的凹陷里；同理，时空弯曲的几何导致地球绕着太阳旋转。物理学家惠勒曾如此解释爱因斯坦描述的引力现象："质量告诉空间如何弯曲，借以抓紧空间；空间告诉质量如何移动，借以抓紧质量。"

3. 量子力学：空间维度和时间维度相互依存，不可分离，万物处在不确定状态，只有加上人的意识后，万物才能被确定。

量子力学：时间和空间结合，量子既是粒子也是波，量子的波动是概率的波动，由于时间处在不确定状态，空间也始终处于不确定的波动状态，只有加上人的意识后，空间才能被确定。

自然界中一切物体都有粒子和波动的性质，物体的表现只是以概率存在。无论实验者用什么方法看到物体，都会使波函数发生坍塌。量子力学认为，人类所认识的物质世界的构成有空间维度，有时间维度，在三个空间坐标和一个时间坐标的四维（X、Y、Z、T）的基础上，尚需要加上意识维度，最终形成五维空间。

量子力学理论告诉我们，自然界中的一切物体都有粒子和波动的性质，物体的表现只是概率存在，所以微小物体在波函数坍塌之前，是不会在特定的地方呈现或移动的。一系列实验表明：实验者头脑中稍有想法便足以引起波函数坍塌。事实证明，爱因斯坦错了。

4. 生物中心主义：生命和意识是理解宇宙的基础

《生物中心主义》由美国罗伯特·兰札和鲍勃·伯曼所著。生物中心主义列出七个原理：[1]

第一个原理：我们感觉是真实的东西是一个与我们的意识有关的过程。

第二个原理：我们的外部与内在感觉是相互纠缠在一起的。它们是一个硬币的不同两面，不可分开。

第三个原理：亚原子粒子——实际上所有的粒子和对象——与观察者的在场有着相互纠缠作用的关系。若无一个观察者的在场，它们充其量处在概率波动的不确定状态。

第四个原理：没有意识，"物质"就处于一种不确定的概率状态中。任何可能先于意识的宇宙，都只存在于一种概率状态中。

第五个原理：唯有生物中心主义才能解释宇宙的真正结构。宇宙对生命做精微的调节，使生命在创造宇宙时产生完美的感觉，而

---

[1]《生物中心主义》，〔美〕罗伯特·兰札、鲍勃·伯曼，重庆出版社2012年版，第132页。

不是相反。"宇宙"纯粹是它自身完整的时空逻辑体系。

第六个原理：在动物意识的感知之外，并无真实的时间存在。时间是我们在宇宙中感觉变化的过程。

第七个原理：空间与时间一样不是物体或事物。空间是我们动物的另一种认知形式，并不是独立的实在。我们像乌龟身上的壳那样承载着空间和时间。因此，并没有与生命无关的物理事件发生在其中的、一种自我存在的绝对实体。

美国达特茅斯学院伦理研究所主任罗纳德·格林说："意识创造真实的观念得到量子论的支持。也是生物学和神经学的某些现象相符，道出了我们存在的构成。正如我们现在所知的那样，太阳未真正运动而我们却在运动（我们是活性剂），所以，我们就是给一切可能结果（我们称之为真实）的特定构形赋予意义的实体。"

生物中心主义认为生命和意识是理解真实本质的关键。在科学理论上，符合量子理论；在哲学上，与康德哲学相符。

5. 西方科学思维范式发展小结

综上所述，西方科学的发展历史，单从认识的维度来分，可分为：（1）从柏拉图、欧几里得到伽利略、牛顿，最主要的是发展了空间几何，科学发展最重要的贡献在三维空间层面；（2）爱因斯坦把时间维度和三维空间结合起来，形成了一个时空结合的四维空间；（3）量子力学在四维空间的基础上，将意识维度结合起来，形成了四维空间与意识维度相结合的五维空间；（4）生物中心主义认为人类所认识的世界是四维空间与意识维度相结合的五维空间，但生命和意识是理解真实本质的关键。这与康德的"人为自然界立法"、王阳明的"心即理"的主张是一致的。

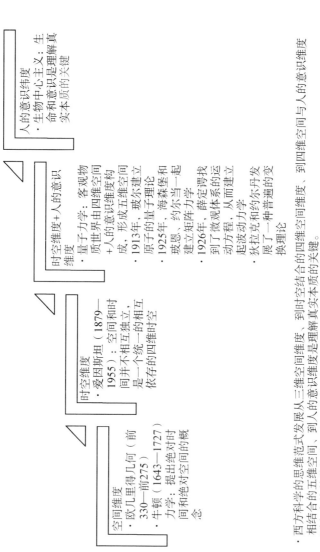

西方科学思维范式

- 西方科学的思维范式发展从三维空间维度，到四维空间维度，到时空结合的四维空间维度，到四维空间与人的意识维度相结合的五维空间，到人的意识维度是理解真实本质的关键。
- 西方自然科学的认识以形式逻辑为基础，以实验事实为根据并具有严密逻辑体系的思维范式，是清晰的、系统的、有序的传承，有完整的科学体系。

空间维度
- 欧几里得几何（前330—前275）
- 牛顿（1643—1727）力学：提出绝对时间和绝对空间的概念

时空维度
- 爱因斯坦（1879—1955）：空间和时间并不相互独立，是一个统一的相互依存的四维时空

时空维度＋人的意识维度
- 量子力学：客观物质世界由四维时空＋人的意识维度构成，形成五维空间
- 1913年，玻尔建立原子的量子理论
- 1925年，海森堡和玻恩、约尔当一起建立矩阵力学
- 1926年，薛定谔找到了微观体系的运动方程，从而建立起波动力学
- 狄拉克和约尔丹发展了一种普遍的变换理论

人的意识纬度
- 生物中心主义：生命和意识是理解真实本质的关键

第三节　《易经》和西方科学等思维范式

1.《易经》思维范式

阴阳是《易经》最简单的思维范式，阴为地，为 0，为空间维度；阳为天，为 1，为时间维度。从数的角度来看，《易经》是二进制思维，二进四，四进八，八进十六，十六进三十二，三十二进六十四，六十四卦不断演绎，循环往复，以至于无穷。

乾坤相依，不可分离，说明空间维度和时间维度相互依存，不可分离，相互纠缠，相互作用，共同成为一个整体。由乾坤引申出的乾（天）、震（雷）、坎（水）、艮（山）、坤（地）、巽（风）、离（火）、兑（泽）这八种基本元素构成万事万物的基本元素。

空间维度为地，为阴 0，三维空间（六合）指东、西、南、北、上、下。时间维度为天，为阳 1，时间包含过去、现在、未来，永远在变，但其规律是循环往复。空间 0 与时间 1 为一个整体，时间和空间交互作用、相互依存，不可分离，始终处在不确定的状态（变）。意识维度要效法天地阴阳法则。《黄帝内经》曰："阴阳者，天地之道也，万物之纲纪，变化之父母。"从天地运行的法则形成"万物负阴而抱阳，冲气以为和"阴阳法则。自然、社会、人事均由阴阳演化而来。

2. 站在不同维度得出不一样的结论

在人类历史上，无论是科学与哲学等，从不同维度出发，都有伟大的发现，我们不妨列举一下。

公元前 387 年，柏拉图在雅典北郊的一所橄榄庄园，建立了全世界第一所大学。根据传说，柏拉图在学院入口的大门上，铭刻着这句话："不识几何者，不能入此学园。"柏拉图的几何是三维空间几何。[1] 1905 年，爱因斯坦发表了狭义相对论，日后他持续研究，完成了广义相对论。爱因斯坦认为：时间和空间维度相互依存、不可分离地纠缠在一起，形成由空间维度和时间维度构成的四维空间新几何。随后 100 年里，玻尔、薛定谔、贝尔等一批科学家发现了量子力学，逐步完善了量子力学理论，随着量子通信的应用，量子力学进入产业应用阶段。量子力学认为：空间维度和时间维度相互依存、不可分离，四维空间和意识维度相互依存、不可分离，形成五维空间。美国罗伯特·兰札和鲍勃·伯曼的生物中心主义认为：生命和意识是理解宇宙的基础。[2]《易经》的中心观点是万物互阴而抱阳，认为世界时空相依，不可分离，虽然也强调天人合一，但侧重于四维空间。以上列举，可以说明，从不同维度出发，可以得出不一样的结论，都可以有伟大的发现，它们之间看似矛盾的地方，其中一个重要原因便是站在不同维度来看问题。

长期以来，东方以《易经》为核心的人文科学与西方科学知识体系分离，随着爱因斯坦的时空理论、量子力学、生物中心主义等理念的出现，东方人文科学和西方科学的思维范式越来越接近。

《易大传》："天下同归而殊途，一致而百虑。"随着以信息化为依托的全球一体化，《易经》和西方科学的思维范式必将是古今贯通，中西融汇。

---

[1]《大宇之形》，〔美〕丘成桐、史蒂夫·纳迪斯，湖南科学技术出版社 2015年版，第 373 页。

[2]《生物中心主义》，〔美〕罗伯特·兰札、鲍勃·伯曼，重庆出版社 2012年版。

（1）西方科学从空间的三维空间维度，到时空结合的四维空间维度，到四维空间与意识维度相结合的五维空间，西方自然科学的认识论以形式逻辑为基础，以实验事实为根据并具有严密逻辑体系的思维范式，是清晰的、系统的、有序的传承，有完整的科学体系。

《易经》：时空相依，不可分离。空间维度和时间维度为一个不可分离的整体，万物遵循负阴而抱阳的阴阳法则。易学亦强调天人合一、天人感应，即心物相依、不可分离。但易学思维范式侧重于四维空间。

心学：心物相依，不可分离。意识维度和物质世界的四维空间为相互依存、不可分离的整体。人是世界的主体，意识维度先于物质世界的时空维度。

总的来说，《易经》强调时空相依、不可分离，其思维范式侧重于四维空间；天人合一、天人感应则是五维空间了，但其重点在四维空间。心学强调心物相依、不可分离，其思维范式侧重于五维空间。西方科学思维范式在牛顿力学以前，总体是三维空间，时间维度、意识维度各自独立，出现唯物、唯心以及时空分离等片面化思维范式，三者没有有机地结合。《易经》以时空结合的四维空间维度为基础，强调意识维度与四维空间的结合，形成整体观、历史发展观、环境观、人本观为主的辩证的思维范式。总体来看，《易经》缺乏西方科学以实验事实为根据并具有严密逻辑体系的思维范式，没有清晰的、系统的、有序的传承，没有完整的科学体系。

（2）在量子力学时代，以时空结合的四维空间维度为基础，强调意识维度与四维空间的结合的《易经》相比西方科学以实验事实为根据并具有严密逻辑体系的思维范式而言，在整体观、历史发展观、环境观、人本观方面有其先天优势，在以实验事实为根据并具有严密逻辑体系的西方科学面前，有其先天的劣势。由此可见，《易经》和西方科学的思维范式有着天然的互补性。在量子力学时代，两者在哲学、科学等层面将逐步融合。

（3）《易经》说："形而上者谓之道，形而下者谓之器（术）。"本人认为，《易经》和西方科学的思维范式在道的层面，将以时空结合的四维空间维度为基础，强调意识维度与四维空间的结合；在术的层面，以实验事实为根据并具有严密逻辑体系的西方科学思维范式，将逐步融合到《易经》的思维范式里面。

（4）经济和信仰是人类所有活动中最主要的两项活动，正像人的两只脚一样，缺一不可。人类发展的两条主线：一条是科技，一条是人文。前者主要解决人类的生存发展的问题，后者主要解决人类的精神层面的问题。科技和人文之母都是哲学。在科学高速发展的时代，以实验事实为根据并具有严密逻辑体系的西方科学思维范式向五维空间发展，当意识维度成为物质世界的基础时，科学和人文将逐步融合。

《易经》、心学和西方科学的思维范式的比较

维度类别	空间维度和时间维度	比较
王阳明心学	空间维度和时间维度相互依存，不可分离	王阳明心学侧重五维空间，《易经》侧重四维空间。
《易经》	天地阴阳相依，不可分离，万物负阴而抱阳。空间维度和时间维度相互依存，不可分离	西方科学属于科学知识体系。人文知识体系与科学知识体系从各自独立发展逐步走向融合。

维度类别	空间维度和时间维度	比较
西方科学	牛顿之前：空间维度和时间维度分离 爱因斯坦：空间维度和时间维度是相互依存，构成四维空间，反对将人的意识维度与四维空间融为一体 量子力学：物质世界的四维空间和意识维度相互依存，构成五维空间 生物中心主义：生命和意识是理解真实本质的关键	西方科学的思维范式向五维空间发展，到了量子力学时代，西方科学开始将意识维度与四维空间融为一体，与《易经》的思维范式逐步趋同。

第十二章　多维思维范式

第一节　多维的世界

多维思维范式，指在三维空间、四维空间和五维空间（详见第一章）的不同维度建立不同的思维范式，在不同维度建立不同的理论。

本书第一部分人类如何感知世界，分析了意识产生的基本逻辑；第二部分自然环境与人类的演化，分析了地球的演化、人类的演化、人与自然的关系。综上分析，本书认为，没有存在，思维无法依附；没有思维，存在无法感知；思维从属于存在，但存在唯识所现。物质决定意识，但物质唯识所现。唯识所现，并非否定物质世界的存在，而是指人类感知的存在是人类主观加工过的存在。以人和蜜蜂为例，人眼是单眼，蜜蜂有 2 个复眼和 3 个单眼。人和蜜蜂的感官系统、神经系统、基因信息、行为方式等生理、心理方面截然不同。同一时间面对一束玫瑰花，人和蜜蜂对玫瑰花的视觉形象完全不同，玫瑰花其实是人和蜜蜂各自的主观呈现物，因此，玫瑰花的图像纯粹是人和蜜蜂各自主观加工过的形象，是唯识所现。

人类与生俱来直觉感知的世界，大多数人认为是客观存在的，这一客观存在是人类求存的基本前提；物质唯识所现，是因为没有意识，人类不能感知世界，有了意识，感知的世界唯识所现，这是理性的逻辑推导过程；再进一步分析，就会发现，人类所能感知的人类及所处的世界都跟意识相关，都是意识结构中的一种元素，所以叫唯识所现的世界。

多维的世界观包括客观存在的世界、心物相依的世界和唯识所现的世界三个世界。三个世界本质上都是唯识所现的世界，为先天性主观假设（直觉感知）的世界和后天性主观假设（理性逻辑）的世界。先天性主观假设（直觉感知）的世界就是人们普遍认为的客观存在的世界，是四维空间世界（时空世界）。后天性主观假设（理性逻辑）的世界是心物相依的世界和唯识所现的世界，是五维空间世界（心物相依世界）。

人类这一动物种群在自身感知的存在的基础上，逐步形成并发展了人类文明，飞机能飞、火车能跑等文明成果是人类对自然规律的发现并进行利用的结果。飞机能飞、火车能跑必须在某一特定的条件下才可实现，就像河流在地球表面是往下流的，在太空就会四处飘荡。人类发现的规律只是某一特定的条件下适用，科学理论的成立也是在某一特定条件下才能成立，为此，本书提出，在三维空间、四维空间、五维空间的不同维度，建立多维思维范式，在不同维度建立不同的理论。

第二节　客观存在的世界

人类认知的第一层次：客观存在的世界。

客观存在的世界，指人类依靠与生俱来的直觉感知无需思考便

能认识到的阳光、空气、大地、江海等自然现象以及人类活动等
现象。

1. 形成原因

客观存在的世界是人类先天性的主观假设（直觉感知）的世
界，是人类普遍认同的客观实在的世界，由人类与生俱来的感觉认
知和后天人类自身经验不断累积、叠加形成。

人类只能按照与生俱来的自身独有的感应呈现方式感知世界，
在此前提下，人类根据自身感知的事物局部或片段，按照人类自身
的逻辑系统，逐步制定人类自身约定俗成的语言、文字等符号系
统，从而形成人类自身独有的知识系统，这一知识系统不属于或不
完全属于其他动物种群的知识系统。人类的知识系统在人类漫长发
展过程中不断丰富、完善，逐步形成人类普遍认同的经验系统。薛
定谔说："任何一个人的所谓世界图景，其实只有一个很小的片段
是来自自己的感觉和知觉，更大的部分则来自于他人的经验。"[1]

西安交通大学人文社会科学学院吕晓宁教授，对客观存在的世
界这样评述："当我们讲人的一切能动性都必须遵守客观规律时，
敬请记住，客观以及客观规律，第一是它表现为人的认知体系和认
知结果时，那客观就是被认识了的客观，这个所谓的客观早已不是
纯粹的客观，纯粹的客观于人是不存在的。第二，既然客观是被认
知了的客观，它是由人的智慧、知识和经验等复杂体系构成的，这
个体系表现为范畴和逻辑的构造过程，以及由符号组成的体系式的
结果。第三，它表现为主观的概念和范畴体系时，它是以精神的主
观的形态存在的，所谓客观也罢，世界也罢，其实应该看成是人类

---

[1]《生命是什么》，〔奥〕薛定谔，北京大学出版社 2018 年版，第 157 页。

意识的建构。至于人的自然，则是人类通过实践而把自己的精神和思想，也就是目的和意图外化或物化为重构的物质世界。"

2. 承认客观存在的世界是求存的需要

任何动物种群都有与生俱来的自身独有的感应方式，自有对外在世界的独有的感觉呈现方式。客观存在的世界本质上是人类与生俱来的自身独有的感应方式的呈现形态。在纯粹理性的角度来看，人类无法求真，因为一切唯识所现。

求存是任何生物的第一本能。因此，从求存的角度，我们务必要以客观存在的世界为生存基础。我们在客观存在的世界的基础上，建立起语言、文字等符号系统，逐步建立起人类文明体系。因此，我们不能否定客观存在的世界，相反，我们应该在这基础上，对外探究宇宙的演化、地球的演化、生物的演化、人类的演化、人类社会等一切自然及人类社会现象，对内探究人类意识的产生机制、物质与意识的关系、精神的演化等，从而创造更为灿烂的人类文明。

3. 客观存在的世界存在方式

本书第一章对五维空间的基本内涵进行了定义，将客观存在的世界分为三维空间世界和四维空间世界。三维空间世界包括宏观世界、微观世界、极微世界。四维空间世界指物质世界由空间维度（三维空间）与时间维度共同构成的四维空间，空间维度与时间维度相互依存、不可分离。

（1）四维空间世界（时空世界）基本公式和基本原理

假设在人类与生俱来的感觉认知（直觉认知）、同时在时间静止的前提下，形成绝对的三维空间。

三维空间世界 ＝ X＋Y＋Z

假设在人类与生俱来的感觉认知（直觉认知）的前提下，物质世界加上了时间维度，形成四维空间，由于时间是连续的、流动的，是个变量，因此，物质世界处在不确定状态。

四维空间世界（时空世界）＝（X＋Y＋Z）×T

四维空间世界基本原理：四维空间世界（时空世界），时空相依，不可分离。物质世界是由空间维度（三维空间）与时间维度共同构成的四维空间，空间维度与时间维度相互依存、不可分离。

（2）四维空间世界（时空世界）的分类

四维空间世界（时空世界）同时包含着三维空间世界和四维空间世界。

三维空间世界，分为宏观世界、微观世界、极微世界。宏观世界，指人类依靠直觉感知的世界，或者是依靠放大镜、望远镜等工具感知的世界。微观世界，指人类依靠感觉器官不能直觉感知，需依靠显微镜、声呐等工具感知的世界。极微世界，极微指不可再分的最小单位，指眼、耳、鼻、舌、皮肤五种感觉器官或者借助工具都无法感知的世界。

宏观世界、微观世界和极微世界的基本原理：极微观世界决定微观世界，微观世界决定宏观世界。物质世界由微观世界的基本粒子组成。所有粒子就像光一样既是光，又是波，具有波粒二象性，始终处在概率波动的不确定状态。物质世界由亚原子粒子构成，亚原子粒子——实际上所有粒子和对象——与观察者的在场有着相互纠缠作用的关系。外在世界只有与观察者的意识产生相互纠缠作用的关系时，才能被确定。若无观察者在场，它们充其量处在概率波动的不确定状态。

四维空间世界（时空世界），指空间维度和时间维度相互依存、不可分离的世界。

4. 如何看待客观存在的世界

如何看待客观存在的世界，首先我们要理解人类感知世界的基本前提。人类感知世界需要的基本前提有三个条件：（1）人能感觉感知外在的世界；（2）人要建立逻辑系统；（3）人要建立语言等符号系统。就广义而言，只要是一个正常的人，都具备这三个条件（第二部分有一个章节专门论述）。

人类认识世界是从直觉感知开始的，人类根据自身的逻辑系统逐步建立语言等符号系统，逐步形成对自然的认识，并利用自然逐步构建人类社会，慢慢地形成人类认知体系和实践体系，再进一步构建人类的政治、经济、社会、文化、生态等复杂的人类文明体系。

其次，我们要承认客观存在的世界的合理性，因为自然是人类赖以生存的唯一基础，是人类直觉感知的唯一世界。为此，自人类产生以来，无数人都在探索宇宙人生的奥秘。人类探索自然奥秘时习惯性地把自身与生俱来的感觉认知的世界当作是不以人的意志为转移的绝对的客观存在。这种客观存在成为唯物科学的基础，由这一基础不断演绎出围绕人类自身肉体和精神需要的经济、政治、社会、文化等方方面面，在漫长的人类历史过程中，这些构成人类共同的经验，其经验通过扬弃，逐步成为人类文明的理论和实践体系。

在宏观世界，除了人类可直接感知的太阳、大地、水、空气等元素构成的世界外，人类还发明了许多工具，探索更为浩瀚的宇宙世界。人类文明成果灿若星河，在此作一些简单列举。望远镜是其中的重要发明，1608 年，荷兰的一位眼镜商汉斯·利伯希偶然发现用两块镜片可以看清远处的景物，受此启发，他制造了人类历史上的第一架望远镜。1609 年意大利人伽利略发明了 40 倍双镜望远镜，这是第一部投入科学应用的实用望远镜。今天，中国制造了500 米口径球面射电望远镜（FAST 望远镜）接收来自宇宙深处的电磁波。2017 年 10 月，发现 2 颗新脉冲星，距离地球分别约 4100光年和 1.6 万光年，这是中国射电望远镜首次发现脉冲星。自显微镜发明以后，人类进入了微观世界。目前的扫描隧道显微镜可以让科学家观察和定位单个原子，它具有比它的同类原子力显微镜更高的分辨率。

自然科学成果主要建立在科学的基础理论之上，而科学理论我们叫作唯物科学理论。唯物科学理论认为，人类感知的世界是客观实在的世界，不以人的意志为转移。事实上，人类直觉感知的世界是人类先天性主观假设的世界，也就是说，唯物科学是建立在人类的先天性主观假设基础之上，人类一旦将先天性主观假设这一前提去掉，唯物科学将失去存在的前提。人类先天性主观假设的世界有别于其他动物的共同认知的世界，人类这一共同认知构成人类赖以生存的基础，是人类自身求存的需要。从人类自身生存与发展需要出发，这一认知非常重要，也非常必要。唯物科学理论与实践是否要推倒重来，显然不能。

第三，如何看待客观存在的世界，关键在于建立多维思维范式。根据前面对三维空间世界、四维空间世界（时空世界）、五维空间世界（心物相依世界）的分析，为了让人更好地生存与发展，应该建立多维思维范式，在不同维度建立不同的理论，利用不同维度的不同理论更好地为人类服务。

第三节　心物相依的世界

1. 心物相依的世界

人类认知的第二层次：心物相依的世界。

人类所能感知的世界，包括外在的物质世界和意识。没有意识，人类不能感知世界，有了意识，人类才能感知世界，人类所感知的物质世界是人类的意识感知外在的物质世界后按照人类自身的逻辑系统和语言等符号系统建构起来的世界。

自然产生人类，但人类定义了自然。人类定义自然，指的是人类这一动物种群根据自身与生俱来的直觉感知的世界，按照人类自身的逻辑系统，逐步制定人类自身约定俗成的语言、文字等符号系统，从而形成人类自身独有的知识系统。这一知识系统不属于或不完全属于其他动物种群的知识系统。

物质世界由时间维度和空间维度构成，时空相依、不可分离。外在的物质世界和人类的意识，不可分离，所以说心物相依。心物相依的世界，即人类所能感知的世界包含三个基本因素：内因、外因、意识因。唯物主义将事物产生的原因分为内因、外因，那么，为什么要在此基础上加上意识因呢？因为人类所能感知的世界都是自身意识主观加工过的世界，是唯识所现的世界，唯物主义认为事物产生分为内因和外因是建立在唯识所现的世界的基础之上的，因此，意识因成为事物产生的必备因素，与内因、外因共同构成事物产生的基本因素。

心物相依的世界基本原理：根据时空相依、不可分离，心物相依、不可分离的原理，物质世界的阳光、空气、土地、水分等各种条件以及人的意识共同构成整体性系统，系统中各种关系相互依存，相互作用，有机组成动态的整体性系统，总体遵循着系统的整体性、因果性、相关性、交互性原则。

为了便于读者理解，用玫瑰花来解释。玫瑰花种子播种到地里后，需要太阳光、温度、湿度、二氧化碳、风力、风向、土壤、水分、肥料等各种环境因子的作用，要经过发芽、生长、开花、凋谢等过程，花农要完成浇水、施肥、采摘、包装、运输、销售等工作，玫瑰花到客户手里，不同客户对待玫瑰花的方式也很不一样。

一朵红玫瑰花摆在人面前，视觉正常的人看到的是红色，红色只是人区别于其他颜色而命名的；色盲的人可看到形状，分辨不出颜色；盲人看不到形状，分辨不出颜色；植物人无法知道玫瑰花的存在。即便是感觉器官完全正常的人，恋人用来表达爱情，花农只把它作为商品，生物学家用来提炼玫瑰精油，植物学家研究其植物生理。所以，玫瑰花与人的意识必须结合，人类意识所认为的玫瑰花才存在。盲人、色盲与视觉正常的人对玫瑰花的感觉不一样；感觉器官完全正常的人对玫瑰花的感觉也不完全一样。玫瑰花如无人的意识结合，就处在不确定的状态；与人的意识结合了，由于人的意识层面不同，对玫瑰花的认知也只是其中一个部分，没有人能认识玫瑰花的全部，玫瑰花不是完全的真实。

2. 承认心物相依的世界是求真的需要

心物相依的世界，通过分析物质和意识的关系，把世界形成的原因分为主因、外因、意识因，目的是解除认知障碍，提升人的认知层次。目前，人类在探索宇宙奥秘时，几乎撇开了意识，认为宇宙世界独立于人的意识之外永远存在着，这大概是人类面临的最大的认知障碍。心物相依的世界，使人类探究宇宙人生世界成因时，会从物质、物质和意识的关系、意识三个层面进行分析，从不同维度建立不同理论，从而构建理论模型。

通过对心物相依的世界的分析，我们可以了解意识产生的基本逻辑，厘清物质和意识之间的关系，将人的认知提升到第二层次。在这基础上，我们将会得出宇宙人生世界是唯识所现的世界的结论，将人的认知提升到第三层次，这三个层次只是从不同维度得出的不同结论。

第四节　唯识所现的世界

人类认知的第三层次：唯识所现的世界。

由于不同动物种群的生理、心理结构不同，任何动物种群都有与生俱来的自身独有的感应呈现方式，任何动物，任何时候，感觉感知的任一存在都是该动物种群主观加工过的存在，存在唯识所现。唯识所现的世界是求真的必然结果。

1. 唯识所现的世界的理论依据

现在用玫瑰花来说明玫瑰花为什么唯识所现。人所认识的玫瑰花，是由玫瑰花、光线、空气等感知媒介、感觉器官、神经系统、基因等各种关系整体组合而成，关系中套关系，条件中套条件。

首先从物质世界（四维空间）来看：（1）在宏观世界，视觉可接触到物体外部或内部；耳朵在花动时能听到声音；鼻子能闻到花香；舌头能感知味道；皮肤能感觉到花瓣或花刺等。（2）在微观世界，即使借助显微镜，也只能看到镜下的部分影像。（3）在极微世界，人类无法感知，只能进行推理。（4）在时间变化上，玫瑰花连续不停地变化，人虽能感知到花的变化，如开花、凋谢等，但只感知其中变化的一些片段。

其次从意识产生的逻辑来看。从感知媒介来看：（1）眼睛须通过可见光才能看到物体，可见光的波长范围是窄光谱。小于 380 nm 的紫外线、X 光、伽马射线等以及大于 780 nm 的红外线、无线电波等眼睛不可见。眼睛通过窄光谱对物体的认知不全面；加上 X 光、红外等仪器后扩大了认知，但仍然很不全面。（2）耳朵只能听到部分空气（或水）的振动波。（3）人类嗅觉灵敏度非常有限，能闻到花的部分香味。（4）舌头、皮肤只能接触物体的部分。从神经系统看：（1）感觉器官感知的信息通过神经系统进行信息编码后，信息衰减程度非常严重。（2）大脑需调用储存的知识与玫瑰花进行匹配比对。（3）大脑对采集的花的信息处理有很强的主观性，会根据性格、职业、情绪等因素进行处理。从人类基因看：（1）人类基因有双重属性，储藏着物质和意识的种子。（2）意识基因通过感觉器官与外在物体产生联系。（3）感觉产生的外境会储存在记忆中，像种子一样储存在基因里面。

从以上分析我们可知，人类所认为的玫瑰花是人类的主观意识加工过的花，不是玫瑰花的全部的真实，人类永远无法了解玫瑰花的全部真实。人类作为动物的一种，与蜜蜂、牧羊犬等动物感知的玫瑰花形象肯定不一样。

世界为什么唯识所现？可从意识、极微世界、事物变化规律以及语言等符号系统四个方面进行归纳总结。

（1）人类所能感知的世界是唯识所现的世界。人要看到自己，可借助镜子，镜子是看到自己的载体，其实你看到的自己只是自身相反的影像，只是你自身的局部特征，只是你自身连续性影像中的一个片段。如果你是正常人，通过光、眼睛、大脑的意识等你可以看到自己；如果你是植物人，虽然有光、有眼睛，因为你的大脑没意识，你也看不到自己；如果你有老年痴呆症，虽然有光、有眼睛，大脑有意识，你也可能不认识自己。

从中我们可以看出，即使光、眼睛等条件完全具备，植物人没有意识，看不到自己；老年痴呆症患者丧失部分记忆，自己也不认识了；正常人看到自己，是因为自身储存了自己的影像，能否看到自己，无论如何与自身的意识相关。推而广之，人类所感知的一切事物均与人类自身的意识相关，大脑中有一个储存万物影像的仓库。这个影像的生成，首先是人要有一颗有别于其他物种的意识种子，这颗种子在人类漫长的发展过程中，内在意识基因与外在的行为方式相互依存、相互联系，不断变异，刚生又灭，刚灭又生，生生不息。

任何一种动物其实都有一个意识的仓库，人与蜜蜂、老鹰、海豚等不同动物面对同一事物时，观察的结果肯定有差异，甚至完全不同，这其实是不同的动物的意识呈现方式不同的结果。

（2）极微世界人类无法感知，极微世界决定微观世界，微观世界决定宏观世界。人类所能感知的微观世界、宏观世界只是事物的某一局部。

（3）事物发展的基本规律是事物刚生又灭，刚灭又生，循环往复，永不停息，任何事物没有起于一点的起点，也没有终于一点的终点。人类所能感知的世界是事物变化过程中的一些片段。

（4）语言文字等符号系统的局限。语言、文字等符号系统的产生只是人类为了自身的需要假设事物的名称、语义等。语言、文字等符号系统的产生，纯粹是为了自身肉体与精神的需要，任何语言、文字等符号系统的出现，都是对事物整体的肢解，这种肢解后主观定义的名称、句子以及文字，无论如何，都不能还原完全的整体，人们永远不可能在意识上形成对事物的完整重构，不可能确定无疑地、毫不含糊地对事物完整地理解，但可以越来越接近整体。从这一角度来看，任何语言文字等符号系统都是对事物的假说。

人们经过长期的潜移默化、日积月累，逐步成为大多数人的共同认知的经验，通过语言、文字等符号系统逐步将事物名称及内涵相对固化，在发展过程中其内涵可能缩小、扩大或转移，大多数人对这种认知习以为常，这种习以为常很大程度上影响了人类的认知，并且形成认知障碍。语言文字等符号系统的产生一方面大大加快了人类发展的进程，另一方面又约束了人们对事物的完整全面的理解。

2. 唯识所现的世界分类方式

唯识所现的世界分为先天性主观假设（直觉感知）的世界和后天性主观假设（理性逻辑）的世界。先天性主观假设的世界指客观存在的世界、客观实在的世界，由人类与生俱来的感觉认知和后天人类自身经验不断累积、叠加形成，因为这是人类与生俱来便能感知的世界，因此，很多人会偏执地认为客观存在的世界不以人的意识为转移，离开人的意识独立存在。后天性主观假设的世界指心物相依的世界、唯识所现的世界，是五维空间世界。三个世界都是唯识所现的世界，唯识所现的世界指由空间维度、时间维度构成的四维空间物质世界加上意识维度构成五维空间的世界。

（1）五维空间世界基本公式

五维空间世界（心物相依世界），指由空间维度、时间维度相互依存构成的四维空间世界（时空世界），加上意识维度，共同构成的人类主观认为的物质世界，即唯识所现的世界。

五维空间世界（心物相依世界）＝[（X＋Y＋Z)×T]×C

（2）五维空间世界基本原理

五维空间世界（心物相依世界），心物相依，不可分离。人类主观认为的物质世界，是由物质世界的四维空间与意识维度共同构成的五维空间，物质世界的四维空间和意识维度相互依存、不可分离。

第五节　三个世界的关系

1. 建立多维思维范式，站在三维空间、四维空间、五维空间的不同维度得出不同的结论。

唯识哲学认为要建立多维思维范式，用多维的角度看待宇宙人生世界，客观存在的世界（直觉感知的世界）、心物相依的世界和唯识所现的世界（理性逻辑的世界）不是对立关系，只是人类站在不同的维度得出的不同的结论。牛顿力学、爱因斯坦的相对论、量子力学分别从三维空间、四维空间、五维空间出发，发现其中的理论。客观存在的世界、唯识所现的世界不能相互对立、主客两分，应离两端而归于中道。

人类为满足肉体和精神的需要，会自觉或不自觉地站在空间维度、时间维度、意识维度或兼而有之地发现、分析、解决问题。绝大多数人的需要都是从肉体到精神上升的过程，思维维度依次是空间维度、时间维度和意识维度，这与人的需要基本呈正相关关系。维度越低，看问题越片面，维度越高，看问题越综合。

从认知层次来看，一般的人与生俱来的直觉认知在山脚下，看到的是客观存在的世界（直觉感知的世界），是三维空间、四维空间世界（时空世界）。到半山腰，认识到人类离开意识一无所知，就能理解物质和意识之间相互依存、不可分离，看到的是心物相依的世界（理性逻辑的世界）。到山顶，一切唯识所现，是唯识所现的世界，世界虽存非真，是人类主观加工过的世界。在山顶俯瞰，当你聚焦到三维空间、四维空间、五维空间的不同维度时，一念之间，会自动切换到不同维度，站在不同维度会看到不同的世界，得出不同的结论。

2. 求存和求真，求存是求真的基础，求真的目的是为了更好地求存。

三个世界本质上都是唯识所现的世界，分为先天性主观假设（直觉感知）的世界和后天性主观假设（理性逻辑）的世界。三个世界务必分为求存和求真两个层次：

客观存在的世界是人类为了求存的先天性的主观假设，由人类与生俱来的感觉认知（直觉感知）和后天人类自身经验累积、叠加共同形成，是人类普遍性的感性认知，是人类赖以生存的基础。生存是第一选择，从求存的角度，我们必须承认客观存在的世界。

客观存在的世界是人类从求存走向求真的基础，心物相依的世界是人类从求存走向求真的必经之路，唯识所现的世界是人类求真的必然结果，求真的目的是使人类更好地求存。

三个世界是递进关系，不是并列关系。三个世界的逻辑结构是：

——认知基础：客观存在的世界（直觉感知的世界）。

——逻辑推导：客观存在的世界心物相依（理性逻辑的推导过程）。

——结论：世界唯识所现（理性逻辑的世界）。

　　求存和求真，求存是求真的基础，求真是求存的需要，求真是为了更好地求存，求存是为了更好地生存与发展。

　　离开意识，人类一无所知。一旦加上意识，存在便成为人类先天性主观加工过的存在，人类面对的世界成为失真了的世界，一切都是唯识所现。因此，无论是客观存在的世界（直觉感知的世界），还是心物相依的世界、唯识所现的世界（理性逻辑的世界），本质上都是人类自身的需要，求存和求真只是侧重点不同而已。

第十三章　多维世界理论模型

第一节　宇宙统一理论的疑惑

人类对宇宙人生奥秘的探索从未停止，但似乎总是找不到打开宇宙之门的钥匙。

赵永泰教授在《人类的三次危机》中写道："宇宙对于我们，仍然是那个合上表壳的手表，你可以看到时针、分针、秒针有规律地走动，也可以听到伴随着指针的走动发出的有节奏的嘀哒声。你可以根据这一切画出一张张草图，设想其内部的构造和运行机制，但你无法打开表壳，看清它里面的全部秘密。就连我们脚下的地球，我们仍然不知地震发生的原因和规律。甚至，我们还是不能准确地预报明天的天气。"[1]

史蒂芬·霍金在《时间简史》的前言写道："我还描述了今年在寻求对偶性或显然不同的物理理论之间的对应方面的进展。这些对应强烈地表明，存在一种完备的统一物理理论，但是它们也暗示，也许不可能用一个单独表述来表达这个理论。相反，在不同的

---

[1]《人类的三次危机》，赵永泰，上海三联书店 2016 年版，第 653 页。

情形下，我们必须使用基本理论的不同表达。这和描述地球表面很相似，人们不可能只用一张单独的地图，在不同的区域必须用不同的地图。这就变革了我们的科学定律的统一观，但是它们并没有改变最重要的一点：一组我们能够发现并理解的合理的定律制约着宇宙。"[1]

2001 年 5 月 2 日，史蒂芬·霍金在《果壳中的宇宙》的前言写道："当 1988 年《时间简史》初版时，万物的终极理论似乎已经在望了。从那时开始情形发生了什么变化呢？我们是否更接近目标？正如在本书将要描述的，从那时到现在我们又走了很长的路。但是，这仍然是一条蜿蜒的路途，而且其终点仍未在望。正如古谚所说，充满希望的旅途胜过终点的到达。我们追求发现，不仅在科学中，而且在所有领域中激发创造性。如果我们已经到达终点，则人类精神将枯萎死亡。但我认为，我们将永远不会停止：我们若不更加深邃，定将更加复杂。我们将永远处于膨胀着的可能性视界之中心。"[2]

只要有人类的存在，人类的好奇心总会驱使人们不断地探究宇宙人生的奥秘。我们需向伟大的霍金先生致敬，向自古以来孜孜不倦地探索宇宙人生奥秘的人们致敬。霍金先生，宇宙硬生生把他的身体挤压蜷缩在一起，而他却硬生生地把宇宙之门挤开了一条缝。

当亚里士多德、牛顿、爱因斯坦、霍金等无数科学巨匠不断探究宇宙的统一理论时，他们基本上根据人类与生俱来的感觉认知的

---

[1]《时间简史》，〔英〕史蒂芬·霍金，湖南科学技术出版社 2007 年版，第 2 页。

[2]《果壳中的宇宙》，〔英〕史蒂芬·霍金，湖南科学技术出版社 2006 年版，第 2 页。

世界以及人类后天不断的经验累积的知识来探究宇宙人生的奥秘。他们似乎都忘记了一个基本事实：正因为有人类意识的存在，人类才能感知宇宙人生。从意识产生的基本逻辑中，我们知道，人类感觉器官存在天然局限性，神经系统处理信息存在天然衰减性，大脑对信息处理存在天然主观性，意识遗传存在先天性，行为方式存在差异性。从中我们可以得知，人类永远只能主观认知自己所面对的宇宙人生世界。

研究物质世界，务必同步研究意识维度，否则，人类永远无法找到世界的本源。因此，研究宇宙人生的起源，我们不得不从外部的物质世界回到人类自身的意识层面。时空相依、不可分离，心物相依、不可分离是人类思维范式的最基本原理，而人类其他任何一条原理都由这两条基本原理演绎得出。

第二节　多维世界理论构建逻辑

唯识哲学主张在三维空间、四维空间、五维空间的不同维度，建立多维思维范式，在不同维度建立不同理论。

本书主要讨论三大命题：意识如何产生？物质世界是客观存在的还是唯识所现的？物质和意识的关系如何？围绕物质、物质和意识、意识三个层面提出系列问题，并对相关问题进行初步的思考。从客观存在的世界、心物相依的世界、唯识所现的世界的三个世界构建理论思维范式。本书认为理论构建主要从两个方面突破：

一是解除认知障碍，提升人的认知层次，探究宇宙人生成因。

二是解除烦恼障碍，提升人的道德德性，满足人类追求幸福的永恒需求。

按现在的学科分类，解除认知障碍，属于自然科学范畴；解除烦恼障碍，属于人文学科范畴。科学、哲学不是孤立的，或对立的，而是统一的。认知障碍是烦恼障碍的依托，因此要探究如何通过解除认知障碍，转识成智，转凡成圣，即通过提升认知层次，实现解除烦恼障碍的目的。解除认知障碍，提升人的认知层次，我们要建立多维思维范式，用多维的角度看待宇宙人生世界，站在不同的维度得出不同的结论。

本书认为，宇宙人生的成因我们不能单独用某一理论成为完备的、协调的统一理论，但可以站在不同的维度用不同的理论揭示处在这个维度的基本规律，"一组我们能够发现并理解的合理的定律制约着宇宙"（霍金）。那么，究竟，有哪一组理论揭示宇宙人生的规律呢？

如三维空间世界牛顿发现了万有引力，四维空间世界爱因斯坦发现了广义相对论，五维空间世界发现了量子力学。他们看似矛盾的地方，其中一个重要原因是站在不同维度会得出不同的结论，这为我们解决问题提供了思路。我们不可能用单一的基本表述来描述宇宙人生的成因，在不同维度必须使用不同的理论表述，为此，我们不必用对抗的目光，只要站在不同的维度看问题，或许就可以找到不同理论之间相互联系的纽带。

第三节　多维世界理论构建模型

本书认为，宇宙人生不能单独用某一理论成为完备的、协调的统一理论，但可以站在不同的维度建立不同的理论，从中揭示处在这个维度的基本规律，为此，本书主张在三维空间、四维空间、五维空间的不同维度，建立多维思维范式，在不同维度建立不同理论。不同理论分别从客观存在的世界、心物相依的世界、唯识所现的世界三个世界进行构建，总体分为物质世界、物质和意识、意识三个层面。现对各个层面部分问题进行简单列举。

1. 物质世界（客观存在的世界）

（1）客观存在的世界产生的原因

人类认为的真实存在的物质世界是人类与生俱来的感觉认知（或叫直觉认知）和后天人类自身经验累积、叠加形成。

（2）宏观世界的基本要素

古希腊：地、火、水、风。《易经》：八卦——天（乾）、地（坤）、水（坎）、火（离）、雷（震）、山（艮）、风（巽）、泽（兑）。中国、古希腊文明对世界基本构成要素的认识是一致的。《易经》描述的是四维空间世界。八卦"天（乾）、地（坤）、水（坎）、火（离）、雷（震）、山（艮）、风（巽）、泽（兑）"构成天地之间的基本要素，八个基本要素相互联系、相互依存、相互作用、相互转化，最终形成了天地万物。

我们要对宏观世界的基本要素进行深入研究，要从单要素研究向多要素交叉融合研究转变。

（3）微观世界

1590 年，荷兰人亚斯·詹森发明了显微镜，人类进入微观世界，此处微观世界指人类借助工具可认知的微观世界。即使显微镜到了今天，技术已产生巨大的发展，但对极微世界人类仍然一无所知。本书把世界分为宏观世界、微观世界和极微世界，极微世界为人类不可知的微观世界。

微观世界，人类认知甚少，我们要利用现代技术对微观世界进行多维度的研究。

2. 物质和意识（心物相依的世界）

（1）意识的产生

人类如何感知世界，需利用自然科学成果系统论证意识产生的机制。

（2）心物相依的世界

将意识维度与四维空间世界（客观存在的世界）结合起来，你会发现，心物相依、不可分离，这便构成五维空间世界，即心物相依的世界。

心物相依的世界要利用自然科学和人文科学的知识进行交叉研究。

3. 意识（唯识所现的世界）

（1）唯识所现的世界

基因中的意识之谜，即意识从何而来，精神如何演化，这是重大的课题。

极微世界，指人类借助工具不可感知的微观世界。极微世界是人类主观假设的世界，所以放在意识部分。极微世界决定微观世界，微观世界决定宏观世界。如何揭开极微世界之谜是人类的重大课题。

语言、文字等符号系统，是人类与其他灵长类动物的重要区分。人类为了自身肉体和精神的需要，根据自身的感觉认知系统和逻辑系统，根据事物的某一特征或片段给予该事物名称，同时赋予其相应的内涵。研究语言文字等符号系统是多学科交叉融合的重大课题，是数字时代的重大课题。

（2）自然与生物演化

宇宙、银河系、太阳系、地球等自然现象如何演化，这是人类研究永恒的课题。

生物如何从无机走向有机，如何从低等级向高等级演化，如何渐变与突变等，这是生物中的重大课题。

自然与生物的关系、自然与人类的关系等是重大课题。

（3）基因中的意识之谜

基因是蕴藏着肉体与精神的因子，基因中意识之谜如何解开，动物的意识如何产生与演化，是重大课题。

（4）人性是善，是恶，还是无善无恶

孔子说："性相近。"孟子说："性本善。"荀子说"性恶"。王阳明说："无善无恶心之体，有善有恶意之动，知善知恶是良知，为善去恶是格物。"人性是善、恶，还是无善无恶，是重大课题。

（5）人类的道德观念

从生物本性来看，人性的道德德性是否存在；从社会学意义来看，人类的道德德性如何建立。这是科学伦理道德体系建设必须面临的问题。

第四节　事物发展规律

1. 时空相依世界的事物发展规律

用生、住、异、灭可以解释事物发展规律。什么叫生、住、异、灭？原来没有，现在有了，从无到有称为生；生到灭之间，生命存续期间称为住；生命存续期间连续的变化叫异；从有到无，无的时候称之为灭。事物总是在从生到灭、从灭到生之间不断转换。如图：

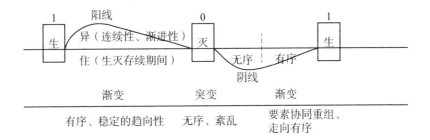

生、住、异、灭总是不停地转换，循环往复，任何事物没有起于一点的起点，也没有终于一点的终点。事物总是不断地演化，总是循环往复、永不停息。

任何事物在生存到灭亡存续期间，总体是渐变的，呈有序、稳定的向性，产生相似性、连续性变化，其趋势从 1 到 0，从阳到阴，从渐变到突变，趋势是递弱的，通过补偿可减少递弱的速度。我们可以把从有序到有序的过程，叫作基于有序的有序。其间受内在或外在因素影响，也有可能发生突变。

任何事物在灭亡到生存期间，总体是从突变到渐变，突变时呈无序、紊乱的状态，其间各种能量不断重组，各要素之间互相关联，互相协同，相互作用，逐步形成关键少数因子，然后所有要素围绕关键少数的核心要素进行重组，逐步走向有序，其趋势从 0 到 1，从阴到阳，趋势是递强的。我们可以把从无序到有序的过程，叫作基于无序的有序。有序产生后，开始进入基于有序的有序。

任何事物总是在从 0 到 1，从 1 到 0 之间不断转换，从突变到渐变，从渐变到突变，从有序到无序，从无序到有序不断转换。根据能量守恒定律，无论如何，总能量是不变的，充其量是内部各个要素之间的关系不断转换而已。

2. 突变与渐变、熵与负熵

一是突变与渐变。事物之间关系的转换，应按照一定的条件，渐进式积累变量，当变量积累到爆发点的时候，事物内部或事物外部，或兼而有之产生突变量，事物的性质发生变化。如鸡蛋孵化成小鸡，新事物随之产生，这便是突变。突变以后事物之间的关系开始有序的渐进，渐进的条件是在外部条件的辅助下，如阳光、空气、水分、饲料等，内部逐步有序地连续性发生变化，其特征一是在其生命存续期间保持着生命体征，二是生命体征每时每刻连续地不间断地发生变化。

鸡发生突变，一是其到生命周期结束时，生命体征结束，自然死亡，从有机生命转换为无机物质；一是外部的侵害，如狼吃鸡，人杀鸡，突然死亡，也从有机生命转换为无机物质。鸡的生命结束时，鸡作为一个生命体解体，处在混沌状态，它的生命内部关系紊乱，处在无序状态。然后又逐步找到平衡态，这种理论叫耗散结构理论。

因此，事物的关系应该是渐变式积累能量，到一定程度时发生突变。事物关系总是渐变到突变，突变后一段时间内事物处于无序状态，如丢一块石头到平静的湖面，逐步又回到有序状态。总之，事物之间的关系应该总是从渐变到突变，渐变时遵循基本有序推进的原则，突变时从有序走向无序；无序状态时，其间各种关系会按照其各自的特征组合成新的事物，但其总量永远不变。

二是熵与负熵。熵，热力学中表征物质状态的参量之一，用符号 S 表示，其物理意义是体系混乱程度的度量。克劳修斯在 1850

年发表的论文中提出，在热的理论中，除了能量守恒定律以外，还必须补充另外一条基本定律："没有某种动力的消耗或其他变化，不可能使热从低温转移到高温。"这条定律后来被称作热力学第二定律。

薛定谔在《生命是什么》第六章，从热力学关于有序、无序和熵的观点，来说明维持生命物质高度有序性的原因，首次提出了"生命有赖负熵为生"的名言。他在"从环境中汲取'有序'而得以维持的组织"一节中说："它靠负熵生存。""它会向自身引入一连串的负熵，来抵偿由生命活动带来的熵增，从而使其自身维持在一个稳定而且相当低的熵值水平。"

负熵的提出，是对于熵定律的重要补充，任何事物不能孤立地看待，我们要看到事物产生的直接原因、辅助条件，还有一点很重要，我们是站在什么维度看待事物的。因为人类站在不同维度可以得出不一样的结论，维度越高，结论越是综合，越是整体；维度越低，结论越是片面，越是局部。

无论是突变还是渐变，熵还是负熵，在特定的时间和空间条件下，都是对的，但放在无限的时间和空间上面，他们反映的只是事物的一个片段。

3. 宇宙起源存疑

宇宙是从什么时候开始的呢？现代科学普遍接受"宇宙大爆炸"理论，英文叫作 Big Bang。"哈勃红移"和"宇宙微波背景辐射"这两大实验数据支持了这一理论：宇宙就是源于一个大爆炸。创世的刹那，开始于 10E-43 秒……（10 的负 43 次方秒，也称为普朗克时间，人类已知的最小时间存在。普朗克时间＝普朗克长度/光速。光速定义值：c＝299792458m/s＝299792.458km/s）。请注意了，这是一个定义值，而不是一个测量值。

创世时间表：10E－43 秒，十维宇宙分裂成一个四维宇宙和一个六维宇宙。六维宇宙崩溃，缩成 10E－32 米。四维宇宙（我们今天所在的宇宙）则迅速爆炸，此时的温度高达 10E32（10 的 32 次方）度；10E－35 秒，大一统作用力崩解；10E－9 秒，电弱对称崩解，此时的温度是 10E15 度；10E－3 秒，夸克开始凝聚，中子与质子出现，此时的温度是 10E14 度；3 分钟，质子与中子开始凝聚成稳定的原子核；30 万年，电子开始凝聚在原子核周围，第一个原子出现；30 亿年，第一个类星体（quasar）出现；50 亿年，第一个星系出现；100 亿—150 亿年，太阳系诞生：又经过数十亿年，地球上出现了第一个生命。

不管你信不信，这是目前已经成为众多科学家普遍共识的创世时间表。上面所述的那个数量级上的时间、长度、温度等所有的数值，没有任何一个是可以直接测量的，因为目前人类的技术和工具水平，还远远不能企及那个数量级。但是，人类的天才们做到了——这个时间表里面的每一个数字的背后，都是一堆严密的公式和演算，都是无数的物理学家和数学家呕心沥血的结晶，这些结论是基于科学本身做出的演绎和推理，而不是凭空想象。

我们会问，那爆炸之前是什么呢，点燃爆炸的人又是谁呢？说实在，无人知道。根据生、住、异、灭的理论来解释，假设以上的推论是对的，那么，也只是宇宙运行过程中的一个片段。按照事物生、住、异、灭的发展规律，宇宙运行的基本逻辑是：积聚能量——爆炸、突变——混乱、无序——积聚能量、重组——走向有序、恒星系（收缩）——相对稳定、渐变——爆炸。宇宙在空间上无边无界，在时间上无始无终，在变化规律上无限循环。

根据能量守恒定律，无论如何，宇宙的总量是不变的，充其量是内部关系不断转换而已，总是在有序—无序—有序之间转换，其转换方式在渐变—突变—混沌紊乱—渐变之间不断转换，无始无终。人类为了认识宇宙，只好在时间、空间上进行主观假设。

宇宙的变化永远是渐变式积聚能量，在平衡状态下形成系统的、稳定的有序结构，如现在的太阳系，到一定阈值后发生突变，打破了平衡态，系统内部开始发生紊乱，出现混沌状态，在远离平衡态后，系统内外部各种关系开始重组，不断与内外部交换物质和能量（包括物理、化学、生物等），在内外部关系达到一定阈值时，其内部主要变量发生决定性作用，核心变量凝聚其他变量，使紊乱、混沌的非平衡状态逐步转为在时间、空间上的平衡状态，系统又进入有序状态，如现在的太阳系。这种远离平衡态形成的新的稳定有序的平衡结构，是靠不断耗散物质和能量来维持的，这种在开放系统中由无序状态转变为有序状态的途径，叫耗散结构理论（伊利亚·普利高津《结构、耗散和生命》）。

当宇宙各种能量渐变式积聚到一定程度时，发生宇宙大爆炸，发生突变。爆炸后各种能量处在无序状态，即进入混沌状态，各种能量开始重新组合，如早期太阳的形成。当太阳这个星球形成时，其他行星开始围绕其周围，太阳系逐步进入有序状态，太阳系进入渐变阶段。

但太阳系的存续是有时间的，存在的时间叫生存时期。在生存时期，其变化是连续的，每时每刻都在变化，刹那之间已有差别，当太阳的能量达到一定程度时，就会发生突变。由于其变化相对于人类的生命而言实在太长了，人类根本无法感知，因此，我们只能根据直觉认知设定时间和空间，根据人类自身构建的逻辑系统进行推理。

人类认为宇宙大爆炸是宇宙的起源显然是不对的，人类只是根据宇宙大爆炸的这一阶段人为地认为是宇宙起源的原因，把无限长的宇宙变化过程截取其中一片段作为宇宙起源，这就像人从出生到死亡，由无数张照片组成，仅凭一张或一组照片包含这个人的人生，这显然是断章取义、以偏概全。

过去、现在、未来，永无断续，事物的每时每刻都在变化，刹那之间已有差别，事物只有相似性、连续性，没有相同性，因此，生、住、异、灭都是人类根据事物极短时间内的刹那变化假设而立的。

宇宙大爆炸是宇宙起源只是人类根据宇宙极短时间内的刹那变化假设成立的。宇宙大爆炸只是宇宙从渐变到突变、由突变到渐变，宇宙从无序到有序、由有序到无序，不断转换，不断变化，相互联系，相互作用，相互转化，其总量是恒定不变的。宇宙大爆炸是事物发生变化的一个阶段，如果对宇宙不加以时间限制，无限地延长的话，宇宙之间的一切都按以上所说进行。

第十四章　科学与哲学

今天，科学属于自然科学，哲学属于人文科学，科学与哲学的关系总体是分离的，科学归科学，哲学归哲学。但当我们追溯科学、哲学的内涵变化时，我们得出与今天不一样的结论。

1927年2月19日，在德国巴伐利亚学院全体会议上，爱因斯坦被选为数学—科学组的通讯院士。提名信中这样写道："他不仅是亥姆霍兹以来自然哲学领域里最为著名的、最深刻的思想家，而且在过去10年里，他比其他任何人都更有利于维护德国科学界的声誉。"[1] 一般情况下，我们大都把爱因斯坦看成是20世纪自然科学领域最伟大的科学家，但在1927年，爱因斯坦被称为是自然哲学领域的思想家。这种提法带出了自然哲学和自然科学、科学家和思想家的概念，可以引发我们思考科学与哲学之间的关系。

比较自然哲学和自然科学这两个概念的异同，从中可以发现，不同时期对于科学有不同的定义，自然哲学和自然科学这两个词使用频率的变化在一定程度上标志着科学与哲学从融合到分离的过程。剑桥大学彼得·哈里森教授在《科学与宗教的领地》中系统地回答了科学与哲学从融合到分离的过程。这本书给我的启迪是：我

---

[1]《我的世界观》，〔美〕阿尔伯特·爱因斯坦，中信出版集团2018年版，第290页。

们要思考科学与哲学的关系，科学与哲学应该向何处去，科学的终极目的是什么。现把科学分为自然哲学和自然科学两个时期进行简要的论述。本章从这一基本观点出发，探讨科学与哲学的相关问题。

第一节　自然哲学时期

1. "自然哲学"和"自然科学"使用频次的变化

我们可从 1800 年至 1910 年"自然哲学"和"自然科学"在英文书籍中出现的相对频次图[1]，观察自然哲学和自然科学的变化。

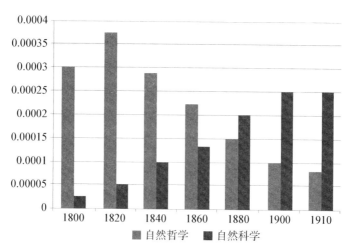

1800 年至 1910 年"自然哲学"和"自然科学"
在英文书籍中出现的相对频次

[1] 《科学与宗教的领地》，〔澳〕彼得·哈里森，商务印书馆 2016 年版，第 247 页。

1800 年前，整个西方科学一直沿用自然哲学的概念，自然科学的概念刚刚萌芽；1820 年，自然哲学居于最高位；1880 年，自然科学的频次超过自然哲学；1910 年，自然科学的频次占主导地位，自然哲学的概念逐步消失。从此，自然科学逐步取代自然哲学，科学与哲学逐步分离。

投身科学事业的人的角色变化与该事业的一个新名称相匹配。这种变化最显著的标志就是自然哲学被自然科学所取代。1800 年，很少有人谈到自然科学，而到了 1880 年，自然科学已经超过了自然哲学这一传统标签。自然哲学之所以在 20 世纪还能持续，主要是因为对一种过去惯例的历史引用。我们现在应该清楚，这并不仅仅是用一个术语取代另一个术语，而且也涉及一系列个人品质的抛弃，这些品质与从事哲学和过哲学生活有关。[1]

2. 自然哲学时期，科学与哲学是一体的

毕达哥拉斯是数学鼻祖，他的基本哲论是：世界是数，或万物皆数。他的数学不像今天一样是应用科学，而纯粹是哲学性的宇宙观。他是第一个把逻辑系统看作是世界系统之本原的人。他的重大贡献是奠定了"唯理论"的基石。柏拉图的"理念论"就是在毕达哥拉斯基础上展开的。

西方哲学的奠基者苏格拉底说："计算学这个学问，看来有资格用法律规定下来。我们应当劝说那些将来在城邦里身居要职的人们学习计算学，而且要他们不是马马虎虎地学，而是深入下去学习，直到用自己的纯粹理性，看到数的本质。要他们学习计算学，

---

[1]《科学与宗教的领地》，〔澳〕彼得·哈里森，商务印书馆 2016 年版，第246 页。

不是为了做买卖，不能仿佛是为做商人或者小贩准备的，而是为了用于战争，为了将灵魂从变化世界转向真理和实在。"

科学对神学有什么帮助呢？辛普里丘（约480—560）说："物理学（或自然哲学）在日常生活的事务中非常有用，因为它为医学和力学（首先被理解为制造战争武器的技艺）等技术提供了原理；有助于引导灵魂的较高部分即理智趋向完满（对神学研究尤其有价值）；是道德德性的一种辅助；是通向关于神和理念的认识的阶梯；最后，它激起我们的虔诚，对神感恩。"[1] 阿奎那指出，"科学"是一种心灵习性，或理智德性。于是，与宗教的相似之处在于，我们现在习惯于把宗教和科学看成信念和实践的系统，而不是首先把它看成是个人品质。[2]

1771年《不列颠百科全书》中完整的"科学"词条是："科学，在哲学语境下指通过合乎规则的证明从自明到确定的原理中导出的任何学说。"在19世纪的牛津大学，"科学"仍然指基本哲学课程。从这条对"科学"的定义中，1771年之前，科学包括今天所说的科学、哲学、宗教等任何学说。

罗伯特·胡克是显微镜的先驱和普及者，他是《显微图谱》的作者，他指出，我们越是放大物体，"就越能发现我们感官的缺陷，以及造物主的全能和无限完美"。牛顿在1715年版的《自然哲学的数学原理》所附加的《总释》中称："倘若没有一个智慧而强大的神的设计和统治，这个由太阳、行星和彗星所组成的如此优雅的体

---

[1]《科学与宗教的领地》，〔澳〕彼得·哈里森，商务印书馆2016年版，第51页。

[2]《科学与宗教的领地》，〔澳〕彼得·哈里森，商务印书馆2016年版，第17页。

系就不可能产生。"他的话道出了同时代一些科学家的心声。事实上，在牛顿看来，自然哲学不可能完全区别于神学，因为他接着说："肯定是自然哲学的一部分。"牛顿是科学的巨人，但也是宗教的信徒。

科学的发展就像菜刀一样会带来善恶的两面，宗教为科学的发展会带来道德约束，使科学始终走在善的主航道上。而科学的发展为宗教教理的完善提供许多工具，最终使科学和宗教趋向于一个真理。休厄尔写道："所有真理都必定与所有其他真理相一致，因此，地质学或天文学的结果必定与真神学的陈述相一致。"

3. 自然哲学时期的主要理论成果

1492 年，哥伦布发现新大陆，以此为标志，西方科学开始昌明。1517 年，马丁·路德进行宗教改革；1689 年，洛克发表《政府论》；1717 年，牛顿推出金本位制度；1776 年，亚当·斯密发表《国富论》；1867 年，卡尔·马克思发表《资本论》。

我之所以列出政治、经济、金融、宗教理论，是想说明科学的发展与经济理论、政治理论、金融理论等理论息息相关，他们之间相互依存、相互作用。马丁·路德的宗教革命运动以后，长期斗争的结果是天主教在 17 世纪的改革，引入了人文主义的色彩而出现 18 世纪法国的自由思想。而基督教却在 18 世纪没落而发动其自己的改革，结果产生了宗教思想自由的资本主义。宗教改革为科学的昌明提供了自由的、科学理性的思想土壤。《政府论》《国富论》《资本论》奠定了政治、市场理论基础，公司制度、股票制度、金本位等制度，为工业革命提供了制度基础。

在科学理论方面，从古希腊开始，西方科学以形式逻辑为基础。爱因斯坦说："西方科学的发展是以两个伟大的成就为基础，那就是：希腊哲学家发明的形式逻辑体系（在欧几里得几何中），以及在文艺复兴时期发现通过系统的实验可能找出因果关系。在我看来，中国的贤哲没有走上这两步，那是用不着惊奇的。"

从柏拉图、亚里士多德、欧几里得到文艺复兴以后的伽利略、牛顿、爱因斯坦、量子力学科学家群体，西方自然科学的认识论是清晰的、系统的、有序的传承，有完整的科学体系。西方科学的发展历史，单从认识的维度来分，可分为：（1）从柏拉图、欧几里得到伽利略、牛顿，最主要的是发展了空间几何，科学发展最重要的贡献在三维空间层面；（2）爱因斯坦把时间维度和三维空间结合起来，形成了一个时空结合的四维空间；（3）量子力学在四维空间的基础上，将意识维度结合起来，形成了四维空间与意识维度相结合的五维空间。到此为止，科学史上的基础理论基本完成。一百多年来，科学基础理论停滞不前，科学被称为"停滞的21世纪"。近现代重大科技或工程原始创新在20世纪六十年代进入尾声。

谢耘说："现代科技这座大厦，在20世纪中叶前就建成了，后来做的都是内外装修的工作，我们不断地把它装修得越来越豪华、漂亮、功能丰富，可是大厦还是那座大厦；或者说我们是在20世纪中叶之前科技开拓的疆域里，做着种些花花草草、锦上添花、造房修路的工作，不过疆域的大小始终没有新的变化，只是疆域内的世界越来越繁荣。"

"今天被戴上'革命'桂冠的那些所谓的黑科技，如果能够如PC或者手机那样在一个领域内实现产品服务级的原始创新已经十分难能可贵了。它们在科技发展历史中的意义，远远无法与20世纪中叶之前诞生的那些里程碑式的技术创新相提并论。我们不能因为它们创造了巨大的商业价值而夸大它们在科技发展上的意义，这是两个不同维度的评价。"[1]

第二节　自然科学时期

1. 科学与哲学的分离

通过对自然哲学时期的分析，科学的基础理论产生的时间段大概在 1500—1900 年这四百年期间，这段时间科学与哲学并没有分离。在这四百年间，科学在自然哲学语境下展开。从 1910 年起，自然科学占据主导地位，自然哲学概念逐步消失。

1867 年，威廉·乔治·沃德在《都柏林评论》为科学这样定义："为方便起见，我们对科学一词的使用采用英国人普遍赋予它的意义：科学表达的是物理科学和实验科学，而不是神学科学和形而上学科学。"20 世纪起，"科学"几乎完全指自然科学和物理科学。

2012 年版《现代汉语词典》（商务印书馆）是中国的权威词典。其对科学、哲学的解释分别如下：科学，反映自然、社会、思维等的客观规律的分科的知识体系。[2] 哲学，关于世界观、价值观、方法论的学说。是在具体各门科学知识的基础上形成的，具有概括性、抽象性、反思性、普遍性的特点。哲学的根本问题是思维和存在、精神和物质的关系问题，根据对这个问题的不同回答而形成唯

---

[1]《创新的真相：技术逻辑与市场局限的冲突与融合》，谢耘，机械工业出版社 2021 年版，第 51、55 页。

[2]《现代汉语词典》，商务印书馆 2012 年版，第 731 页。

心主义哲学和唯物主义哲学两大对立派别。人和世界的关系问题已成为当代哲学研究的重大问题。[1]

从以上《现代汉语词典》对科学、哲学的解释，与 1771 年《不列颠百科全书》对"科学"词条的定义"在哲学语境下指通过合乎规则的证明从自明到确定的原理中导出的任何学说"进行比较，科学的内涵缩小到今天所说的自然科学，与 1867 年威廉·乔治·沃德在《都柏林评论》为科学做的定义基本一致，科学、哲学完全分离，自然哲学的概念已经弃用，取而代之的是自然科学、人文科学，自然科学纯粹指今天的科学，人文科学包括哲学在内的人文学科。

在今天大学专业设置中，科学放在理工科，哲学放在文科。今天的科学，指的就是分科而学，后指将各种知识通过细化分类（如数学、物理、化学等）研究，形成逐渐完整的知识体系。它是关于探索自然规律的学问，是人类探索、研究、感悟宇宙万物变化规律的知识体系的总称。科学是一个建立在可检验的解释和对客观事物的形式、组织等进行预测的有序的知识的系统。在很多人看来，科学与哲学"井水不犯河水"，教育培养了无数被称为"直肠男"的理工男，同时也培养了无数生活在"肥皂泡"中的文艺男。

现在科学、哲学之间相对地独立，甚至完全独立及隔离。科学的分类，科学变成分科之学，科学变得越来越专业化、细分化，但也变得越来碎片化、片面化，客观上造成知识结构的残缺；随着科学分科而学的设置，科学与哲学的对立关系，并没有缓和。科学家较少学习哲学，哲学变成人文学科，对科学基础和实践知之甚少。

15 世纪以来科学的昌明，成为人类历史上最为伟大的变化，唯

---

[1]《现代汉语词典》，商务印书馆 2012 年版，第 1649 页。

物科学理论的建立成为这一变化的最重要的基石，但唯物科学的局限性也制约了科学理论的发展。

2. 哲人的忧思

随着科学与哲学分离，20 世纪以来，新的理论处在停滞的状态。那么，科学与哲学的分离对科学理论的产生究竟有多大的影响？

霍金在《时间简史》说："迄今为止，大部分科学家太忙于发展和描述宇宙为何物的理论，以至于没工夫过问为什么。另一方面，以寻根问底为己任的哲学家跟不上科学理论的进步。在 18 世纪，哲学家把包括科学在内的整个人类知识当作他们的领域，并讨论诸如宇宙有无开端的问题。然而，在 19 世纪和 20 世纪，对哲学家或除了少数专家以外的任何人来说，科学变得过于专业性和数学化了。哲学家把他们质疑范围缩小到如此程度，以至于连维特根斯坦，这位 20 世纪最著名的哲学家都说道：'哲学余下的任务仅是语言分析。'这是从亚里士多德到康德哲学的伟大传统的何等堕落啊。"

"如果我们确实发现了一个完备的理论，在主要原理方面，它应该及时让所有人理解，而不仅仅让几个科学家理解。那时我们所有人，包括哲学家、科学家以及普普通通的人，都能参与讨论我们和宇宙为什么存在的问题。如果我们对此找到了答案，则将是人性理性的终极胜利——因为那时我们知道了上帝的精神。"[1]

1944 年 9 月，薛定谔在《生命是什么》序言里说："我们从先

[1] 《时间简史》，〔英〕史蒂芬·霍金，湖南科学技术出版社 2007 年版，第 233 页。

辈那里继承了对一种统一的、无所不包的殷切追求。那些最高学府所被赋予的独特名称提醒着我们，自古以来的数个世纪当中，只有普遍的东西才能完全获得承认。然而，在刚刚过去的百余年里，各个知识分支在广度上和深度上的扩展，使我们面临着一个奇怪的困境。我们清楚地感受到，直到我们才开始获得能够将以往所有知识融合为一个整体的可靠材料；然而另一方面，一个人要想跨越他专攻的那小一块领域以驾驭整个知识王国，已是几乎不可能的了。"

"若要摆脱这个困境（以免永远无法达成真正的目标），我认为唯一的出路在于：我们中的一些人应该斗胆地迈出第一步，尝试将诸多事实和理论综合起来——即使对于其中某些内容还局限于第二手的和不完整的了解，并且冒着最终白忙着一场的风险。"[1]

王东岳在《物演通论》中谈到了哲学的贫困。他说："在人类思想史上，真正有重大建树的哲学家无不谙熟当代的自然科学进展，这既是哲学无真的悲剧所在（因为自然科学也绝非一般符合论意义上真理，又是哲学无可选择的唯一学术基础）。而今，学科趋于分化，理性又趋于褊狭的现状，弄得哲学研究的人大多不懂自然科学，而研究自然科学的人又很难涉猎哲学，致使哲学越来越倾向于空泛化，这大约才是造成哲学的贫困或贫困的哲学的真正原因。"[2]"任何哲学，不管是外向于物质的，抑或是内向于精神的，其立论自觉或不自觉地都得建筑在当时的科学认知基础之上。"[3]

当代哲学没有根本性的突破，很大原因是科学与哲学的分离，

---

[1]《生命是什么》，〔奥〕薛定谔，北京大学出版社 2018 年版，第 3 页。

[2]《物演通论》，王东岳，中信出版集团 2015 年版，第 69 页。

[3]《物演通论》，王东岳，中信出版集团 2015 年版，第 453 页。

哲学家往往缺失当代最前沿的科技认知水平，研究思路上大都从对哲学家的哲学著作诠释入手，把哲学弄得支离破碎，对"存在"与"精神"的问题停留在谁说了什么，这是哲学无法创新的重要原因。梁启超说："现代（尤其是中国的现在）学校式的教育，种种缺点，不能为讳，其最显著者，学校变成知识贩卖所。"[1]

科学与哲学存在许许多多悬而未解的问题，科学与哲学的分离，成为阻碍基础理论发展的一大障碍。许多智者深表忧虑。薛定谔说："真正地消除形而上学意味着把艺术与科学的灵魂都抽离掉，将其变为再无任何生机的骷髅。"[2]"难怪我们缺乏勇气去接受这样一份债务累累的遗产，去追求一种显然会使我们走向破产的思维方式。""你越是深入地尝试研究那些长期以来就是哲学研究的普遍关系的特征，就越不倾向于对它们做出任何定论，因为你会比以往更加清楚地意识到，每一个定论都是多么模糊与狭隘，不恰当和不正确。"[3]

3. 科学与哲学理论应该重归统一

自然科学与人文科学的融合是大势所趋。哲学家莫尔顿·怀特在《分析的时代——二十世纪的哲学家》中指出，重要的是把 20 世纪哲学的两个对立因素，即科学主义与人本主义重新统一起来，"当我们一旦清楚学科之间没有明确的分界线，而且没有一门学科可以称得起在认识分类表中占有一个唯我独尊的位置时，当我们弄清楚了人类各种经验的形式也和认识同等重要时：只有在那个时候才算打通了最广义的、关于人的哲学研究的道路"。怀特把这种

---

[1]《梁启超论儒家哲学》，商务印书馆 2012 年版，第 193 页。
[2]《生命是什么》，〔奥〕薛定谔，北京大学出版社 2018 年版，第 112 页。
[3]《生命是什么》，〔奥〕薛定谔，北京大学出版社 2018 年版，第 114 页。

"重新统一"称之为"梦想",实际上,这不是梦想,而是当代哲学研究的总体趋向。马克思在《1844 年经济学哲学手稿》中明确指出:"自然科学往后将包括关于人的科学,正像关于人的科学包括自然科学一样,这将是一门科学。"[1]

自然产生了人类,人类在自然中形成了社会,产生了人类文明,从这一角度来说,人文科学就是自然科学的一个延伸。广义来说,人文科学应该是自然科学的一个部分。因此,思考人与社会应该放在自然科学的大的背景下来思考。

今天的自然科学和人文科学是人类文明体系的两大支柱,从分科而学、利于深入的角度来说是对的,但难免使研究者自觉或不自觉地陷入"只见树木,不见森林"的尴尬境地。因此,自然科学可分为广义的自然科学,涵盖人文科学;为了便于深入研究,又可分为狭义的自然科学,与人文科学形成并列关系。

爱因斯坦给科学的定义是:"就我们的目的而言,可以把科学定义为'以系统思维寻求我们感觉经验之间的规律性关系'。科学直接产生知识,间接产生行动的手段。如果提前设定了明确的目标,科学就能导致有条理的行动。至于创建目标和做出价值陈述,则超出了科学的功能范围。虽然就其因果关系的掌握程度这一点来说,科学可以就各种目标和价值兼容与否做出重要的结论,但是关于目标和价值的独立的基本定义,仍然超出了科学的范围。"[2]"在知觉的无序的混乱中,借助于他们(指科学语言)的概念体系

---

[1]《辩证唯物主义原理和历史唯物主义原理》(第五版),中国人民大学出版社 2004 年版,导论第 13 页。

[2]《我的世界观》,〔美〕阿尔伯特·爱因斯坦,中信出版集团 2018 年版,第 35 页。

的指导，我们才能从特殊的观察中掌握普遍的真理。"[1] 爱因斯坦对科学的定义有非常重要的价值。

4. 科学的终极目的

今天，随着科学的日益发展，科学成了推动人类进步的第一动力，同时也可能是摧毁人类文明的最重要的推手。因此，我们必须重新思考科学与哲学的关系。我认为，科学的目的是发现规律并利用规律，但科学的终极目的是让人类过上更加美好幸福的生活。

科学和哲学是相互依存的关系，永远都处在发展状态。科学侧重于形而下的问题，着重于实证；哲学侧重于形而上的问题，着重于解决思维方式的问题。科学理论虽然不完善，但可以用科学普遍认同的成果来探讨哲学的问题，反过来，可用哲学的方法探讨科学的问题。对于科学与哲学，本来就是人刻意划分的结果，这就像很多人把雷声、闪电分为两种不同的自然现象一样，当认知能力提升后，就会明白雷声、闪电其实是雷电这种自然现象的不同表现形态。

科学真正的目的是改善人类的境况，科学应该是爱的活动的化身。培根说："但我们必须永远记住，神特许人的一点点知识必须按照神赐予它的目的来使用，那就是有益于和改善人类的境况和社会，否则一切形式的知识都成了有害和狡诈的，由于承载着蛇的毒性和恶意，它使人心膨胀。《圣经》说得好："知识让人自高自大，惟有爱能造就人。"[2] 培根准确地把握住了人性的善与恶，准确地说出了科学的终极目的。

---

[1]《我的世界观》，〔美〕阿尔伯特·爱因斯坦，中信出版集团 2018 年版，第 456 页。

[2]《科学与宗教的领地》，〔澳〕彼得·哈里森，商务印书馆 2016 年版，第 201 页。

第三节 科学与哲学

科学、哲学理论如何突破，一是要解除认知障碍，提升认知层次；二是要促进科学、哲学学科体系的融合；三是要加强学科交叉的研究。

1. 解除认知障碍，提升认知层次

按今天的唯物科学观点，人类利用现有理论和工具对宇宙世界进行穷尽分析，主要从三个方面进行探索：一是从宏观世界进行探索，如宇宙飞船、火星探测、月球登陆等；二是从微观世界进行探索，如量子、弦论、基因科学、脑科学等；三是从时间纵深处进行探索，如宇宙的历史、地球的历史、人类的历史。

人类发展到今天，科学理论的发现主要根据人类与生俱来的感官认知和后天经验的不断累积逐步形成的理论体系，这种直觉认知成为人类构建理论和实践体系的基础。欧几里得几何、牛顿力学、爱因斯坦相对论等无数科学理论都来源于此。人类相信自身与生俱来的感觉认知的存在是客观存在的，这恰恰是人类自身最大的认知障碍。

我认为，人类的这种认知障碍是新的科学理论难以产生的最根本的原因。爱因斯坦和玻尔关于量子力学的争论本质上是认知层次的不同所造成的。量子力学发展了一百多年，至今还没有统一的理论。科学理论的突破，在于解除认知障碍，提升人的认知层次，这样才能找到量子力学的哲学基础。

我们回顾一下，人们认为客观存在的世界真实存在的原因，一是人类与生俱来的直觉认知，二是人类后天不断的经验累积。如太阳，婴儿一出生便感知太阳，与成人的感知基本是一致的，如形状、光线、温度等；成人如父母不断教给婴儿太阳的名字及其意义、万物生长靠太阳等道理。

自人类诞生以来，绝大部分人没有去思考感觉器官有天然局限性，神经系统对信息处理有天然衰减性，大脑处理信息有天然主观性。如果能认识到，世界真实存在，但存在唯识所现，思维方式就会改变。阳明心学、康德哲学、生物中心主义等都是从这一思维范式出发，从外在的物质世界转向人的意识层面，关注外在物质世界与人的意识之间关系。世界是物质的，但存在唯识所现的观点不但是哲学界的问题，也是科学界等需要思考的重大问题，它是哲学的基础、科学的基础。

人类的思维范式从四维空间世界走向五维空间世界，认识到物质世界和意识之间心物一体、不可分离，唯物、唯心、心物一体不是对立关系，只是人类站在不同维度得出的不同结论，这种认知为科学与哲学理论的发展提供了思维范式。

人类解除自身的认知障碍，提升自身的认知层次，提升科学理性，转识成智，从而提升人自身的道德灵性，获得内心的提升，为人类道德伦理体系建设提供科学理性的土壤，从而满足人类自身永恒追求幸福的需要。

西方科学理论基本是建立在机械唯物论的基础之上，自爱因斯坦以后，当西方科学理论无法突破时，我深信，量子力学、人工智能等科学基础理论的突破，将从物理世界走进生物世界，从而使物理世界和生物世界逐步融合，意识将是打开宇宙人生世界大门的钥匙。

2. 科学和哲学是人站在不同维度建立起来的不同理论

人是自然的产物，人类从属于生物，生物从属于自然。精神或感觉感知能力是自然物质感应属性代偿增益的产物。世界是物质的，但世界是唯识所现。本书主张在三维空间世界、四维空间世界、五维空间世界的不同维度，建立多维思维范式，在不同维度建立不同理论。

科学与哲学并非对立关系，是人站在不同维度建立起来的不同理论。站在三维空间世界、四维空间世界，即物理世界的角度，唯物科学理论是成立的。但唯物科学理论无法解释量子力学理论。站在五维空间世界，即唯识所现的世界，量子力学理论成立。

我们可这样理解，四维空间世界，即物理世界，是人的意识所认知的世界，倾向于外在，侧重于功用；五维空间世界，即唯识所现的世界，是人的意识本身，倾向于内在，侧重于内心的需要。

只要明白外在的世界是物质的，但世界是唯识所现这一认知，就能理解外在的世界和意识相互依存、不可分离，外在的世界只是意识的呈现物而已，再回到意识本身，就能理解一切唯识所现。对科学与哲学的理解就不会把它们各自孤立或对立起来，它们纯粹是在世界真实存在、但世界是唯识所现这一前提下站在不同维度得出的不同结论。因此，站在不同维度建立科学与哲学不同的理论也就顺理成章。

与此同时，在所有信念系统都有神圣性、去恶扬善这一普世价值的基础上，这为科学从科学理性引导到道德德性就提供了路径，侧重于外在实践的科学和侧重于内在提升的宗教哲学就像硬币一样成为一体两面。侧重于外在实践的科学随着认知层次的提升会为道德伦理理论的扬弃提供坚实的认知基础，反过来，侧重于内在提升的道德伦理理论的趋于完善为科学理性导向道德德性提供一条光明的路径。一如中国的儒释道，你中有我，我中有你，和而不同，共融共生。

爱因斯坦说："你很难在造诣较深的科学家中间找到一个没有自己的宗教感情的人。但是这种宗教感情同普通人的不一样。在后者看来，上帝是这样的一种神，人们希望得到它的保佑，而害怕受到它的惩罚。"而科学家的"宗教感情所采取的形式是对自然规律的和谐所感到狂喜的惊奇，因为这种和谐显示出一种高超的理性，同这相比，人类一切有系统的思想行为和行动都只是它一种微不足道的反映"[1]。牛顿、莱布尼茨、爱因斯坦等科学史上很多伟大的科学家，无一例外走向神学，走向宗教，这对很多把唯物科学当作唯一真理的人来说，就会产生迷惑。前者偏向于唯物，后者偏向于唯心，我想大多数人讲不清楚其中原因，最后归结于万能的神的主宰。

我个人认为，造成这一现象最根本的原因就是人类与生俱来的认知障碍，大多数人无法认识到世界真实存在，但世界唯识所现。用唯识哲学的观点来解释牛顿、莱布尼茨、爱因斯坦等伟大科学家从科学走向神学的根源，就能找到依据。因为他们的科学研究建立在与生俱来的主观假设的基础之上，在这个人类普遍认同的先天性主观假设的前提下，即在四维空间世界（物理世界），牛顿力学、微积分、相对论是成立的。但是，如果把先天性主观假设的前提去掉，即在意识层面，世界唯识所现，那么，在意识之中现出上帝、

—————————

[1]《爱因斯坦文集》第一卷，商务印书馆 1988 年版，第 283 页。

真主、神灵等也就顺理成章。

中国明代的王阳明，年轻时相信理学，龙场悟道后，逐步形成阳明心学体系，其主要观点是心即理、致良知、知行合一。理学的基础其实就是建立在人类普遍认同的先天性主观假设的前提下，把先天性主观假设的前提去掉，自然就会走进心学。王阳明心学是悟道的结果，但他没有把从理学转向心学的逻辑讲清楚。

3. 如何实现"从 0 到 1"原创性的理论突破

人类一切的科技成果，如原子弹、火箭、飞船、计算机、基因工程、量子通信等一切发明创造，本质上都是人类发现自然规律并利用自然规律的结果。从广义的角度来看，人类只有发现规律和利用规律，没有发明创造。

人类科技的巨大发展，起源于 15 世纪科学的昌明，以万有引力、相对论、量子力学为代表，创立了一系列基础科学理论。在这些基础理论的指导下，人类完成了三次工业革命。面对第四次工业革命，科学基础理论的创新将引领人类文明的发展。如何进行理论创新，就成为摆在人类面前的一大课题。当前，新一轮科技革命和产业变革蓬勃兴起，国际竞争向基础研究竞争前移，科学探索不断向宏观拓展、向微观深入，交叉融合汇聚不断加速，一些基本科学问题孕育重大突破，可望催生新的重大科学思想和科学理论，产生颠覆性技术。

许倬云先生说："拿全世界人类曾经走过的路，都要算是我走过的路之一，要有一个远见，能超越你未见，我们要想办法，设想我没见到的地方，那个世界还有可能什么样。"[1] 经过几百年来的

---

[1] 引自 2019 年 4 月许知远对话许倬云先生视频。

西学东渐，西学的精髓中国人基本掌握，中学可弥补西学之不足。总的来说，中西方文化是西中有中、中中有西，交错发展。中国要走出学习西方文化的学徒期，用平视的眼光看待西方，推动中西方的文明互鉴。中西融汇，古今贯通，我觉得这是基础理论研究的出路。

如何实现"从0到1"原创性的理论突破，思维方式的突破至关重要。如何感知世界，是人类解决一切问题的起点。回到起点重新思考一切问题，才有可能发现全新的可能，看到不同的世界。人类的认知障碍是科学理论难以突破的根本原因。只有解除认知障碍，提升认知层次，科学理论的突破才能扫清障碍，因此，科学理论的突破首先在于思维方式的改变。唯识哲学的目的是解除认知障碍，提升认知层次，证明世界真正存在但唯识所现，主张站在三维空间世界、四维空间世界、五维空间世界的不同维度建立多维思维范式，站在不同维度建立不同的理论。

科学与哲学的分离是科学理论难以突破的主要障碍。科学的顶层是哲学，哲学是思维的基层，是科学的脚手架，没有哲学思维，会使科学工作者缺乏哲学思辨思维，难以发现规律和使用规律；没有宗教哲学或道德伦理哲学的支撑，科学就无法建立完整的科学伦理道德体系。

科学与哲学学科体系的分离，客观上造成知识体系的不完善。我们应该加快学科交叉的研究，建立由各个学科领域专家共同组成的团队，对人工智能、基因科学、意识等学科交叉领域进行实证研究，同时梳理研究各自理论体系，求同存异，研究其共性理论，在实证研究中完善理论体系，反过来通过完善后的理论来指导实证研究。

　　科学领域的重大突破，最重要的领域之一将是物理世界和生物世界融合的领域。在人工智能和生命科学相互融合的领域，在量子计算、生物芯片、脑机结合等新技术面前，人类可能会产生革命性的突破。今天，人类对意识如何起源、如何发展知之甚少。人类已初步找到物质层面的基因图谱，出现了基因筛查、基因剪辑等新的技术，但基因储藏着的意识基因人类还一无所知，当人工智能、大数据、基因技术等一系列的技术融合时，人类极有可能找到意识的基因图谱，生命的奥秘极有可能因此打开。在人工智能时代，科学工作者成为世界财富的主要创造者，成为世界经济的核心主宰。另一方面，科学工作者，也是战争武器的研发者。总之，在科学技术主导的世界里，如果不能有效地建立科学伦理道德体系，就会为引起可怕的人为灾难增加可能性。

　　我相信，人工智能时代，万物互联，一切皆数据，又逐步回到先哲们所定义的万物皆数的年代。不同学科将由分离到逐步交叉，甚至逐步融合，物理世界、生物世界依托信息世界逐步统一。

第十五章　人工智能理论思考

　　我们回看这三四十年。模拟手机王者摩托罗拉被数字手机王者诺基亚打败，诺基亚被智能手机苹果、三星等打败；胶卷王者、数字相机发明者柯达被数字相机打败。一大批实体店被阿里巴巴们打败，出租车的垄断被软件公司滴滴们打败。

　　移动互联网正变成基础产业，新产业将会崛起。跨界融合、新技术、新应用是未来时代最大的机会。不确定性、易变性、复杂性、模糊性成为未来社会的基本特征。《人类简史》作者尤瓦尔说：人类过去的几千年里从来没有过像今天这样，没有人知道未来的30年会发生什么。人类面临自己诞生以来最大的技术变革。人类的经济、政治、社会、文化、生态面临最大的变革。人类的基础科学理论、法律体系、伦理道德体系面临重新洗牌、重新塑造。

　　我是谁？我在哪里？我向何处去？从弱人工智能进入到强人工智能时代，人类社会将出现人类原有种群、纯粹的智能机器人、脑机结合人三种类型。人类问了几千年的问题，还未解决，又增添了新的问题。我们无法生活在未来，但现在是昨天的未来，未来是明天的现在。我们需要根据昨天、今天，去看明天，去谈未来。

　　我们不得不调整我们的思维方式。几百年来，我们接受的所有中小学教育、大学教育绝大多数都是牛顿的机械理论，那就是既然做了 A，一定会产生 B。今天已到了量子时代，量子力学的不确定性原理，注定使得我们对结果的判断是几率分布的，因此，我们需要增加概率论看问题的方法，看清大方向，用大方向的坚定性抵抗小波动的不确定性。

当硅基智能（计算机）和碳基智能（人类）深度融合的时候，碳硅智能一体化，脑机结合体可能产生碳硅混合的新物种，人类的意识极可能成为宇宙人生的基础。人工智能时代，万物互联，一切皆数据，大数据呈现的结果越来越接近人类思维特征，人工智能极有可能无限接近世界的真实，这个真实的走向就是物理世界和生物世界的统一。人工智能是这场革命的核心，是生产力最大的变革，我们不得不去思考人工智能的思维范式。因为思维范式的革命是这场变革的基础。

第一节　人工智能发展趋势

四个世纪之前，人类发明显微镜。显微镜把人类对自然界的观察和测量水平推进了"细胞"的级别，给人类社会带来了历史性进步和革命。

1956 年的达特茅斯会议上，人工智能（AI）概念正式确立。如今，人工智能从起步转到快速发展的阶段，并成为了全球科技巨头新的战略发展方向。随着人工智能的发展，人类的意识维度和物质世界的空间维度和时间维度深度融合。并且随着人工智能技术的大规模应用，也会催生新的基础科学理论的产生。

2018 年初，日本京都大学 Kamitani 实验室的研究人员发明了一个 AI 机器，这个 AI 能研究我们大脑中的电子信号，根据磁共振成像（fMRI）扫描的信息准确地计算出某人正在看的图像，甚至正在思考的东西。像人一样的智能机器人真的来了。人工智能，将成为我们下一个观察人类社会行为的"显微镜"和监测大自然的"仪表盘"。

人工智能时代，计算机技术和生命科学技术将高速发展，物理世界、信息世界、生物世界将逐步融合。人工智能的迅速发展将深刻改变人类社会生活、改变世界。

1. 工业革命发展阶段

我们先看看人类发展史上生产力几次划时代的提升：

阶段	核心要素	管控内容
第一阶段	资源	从 1.2 万年—2500 年前完成对水等资源的管控
第二阶段	能源	19 世纪通过蒸汽机和电力等完成对能源的管控
第三阶段	物质	近 50 年通过通信网络完成对物质世界的精准管控
第四阶段	信息	下一步通过人工智能和大数据等信息手段连接生物世界和物质世界，人工智能可能完成对人和物质世界的管控

工业革命 4.0

工业时代	年代	主要标志	新产业定义	成果
工业 1.0	1760—1860 年	水力和蒸汽机	现有产业 + 蒸汽机 = 新产业	取代人力，实现机械化
工业 2.0	1861—1950 年	电力和电动机	现有产业 + 电 = 新产业	取代单件流，实现电气化

续 表

工业时代	年代	主要标志	新产业定义	成果
工业3.0	1951—2010年	电子和计算机	现有产业＋计算机＝新产业	取代手动，实现自动化
工业4.0	2011年—	网络和智能化	现有产业＋人工智能＝新产业	实现大数据、智能化、网络化、集成化和个性化定制

1.0时代：蒸汽时代，实现了生产的机械化。1775年瓦特蒸汽机开始量产，并成为人类生产制造活动的标准配置。人类进入工业时代（人类历史离上一个关键时刻的出现大体经历了一万年）。

2.0时代：电力时代，实现了大规模生产。

3.0时代：电子和信息时代，实现了生产的自动化。进入互联网时代后，经历了三个阶段：第一阶段是门户网站时代。以雅虎、搜狐、新浪、网易为代表，以2017年雅虎被并购为标志，1.0时代基本结束。第二阶段是电子商务时代。以亚马逊、阿里巴巴、京东为标志。从纯电子商务向线上线下融合：京东从线上向线下靠、苏宁从线下向线上线下结合。2017年，电子商务逐步走向成熟期，人工智能时代处在培育期。第三阶段是人工智能时代。

4.0时代：人工智能时代，各项技术的融合，并将日益消除物理世界、数字世界和生物世界之间的界限。2016年阿尔法狗战胜人类所有围棋顶级高手。当无机的硅智能开始全面超越有机的碳智能时，人类进入人工智能时代（离工业革命的出现经历了250年）。

人工智能发展会逐步由弱人工智能向强人工智能、超人工智能发展。

弱人工智能：模拟人或动物解决各种智能问题的技术，包括问题求解、逻辑推理与定理证明、自然语言理解、专家系统、机器学习、人工神经网络、机器人学、模式识别和机器视觉等。一般而言，弱人工智能是只擅长处理某一单方面任务的人工智能，也可称为"专用人工智能"。

人类目前处在弱人工智能阶段。目前的技术主要由各科技公司分别在各自的领域进行研究，各种技术未能完全融合，基本还在独立发展，有些技术还在理论阶段。如通过 3D 打印技术打印出来的血管，通过细胞组织的培养已应用于医疗。这便是意识维度与物质世界的空间维度和时间维度的融合。量子通信技术已初步实现这方面的融合。在听觉方面，语音识别技术已广泛应用于生活的方方面面。如科大讯飞公司已实现同声翻译，在汉语、英语等主要语言中间将逐步消除语言障碍。在视觉方面，视觉识别技术已广泛应用于AR、VR、安防等方面。图像识别技术已广泛应用于很多领域。谷歌眼镜已开始产业化应用。在触觉方面，科学家已研究出人造皮肤、人造神经，人脑已可与信息技术深度融合。在嗅觉方面，科学家已开发出由两千多种传感器组成的味觉技术。在逻辑思维方面，2016 年阿尔法狗战胜人类所有围棋顶级高手，数学高考机器人已参加高考。在逻辑思维方面，无机的硅智能开始全面超越有机的碳智能。

强人工智能：具有自我意识以及自主学习、自主决策能力的人工智能，是人工智能发展的终极目标。强人工智能在各方面都能与人类智能比肩，人类能从事的脑力活动它都能从事，也可称为"通用人工智能"。目前，有关强人工智能的研究大多集中于伦理道德层面，霍金、比尔·盖茨、马斯克等人都曾表示对人工智能具有自我意识的忧虑。

强人工智能时代的标志是物理世界、信息世界、生物世界的有机融合。有待突破的关键技术包括芯片技术、算法、脑机结合以及嗅觉、味觉、触觉等传感技术，人工智能＋基因技术等系列技术。从意识维度出发，计算机视觉、语音识别以及触觉、嗅觉等传感技术，成为人的意识与物质世界连接的通道，人工智能技术将从技术模块研发逐步向整合研究方面发展。

超人工智能：在几乎所有领域都比最聪明的人类大脑聪明很多，包括科学创新、通识和社交技能。波斯特洛姆认为超人工智能在几乎所有领域远远超过人类，具备远超过强人工智能的强大能力，从而会给世界带来存在性风险——智慧生命灭亡或永久失去未来发展潜能。

前三次工业革命改变了全球产业格局。到 17 世纪初，西方人均收入翻一番，用了 800 年；随后，人均收入增长 13 倍，只用了 150 年。德国产业界认为：当今世界正处于"信息网络世界与物理世界"融合的进程中。工业 4.0 将工业生产效率提高了 30％。

从产业发展的角度来看，每一次技术革命都会产生新的产业。人工智能时代也不可避免产生新产业。人类的生产方式会产生大变身，从大规模生产向个性化生产转型，从生产型制造向服务型制造转型，从要素驱动向创新驱动转型。信息和通信技术的发展，深刻而又无情地创造和重塑着人类的理论基础与现实基础，改变着人类的自我认知，重组着人类与自身以及与他人之间的联系，并升华着人类对这个世界的理解。

人工智能时代，人类正经历着一场意义深远的革命，这场革命会持续多久，我的答案是会一直持续下去。

2. 人工智能的影响

人工智能的三大核心要素是芯片、算法、大数据。互联网的海量数据积累为人工智能算法提供数据材料基础。算法为人工智能提供数据计算基础。芯片等硬件为实现人工智能算法提供数据物理基础。量子芯片、生物传感器、生物芯片、生物通信、脑科学、基因科学等技术层出不穷，物理世界和生物世界的界限越来越模糊。

第四次工业革命，以 5G、星链、大数据、大算力、大模型等数字技术规模化商业为标志，人工智能无处不在，人类进入数字时代，万物互联时代必将到来，世界以数字技术为核心的新基建会加速人工智能时代的发展。2023 年，一个以大模型为核心的人工智能新时代席卷世界。大模型改变了人工智能，大模型即将改变世界。我们正面临一场非常大的技术变革，这是一场范式的变革，它展现出了一个全新的范式，数字技术和人类社会将共同进化，人类社会因数字技术革命将产生新的社会关系，人类极有可能重建经济、政治、社会、文化、价值观等社会形态。

人工智能时代，非常重要的标志是物理世界、数字世界和生物世界之间的逐步融合。在第四次工业革命的冲击下，现有的经济、政治、社会、文化、生态都将发生根本性改变。

（1）经济方面。随着数字时代的加速到来，经济形态将产生根本性改变，需重新定义需求、供给、资源、人力等全要素的生产力资源。供给、需求、生产、销售、支付完全智能化，生产端直达消费端，将不再有电子商务。模块化生产与网络信息技术深度融合，逐步形成一体化智能生产系统，一二三产业逐步融合。

人工智能时代能够把全球尚未满足生存需求的人类纳入全球经济，同时扩大对现有产品和服务的需求，全球一体化，相互依存度越来越高，在亚洲非洲等地，"一带一路"对中国的特高压输电线路、高铁、高速公路、港口、电子商务等基础设施依存度越来越高。

在近100年的工业发展中，美国制造业贡献了科学和前沿技术，日本贡献了精益的生产方式，德国贡献了工业化的技术。中国制造业的贡献主要体现在模块化生产和大型复杂设备领域。在模块化生产的智能化系统方面，中国有可能成为全球领先国家，如高铁。物联网是新时代信息化的重要特征，工业物联网是未来物联网应用的最重要的方向，是互联网＋先进制造的必要支撑。

人工智能时代促进经济组织结构的转变，打造创新生态系统，提升产品和服务质量。财富将主要集中于人工智能平台商和人工智能投资商，大量低技术劳动者失业，催生新兴服务业。最大的问题是社会贫富差距悬殊加速，社会风险不断增加。

（2）国家治理方面。在地缘政治不确定性增加的时期，人工智能时代在催生新的占优者和弱势者。法治方面，平台全程监控、大数据库成型后，机器人辅助手段越来越精准，自由裁量权会减少。行政方面，依托一站式行政服务中心、全国性联网、一站式服务，逐步公开、公平、公正。中国因为实行民主集中制的原因，在高压反腐后，关键在于政府是否能够依托信息化平台构建不能腐的、将权力关进制度的笼子里的国家治理体系。

（3）军事方面。平台化、无人化、远程化、精准化，在利比亚战争已现端倪。政治军事社会方面，组织结构完全扁平化，如奥巴马直接指挥抓捕拉登的现场行动。大国最为薄弱的、最易攻击的是太空导航系统，固定轨道、固定速度，可激光致盲、摧毁、捕获。由于战争的目的主要在于对自然资源（如化石能源、区位资源）、金融资本（如货币发行）的控制权、话语权，在经济、社会、文化互通有无而且依存度越来越高、军事上如导航系统互为制约的前提下，世界范围内发生大规模战争的可能性正大幅度降低，但在中东、东北亚局部擦枪走火的可能性很大。

（4）社会方面。教育、医疗等全球资源完全共享，医生将可以远程集体会诊、远程手术，医疗设备、医生资源逐步共享；教育将不受空间限制，最边远的山村将享受最先进的教育，优质教育资源将让很多人共享。

（5）文化方面。由于人类打破时间空间的限制，文化逐步融合，你中有我，我中有你，形成多元共存、兼容并蓄的文化特征，由于中国"和而不同、道法自然"的文化基因，中国最有可能形成像盛唐一样的开放包容的文化格局，在西方基督教文明和阿拉伯伊斯兰文明的冲突难以调和的情况下，开放包容、兼容并蓄的中华文明在人工智能时代极有可能成为世界普适性的文明，从而构建人类命运共同体。

（6）信仰方面。由于信息开放，随着 AR、VR 等技术的应用，正统的信仰教育（如礼拜等）将大幅减少信息衰减、失真，远在千里依然可营造接近真实的场景，对信仰的无知、偏见将会减少，因极端信仰产生的极端原教主义、恐怖主义也会减少。

第二节　人工智能思维范式

人工智能时代，物理世界、信息世界、生物世界将逐步融合。这种方式人类历史上从未出现过，人类尚未有一种成熟的理论体系引导人工智能的发展，因此，人类急需探索人工智能理论体系，探索人工智能思维范式。我知道这件事很难，但不妨做做这方面的探索。

科学、哲学的目的是发现规律并利用规律，但科学的终极目的是让人类过上更加美好幸福的生活。我认为，人工智能理论，一是要解除认知障碍，提升认知层次，建立人工智能科学基础理论。在人工智能时代，随着科学基础理论的突破，我相信将依托人工智能等相关技术，从物理世界走进生物世界，物理世界和生物世界逐步融合，意识将是打开人工智能理论大门的钥匙。二是要解除烦恼障碍，提升道德德性，建立人工智能道德伦理体系。科学的最高目的是产生道德德性、心灵灵性，让人类过上更加美好幸福的生活。当宇宙人生的产生从外在理学转向内在心学时，明白宇宙人生的一切都跟你的意识相关联时，宇宙人生产生的神秘性变得可以理解时，人类自然转向从内心寻找智慧，寻找解脱烦恼的方法。

1. 人类思维范式与人工智能思维范式

（1）对比分析图

（见下页）

从图中可以看出，人工智能相比人类思维而言，有如下一些基本特点：1. 感觉器官接触到的由四维空间组成的物质世界比人类的信息更大，如空间的三维、时间维度，可以不断地叠加。2. 感觉器官与物质世界连接介质比人类更加多元、丰富。如人工智能可输入可见光、不可见光，可录入耳朵不能听到的声音。3. 仿人类感觉器官采集的信息不会衰减。人脸识别、语音识别技术已超过人类；鼻子、舌头、皮肤觉尚未取得重大突破。综合感觉能力弱于人类。4. 电脑对采集的信息处理纯客观。5. 电脑尚不能像人类基因

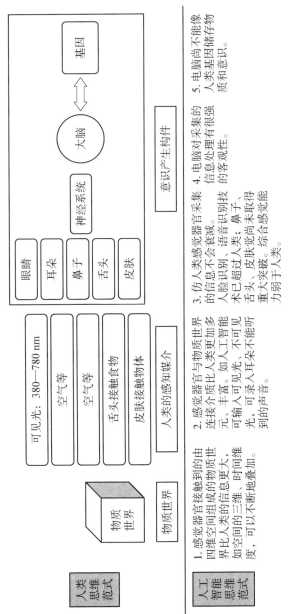

人类思维范式与人工智能思维范式

	物质世界	人类的感知媒介	意识产生构件
人类思维范式			
人工智能思维范式	1. 感觉器官接触到的由四维空间组成的物质世界比人类的三维，如空间的三维度，可以不断地叠加。	2. 感觉器官连接介质与物质世界更加多元，丰富。如人工智能可输入人类不可见光，可录人耳朵不能听到的声音。	3. 仿人类感觉器官采集的信息不会衰减。人脸识别、语音识别技术已超过人类；鼻子、舌头、皮肤觉尚未取得重大突破，综合感觉能力弱于人类。	4. 电脑对采集的信息处理有很强的客观性。	5. 电脑尚不能像人类基因储存物质和意识。

一样储存着物质和意识。随着生物芯片的出现，极有可能产生类人的意识。

（2）对比分析表

类别	人类	人工智能
物质世界（空间维度＋时间维度）	感觉器官接触到的由四维空间组成的物质世界只是一个局部，永远无法接触到物质世界的全部（包括空间维度、时间维度）。	感觉器官接触到的由四维空间组成的物质世界比人类的信息更大，包括内部、外部、微观、宏观、时间变化中空间的连续性片段，可以不断地叠加。
感觉器官与物质世界连接介质	感觉器官与物质世界连接介质（可见光、空气等，味觉、触觉除外）有很大的局限性。	感觉器官与物质世界连接介质比人类更加多元、丰富。如人工智能可输入可见光这个窄光谱、不可见光（如紫外、X光、红外、无线电波等），光谱范围非常宽；可录入耳朵不能听到的声音，如次声波、超声波；要借助仪器检测到鼻子嗅不到的气味。
感觉器官（眼睛、耳朵、鼻子、舌头、皮肤）	眼睛、耳朵、鼻子、舌头、皮肤必须通过神经系统与大脑发生联系，才能产生知觉。感觉可以进行统合。感觉统合是指大脑和身体相互协调的学习过程。人利用自己的感官，以不同的感觉通路（视觉、听觉、味觉、嗅觉、触觉、前庭觉和本体觉等）从环境中获得信息输入大脑，大脑再对其信息进行加工处理（包括：解释、比较、增强、抑制、联系、统一），做出适应性反应的能力，简称"感统"。	人脸识别技术已超越人类，但自然界其他图像识别技术尚未完善。语音识别技术已超越人类，但语音情感技术尚未挖掘。嗅觉传感器、信息采集及处理尚在研发状态，未取得突破。味觉传感器、信息采集及处理尚在研发状态，未取得突破。皮肤触觉传感器、信息采集及处理尚在研发状态，未取得突破。人工智能未出现感觉统合功能。

续　表

类别	人类	人工智能
神经系统	感觉器官采集的信息进行编码后通过神经系统到达大脑时，信息衰减程度非常严重；但人类的综合感觉能力强大。	仿人类感觉器官采集的信息不会衰减，可通过大型的计算机设备、大算力、大模型进行暴力计算，计算能力可超出人类N倍。
大脑	大脑对感觉器官采集的信息处理有很强的主观性。	电脑对采集的信息依据逻辑进行处理，具备完全客观性。
基因	人类基因有双重属性，储藏着物质和意识的种子。	人工智能已初步出现类人类基因的存储技术。基于基因芯片和基因算法尚处于理论状态，理论路径是基因芯片经过改进，利用不同生物状态表达不同的数字后还可用于制造生物计算机。

（3）人工智能的思维范式

人工智能，依托信息技术，人的意识维度与客观物质世界的空间维度、时间维度逐步融合。

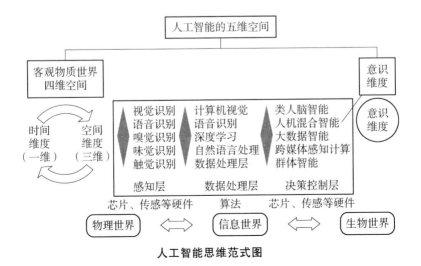

人工智能思维范式图

随着类视觉识别、声音识别的成熟，味觉、嗅觉和触觉传感技术的发展，人脑智能、人机混合智能、大数据智能的应用，尤其是生物芯片等技术的出现，人工智能极可能使人类的意识和物质世界联系起来。

2. 人工智能大数据思维

以玫瑰花为例，玫瑰花从种子到开花、结果的直接原因，叫作主因，其余一切光、温、水、土等辅助条件叫外因，通过眼睛、鼻子、舌头、皮肤等感觉玫瑰花，在头脑中产生玫瑰花的各种形象，叫意识。总之，玫瑰花是由以上各种关系按照一定规律组合起来的。从玫瑰花的例子，可知人工智能思维包括因果性思维、相关性思维、类脑思维、整体性思维。

人工智能思维范式，是意识维度和物质世界的四维空间维度的逐步融合，人工智能思维范式与西方科学思维范式的发展同步，人文学科体系与科学体系逐步融合。

3. 人工智能思维范式基本特征

大数据是新阶段数字化转型的燃料，那么人工智能就是新阶段数字化转型的发动机。物质世界的任何事物、人们的意识及行为，随着人工智能的发展，将来极有可能一切数据化，数据是一种正在改变世界的资源。下面以玫瑰花作为例子说明大数据的基本特征。

（1）因果性思维

玫瑰花的生长过程中，种子、发芽、生长、开花到种子是主要因素，遵循的是因果关系。由牛顿力学时代产生的机械思维，是人类几百年来最重要的思维方式，它基本遵循三段论，即设定前提条件，进行逻辑推理，得出合理的结论。这种思维在其中一些条件变量不大的前提下，可以得出准确或比较准确的结论，如机器设计。

但当时间维度、意识维度这两个维度作为重要的前提条件的时候，得出的结论可能非常不一致。如经济学家对经济的预测，结论往往相反，为什么呢？很多经济学家按机械思维的思维范式，对经济预测进行理性假设，而对时间维度变量，尤其是人的意识维度的变量考虑得不够，而经济学中时间维度和人的意识维度变量恰恰是最重要的条件，因此，就会得出不一致的结论。所以，进行经济学预测，用机械式的因果思维显然不够，务必将空间维度、时间维度、意识维度综合起来考虑。但用传统的分析方法无法实现，在人工智能时代，随着大数据的积累、算法的优化、技术的提升，这些问题将逐步得到解决，因此，人工智能时代的经济学研究将会呈现一系列新的理论成果。

机械思维产生的因果性思维，依然会起作用，但在时间、环境、人的意识等相关条件的变量作用下，因果性思维产生的结果会从准确性向模糊性、概率性转变。

（2）相关性思维

玫瑰花生长过程中的光、温、水、土、肥等各种辅助条件，是玫瑰花成长的相关性条件；人工栽种需种植、施肥、采摘、加工、运输、到客户等，玫瑰花在产品与客户之间，也是相关性条件。物质世界的宏观、微观、时间等因素与人的意识维度（如消费行为）均成为大数据源，因果性思维和相关性思维相互依存、相互作用、相互联系。

人工智能时代，纯粹由三维空间而产生的机械性思维向时空结合的四维空间转变，机械思维将被取代。人工智能的出现，在空间维度上，将动态地记录物质的宏观、中观、微观各个层面的维度，其次这些空间维度的数据将出现连续的、不间断的记录，于是将出现三维空间和时间维度相结合的连续性、实时性的动态的、完备的大数据，三维空间维度和时间维度紧密结合，维度将大幅增多。

大数据的出现，由于各种相关条件的变量太大，不确定因素增加，提出问题、分析问题、解决问题的因果性思维和相关性思维将并存，在因果性思维不能得出明确的答案时，大数据之间的相关性有时会取代因果性，让我们得到比较准确的答案，人们得到的答案将从准确性判断转向概率性判断。因此，大数据时代，思维方式将从因果关系向强相关关系转变。

（3）类脑思维

由于人看到玫瑰花后会产生系列的联想、想象等心理现象，如联想到爱情、友情等，在传统的研究中，这种现象只能进行样本研究，而样本量非常少。在人工智能时代，类脑思维数据将大幅增加。人的意识维度与物质世界直接相联，人工智能产生联想、想象等类人脑思维，这些思维会成为大数据。随着计算机技术呈几何级数地高速发展，人工智能必将脑科学、基因科学等学科融合在一起，我们的大脑将与时间维度和空间维度相依存的物质世界联系起来，人工智能将建立时间、空间、意识相依存的五维空间的"思维装置"。这种大一统的理论出现，将会使物质世界和意识世界合并起来。人的思维范式将物质世界和人的意识有机地结合起来，极可能会出现一个令人着迷的生命与非生命结合的混合体。

（4）整体性系统思维（大数据）

人所认识的玫瑰花是玫瑰花、人类的感知媒介、感觉器官、神经系统、基因等各种关系整体组合而成，关系中套关系，条件中套条件。玫瑰花、感知媒介、感觉器官、神经系统、大脑、基因是人感知玫瑰花的基础构件，是动态的整体性系统。玫瑰花自身成长过程与生长环境是动态的整体性系统。感觉器官、神经系统、大脑、基因是人的肉体与意识的结合体，是动态的整体性系统。

在因果性思维、相关性思维、类脑思维等方面的共同作用下，物质世界的任何事物、人们的意识及行为依托人工智能技术实现数据化，产生整体性系统思维，即大数据思维。

大数据通常会向两个方向流动：从每一个细节到整体，从整体到每一个细节。由于每一个细节都成为数据，整体性数据的来源包括空间维度、时间维度和意识维度，整体性数据就会呈现动态的概率性分布，人们可以根据这种概率性分布对应到每一个细节，对每一个细节的预测就会越来越精准。

比如说，现在苹果手机自带 GPS 定位和地图功能，当你晚上12 点还未回家时，它就可以提醒你"太晚了，回家休息吧"。每天早上上班时开车的线路，高德地图会对此进行出行分析，告诉你什么时候出发不堵，哪里堵。这种现象已开始出现在人们的生活中。一切皆数据的大数据时代，人类的共性和个性将呈现无遗，将产生巨大的商业变革。

第三节　人工智能伦理道德体系建设

1. 机遇和风险

《未来简史》的作者尤瓦尔·赫拉利认为，机器与人类最大的区别，正是机器有智能，但没有自我意识，而人类有智能与意识。但是如果我们相信人类的自我意识也是大脑的一种功能、一种生物机制，它最终也是有可能被模仿出来的。DeepMind 的最新论文提出了一种新的神经网络：符号—概念神经网络，模仿人类文字和视觉获取的方式，建立起视觉—文字—概念的模型。利用符号指令，能够建立起从简单到复杂的概念分层体系，从而理解更加抽象的概念。这项技术正在证明，机器通过无监督地学习，有可能产生类似于人的思考。

机器会变得无比聪明，并且会在一个又一个领域替代人类，在这一点上可能不会有什么悬念，但引发争议的焦点是，机器能否发展出独立的智能和意识。这一点，其实在人工智能产生之初就存在着两个派别的对立。

对于 AI 信奉者来说，人类终将面临一个奇点。自从出现 AI 以来，对这个奇点的到来，一直都有着过于乐观的说法。最近有影响的预言来自硅谷的科学家雷·库兹韦尔（Ray Kurzweil），他预言奇点可能在 2045 年降临，机器智慧将超过人类智慧。许多人担心，越过这个奇点，机器会产生自主意识，这个世界有可能被机器所统治，人类将会面临大规模失业，甚至成为机器的奴隶，即使过得很舒服，也是被机器"放牧"。一些基本的概念将会被颠覆，如果人类工作的大部分将由机器来完成，那么经济增长的基本要素劳动力是机器，还是人类？经济中的产出，是由机器产生的，还是由人类产生的？未来谁向政府纳税？如果机器创造了财富，是否应该由机器来分享？什么是财富？最终这个世界将以机器为本。

创新工场创始人李开复是一位人工智能科学家，他相信通用人工智能，认为人工智能将会导致人类大规模失业、贫富差距，甚至全球权力结构的改变，并且发表文章提出了对策。

对于 IA（Intelligence Augmentation，智能增强）的信奉者来说，机器人将永远是为人民服务的，它只会延伸人类的智慧和能力，我们将实现人类智慧与机器智慧的结合，不管是脑机结合，还是通过机器连接起人类的群体智慧。我们仍然会坚守人类原有的一些基本价值观和概念，而机器人永远是工具和生产资料。

　　AlphaGo 的英国公司 DeepMind 的创始人得米斯·哈萨比斯（Demis Hassabis）说："现在先解决智能，再用智能去解决一切。"他说起自己的使命是"让人工智能成为探索宇宙的终极工具"，"人机合作可以达到 1＋1 大于 2 的效果，人类的智慧将被人工智能放大。人工智能和 AlphaGo 都是工具，就像哈勃望远镜一样，可以推进人类文明的进步"。人工智能和所有强大的新技术一样，都是在伦理和责任的约束中造福人类。哈萨比斯认为，"人工智能应该是应用于科学、制药等领域，而不是应用于研发武器、战争上"。

　　携程董事长梁建章批驳了李开复，认为人工智能不会带来大规模失业，反而会提高劳动生产率。中国科技公司多数企业家更倾向于增强智能。跳开 AI 与 IA 的对峙，伯克利的另一位 AI 大师迈克尔·乔丹认为我们正处于 II（Intelligence Infrastructure，智能基建）时代。机器与人类正在实现更深的交互，在机器变得更加聪明的同时，机器会帮助人类完成更多的工作，人类与机器之间的合作也更加默契。除了工业机器人，我们发现 AI 已经进入我们的日常生活、工作与娱乐中。最近一两年，由于芯片技术的发展、云计算能力的迅速提升、算法的改善，以及大数据的积累，人工智能的应用场景越来越多：从银行的风险控制到家庭的语音助理，从人脸识别到自动驾驶，从电脑视觉到语义识别，我们正在从互联网进入物联网，我们正在进入一个以 AI 为基础设施的世界，似乎这是一个美丽新世界。

　　2. 人工智能法律和伦理道德问题

　　人工智能时代的来临已不可逆转，现在大家主要关注其在技术

应用领域的研究及应用。但事物都有两面性，人工智能给人类带来
巨大好处的同时，也给人类带来巨大的挑战和威胁。为此，我们需
从哲学层面，从道德伦理层面，思考人类的终极问题。

2017 年 7 月 20 日，国务院印发《新一代人工智能发展规划》
的通知，其中要求：（1）人工智能发展的不确定性带来新挑战。人
工智能是影响面广的颠覆性技术，可能带来改变就业结构、冲击法
律与社会伦理、侵犯个人隐私、挑战国际关系准则等问题，将对政
府管理、经济安全和社会稳定乃至全球治理产生深远影响。在大力
发展人工智能的同时，必须高度重视可能带来的安全风险挑战，加
强前瞻预防与约束引导，最大限度降低风险，确保人工智能安全、
可靠、可控发展。（2）到 2025 年初步建立人工智能法律法规、伦
理规范和政策体系，形成人工智能安全评估和管控能力。制定促进
人工智能发展的法律法规和伦理规范。加强人工智能相关法律、伦
理和社会问题研究，建立保障人工智能健康发展的法律法规和伦理
道德框架。开展与人工智能应用相关的民事与刑事责任确认、隐私
和产权保护、信息安全利用等法律问题研究，建立追溯和问责制
度，明确人工智能法律主体以及相关权利、义务和责任等。重点围
绕自动驾驶、服务机器人等应用基础较好的细分领域，加快研究制
定相关安全管理法规，为新技术的快速应用奠定法律基础。开展人
工智能行为科学和伦理等问题研究，建立伦理道德多层次判断结构
及人机协作的伦理框架。制定人工智能产品研发设计人员的道德规
范和行为守则，加强对人工智能潜在危害与收益的评估，构建人工
智能复杂场景下突发事件的解决方案。积极参与人工智能全球治
理，加强机器人异化和安全监管等人工智能重大国际共性问题研
究，深化在人工智能法律法规、国际规则等方面的国际合作，共同

应对全球性挑战。

人工智能时代哲学伦理研究刻不容缓。在思维范式方面，以《易经》为代表的东方智慧在思维范式上与人工智能思维范式是相通的，为人工智能的技术创新提供了非常接近的思维范式。以《易经》为代表的东方智慧在人工智能道德伦理的约束方面或许将起到重要作用。

3. 人工智能伦理道德体系如何建设

从生物本性的角度来看，人类天然存在的善良与丑恶决定了人类自身需要制定约束机制和鼓励机制。作为群居动物的人类对以血缘为纽带的族群有天然爱护的需要，有天然渴望被别人尊重的需要；基于生存的基本需要，必须要求制定相应的规则相互约束；从社会学意义来看，也必须对人类自身进行约束，因此，人类建立基本道德律是人类自身生存与发展的必然需求。

随着万物互联的时代来临，人工智能相关的包括人和物每一主体都有可能进入系统之中，人工智能显然会设定相应的法律和伦理原则去监测甚至干预人工智能产生的相关行为，这就需要建设人工智能伦理道德规范，包括人类普适性规范，以及不同国家、民族、宗教、职业等方面的规范。人工智能作为人类生存与发展过程中产生的必然产物，当然需要法律约束和道德约束。约束机制正如任何理论一样，一方面要传承人类已有的、行之有效的法律和道德约束机制，另一方面需要结合人工智能本身发展的规律进行相应探索。

美国著名伦理学家艾伦就非常清楚地表明："机器伦理学家必须评估任何可以用于指导计算机程序做出伦理决策的道德理论和分析框架。"机器伦理的原则：它必须能够创造出在世界上产生合乎伦理的行为结果、显性（或完整）的人工道德主体。

康德主张："作为道德主体的人类被看作人（即理性道德实践的主体），是超越于任何物体的价值的。因为作为一个属人的本体，他不仅仅是作为他人价值甚至自我价值实现的手段，而且作为一个终极意义上的、拥有尊严（绝对的内在价值）的自我，必须尊重这个世界上所有理性的生命，他可以基于和他们平等的地位去权衡自己与其他生命体的价值。"

人工智能伦理道德体系建设的思考，总的来说，一是要对古今中外优秀的伦理道德的共同价值观有传承，二是要对人工智能的发展及影响有深刻的研判，三是要对人工智能的未来有指引。

本书认为，《易经》思维范式为人工智能伦理道德体系建设提供了重要的理论借鉴意义。首先是《易经》思维范式与人工智能思维范式完全一致。大数据的完备性、连续性、动态性、个性化将使人类的思维从机械性思维、因果性思维方式向因果性思维与相关性思维方式相结合转变。人工智能时代，社会结构去中心化，社会结构从金字塔结构向扁平化结构转变，人与人之间的平等性日益突出，人类需求从公共性向个性化转变，将引发社会的巨大变革。人工智能的因果性思维和相关性思维，大数据的完备性、连续性、动态性、个性化等特征，人工智能的思维范式与唯识哲学所认为的万物由各种关系有机组合而成的因果性和相关性思维特征完全吻合，与《易经》认为的万物负阴抱阳的整体性、因果性、连续性思维完全吻合。其次是《易经》通过观天道、地道而推及仁义之道，仁义之道即是人格完善之道，儒家依此提出"格物、致知、诚意、正心、修身、齐家、治国、平天下"的修身之道，儒家的格物、致知，本质是《易经》哲学的实践智慧，通过研究天道、地道的运行规律来实现其人生目的。

　　人类每一次技术革命，本质都是更好满足人类自身肉体与精神的需要，人类自身有着天生的善良天性、天然的向善需求，人工智能亦如此。人类既然有能力发明人工智能技术，自然也有能力建立人工智能伦理道德体系，至于如何建立，这是亟须思考的重大课题。

　　人工智能伦理道德体系如何建设？个人认为要建立人工智能伦理道德体系，需具备一些基础条件。一是建立人工智能跨界协同伦理道德研究团队。要建立人工智能、中西文化领域、神经科学、认知科学、量子科学、心理学、数学、经济学、社会学、哲学等领域交叉融合、跨界协同的学术团队。二是对人工智能的基础研究和产业应用、伦理道德问题要有深刻的研判。人工智能时代，物理世界、生物世界和信息世界逐步融合，要提升认知层次。三是对中西哲学、伦理道德观要有深刻的研究，尤其要对《易经》思维范式进行深入的研究。四是在高校计算机等人工智能相关专业需开设伦理道德建设学科。科学与哲学逐步走向融合，重点对从事人工智能方面的政府、企业、科研机构进行行之有效的道德伦理教育。

　　正如核能的发现，可以毁灭人类，也可以造福人类，但更多地在造福人类。万物均有两面性，人工智能亦如此。人类既有硬约束，也有软约束，法律的硬约束和道德伦理的软约束必须同时进行。从人类教化的角度看，伦理道德的软约束如春风化雨，会滋润人们的心灵。总之，人工智能的伦理道德体系建设刻不容缓。

第四部分

中华传统文化概略

　　本部分对中华文明起源成因、中华文明的形成及流变、中华传统文化核心价值观进行简单介绍。

引　言

　　对于中华传统文化，本书从中华传统文化的概念、中华文明起源、中华文明的形成及流变、中华传统文化核心价值观进行诠释。

　　一是关于中华传统文化的概念。哲学是近代西方舶来的词汇，中国哲学史本质上是中华传统文化史，用中华传统文化史的概念比中国哲学史的概念更加符合中华传统文化的特征。近代，出现了国学的概念，国学与西学相对，国学主要指遭西方文化冲击之前，中国原有的思想文化与学术体系，后来将国学作为中华传统文化的简称，还有将国学作为学术研究体系。今天，国学的概念并没有完整、统一的定义，但可以肯定的是，国学的核心内涵主要指中华传统文化，这符合国家的官方定义，也符合学术界的普遍认同。

　　二是关于中华文明的起源和演化。探究中华文明的起源与演化，我们需用宏大的时间尺度和广阔的全球视角来看待中华文明。从时间尺度看，要从超百万年的文化根系、万年前的文明起步，从五千多年的文明史来看中华文明的形成，要在历史的纵深处找到源头，在多元文化的交汇处找到融合点，要特别关注中华文明演化过程中的关键节点；从全球的地理空间看，要从陆路文明和海洋文明来看不同文明的撞击、重组、融合；从现实角度看，要看中华传统文化的现实意义，与现实找到接轨点。

三是关于中华传统文化核心价值观的形成历史。到 20 世纪末，中国史学界大都是以夏王朝的建立为中华文明的肇始，把距今 5000 多到 4000 年期间的社会作为原始社会末期的部落联盟阶段，这一阶段缺乏翔实、系统的考古证据。冯友兰的《中国哲学简史》、陈来《中华文明的核心价值》等关于中华传统文化的专著基本从先秦诸子百家谈起。"中华文明探源工程" 2001 年正式提出；2004 年夏季，国家 "十五" 重点科技攻关项目 "中华文明探源工程" 正式启动；2018 年 5 月 28 日，国务院新闻办公室召开 "中华文明探源工程" 成果发布会，证实："中华文明的起源和早期发展是一个多元一体的过程，在长期交流互动中相互促进、取长补短、兼收并蓄，最终融汇凝聚出以夏代中晚期河南洛阳偃师二里头文化为代表的文明核心，开启了夏商周三代文明。" "中华文明探源工程" 将有考古证据的中华文明历史推到 5500 年前后。我们可以借助 "中华文明探源工程" 成果探究中华传统文化核心价值的形成及流变。

四是关于中华传统文化的现实意义。面临时代之变、世界之变、历史之变，世界风云激荡，多元一体、兼容并蓄、和而不同、宽厚仁爱的中华传统文化，对于调和不同文明的冲突，建立共享、共赢的多极世界，具有重要的现实意义。

第十六章　中华文明起源成因

关于文明起源的研究，《"中华文明探源工程"及其主要收获》（简称"探源工程"）报告中说："及至 20 世纪末，关于中华文明起源的研究主要是历史学或考古学者的个人研究，十分缺乏同学科内部和不同学科之间的协作，尤其是缺乏考古学与自然科学相关学科的有机结合，对作为文明形成重要基础的自然环境的变迁、农业的发展、手工业技术和生产组织的发展变化及这些因素与文明形成关系的研究相当薄弱。"

关于中华文明起源成因，本书主要从自然地理环境、考古与历史、科技创新三个维度进行探究。中华文明起源的主要观点有三个方面，一是中国自然地理三级阶梯是中华文明起源的基础，二是中华民族之间相互糅合是中华民族演化的主要趋势，三是工具等科技创新是中华民族发展的重要推动力。

第一节　中国自然地理三级阶梯是中华文明起源的基础

自然环境决定文明进程。人类主要生活在低纬度、低海拔、淡水充足、土地平整的地区，这些地区相对于地球面积而言，面积狭小。中国的自然地理格局，分为三级阶梯。珠峰所在的青藏高原、横断山脉为中国第一级阶梯，是亚洲的水塔，人烟稀少；新疆、甘肃、陕西、山西、内蒙古、四川、贵州、云南（部分）为中国第二阶梯；大兴安岭、太行山以东的东北、华北、华东、华南为中国第三级阶梯。高寒的青藏高原，干旱的大西北，相对湿润的东部季风区，形成了中国地势的三级阶梯，整体呈现出一种从荒原到人间的变化，共同构成了中国基本的自然地理格局。

整个中华文明史，文明主体是大陆文明。中华文明起源主要集中在第二级阶梯东部、第三级阶梯东北平原、黄河中下游、长江中下游平原。这些地区，气候宜人，土地平整，淡水充足。土地平整度高，土层主要是黄土层以及河流中下游冲积层，松软肥沃；淡水充足，黄河流域比长江流域河网少，便于行走。在农业社会早期，人类生产方式从狩猎（渔猎）向采集模式转变。在获取自然资源方面，刚开始时没有脱离游牧方式，同时，开始利用土地种植作物，但生产工具简陋。史前农业已发明出大量的石制农具，后来随着铁制农具的发明，农业很快得到发展，形成集约化程度很高的农业。

"探源工程"认为："距今 8000 到 6000 年期间是全球范围的大暖期，气候整体上温暖湿润，为世界各地农业的发展提供了很好的条件。距今 6000 年前，黄河流域的气候类似于今天的长江流域，长江流域的气候类似于今日的华南地区。正是由于较好的自然环境，促使各地区农业显著发展，为文明的形成提供了重要条件。

"对各地的环境变化的研究发现，环境的变化确实对各地区的文明进程产生了重要影响。在距今 4300 年到 4100 年期间，曾经发生了较大范围的环境变化，对各地区文明的进程产生了较大影响。以长江下游为例，一度十分繁荣的良渚文明在距今 4300 年左右发生衰变，都城废弃，人群流离，以居住在良渚古城中的最高统治者为核心的社会结构崩塌，盛极一时的良渚文明衰落。

"黄河中游地区的华夏文明之所以成为中华文明的核心，原因是多方面的。其中重要原因之一是，与长江下游地势低平和单一的水稻种植相比，多样的地形条件和粟黍稻豆等构成的多品种的农作物种植体系，使黄河中游地区的人们应对自然环境的变化具有较大的回旋余地和更强的抗风险能力。"

以红山文化为例。在红山文化中，主要用石耜。耜是中国古代曲柄起土的农器，即手犁。各地曾出土木耜、骨耜，青铜耜出现于商代晚期，实际出土的都是耜头。燕山南北地带，一方面向北处于游牧区，另一方面，几千万年不断吹袭的黄土层，松软肥沃，适用耜这样的农具，所以以红山文化为代表、以燕山南北长城地带为中心的北方为何能成为中华文明重要起源地，从中可以找到合理的解释。

在《中华文明起源新探》中，苏秉琦先生认为，燕山南北地区由氏族向国家的过渡之所以较早，与这一地区的沙质土壤易于开发有很大关系，即《禹贡》上所说的冀州"厥土曰白壤"，不论红山文化还是赵宝沟文化，都大量使用一种适应沙壤开垦的大型石犁（或叫石耜）。这种桂叶形大石器只能用来开垦疏松的沙壤，开垦中原地区的那种较坚硬的黄土不行，开垦南方的红壤更不行，在南方我们所见到的农垦工具类似现代的十字镐。北方的沙壤易开垦，所以社会发展较快、较早，但也许正由于这一原因，这一带的土地也最先遭到破坏，水土流失早，大凌河有两条由北向南的支流都叫牤牛河，意思是山洪下来其势如牤牛一样，就是这一地带水土流失的真实写照。所以，红山文化以后，农区衰退，文化中心也向南、向西转移。[1]

这里还要特别提一下与辽西古文化区相邻的燕山南北长城地带又一中心区系的内蒙古中南部。这里河曲地带的准格尔旗凉城附近的岱海周围，从距今 6000—4000 年开始，雨量充沛，水源充足，人口多，聚落分布密，这里发现的属仰韶文化北支的窑洞式房址群，成排分布，形状、规格整齐划一，用白灰抹的居住地面和墙壁，极为平整而坚实，有如现代的水泥地面，加工技术要求高，没有长期训练是做不出来的，造房子成了专门知识和技术，房屋建筑专业化了。从农业中分化出一批建筑师，这是北方区系由社会分工导致社会分化的又一例证，并且引发了距今 5000 年的原始的舜禹在这里产生，成为影响距今四五千年间从中原直至长江中下游地区又一次规模、幅度空前的大变化的风源所在。

第二节　中华民族之间相互糅合是中华民族演化的主要趋势

根据苏秉琦先生的论述，可以对中国文明从时间、空间两个维度进行论述，一是从宏大的时间角度看中国古史的发展脉络，二是从世界的角度看中华文化圈由点到线、由线到面、由面到圈的形成过程。

――――――――――

[1]《中国文明起源新探》，苏秉琦，生活·读书·新知三联书店 2019 年版，第 122 页。

苏秉琦先生认为中国古史的基本情况是："从宏观的角度、从世界的角度、从理论与实践结合的高度把中国古史的框架、脉络可概括为：超百万年的文化根系，上万年的文明起步，五千年的古国，两千年的中华一统实体。"[1] 下面依据苏秉琦先生的著作进行综述。

1. 从宏大的时间角度看中国古史的发展脉络

首先是超百万年的文化根系。在渤海湾西侧阳原县泥河湾桑干河畔有上百米厚更新世堆积的黄土地。在更新世黄土层的顶部有一万年前的虎头梁遗址。在更新世堆积层的底层有一百万年前的东谷坨文化。它们代表着目前已知的旧石器时代文化遗存的一头一尾，而且都是以向背面加工的小石器为主的组群，代表着中国旧石器文化的主流传统。

其次是上万年的文明起步。在旧石器时代，人仍然是自然之子，主要从自然直接获得食物。到旧石器时代晚期，技术革命带来的人口增长造成天赐自然资源匮乏，而渔猎收获又不易贮存。穷则思变，才引起了农业、牧业的产生，由此诞生了新石器时代的革命。人对自然大规模的破坏也就此开始了。广义而言，农业的出现就是文明的根、文明的起源。这一起源可以追溯到一万年前到两千年前，证据是河北徐水南庄头发现了一万年前至两千年前的连续的文化堆积，并测出了可信的连续的碳14数据。在一万年前的遗存中已显现出石器的专业分化。这一时期其他遗址（如虎头梁）的尖状器具备了多种装柄的形式，甚至连类似"曲内""直内"的石器也出现了。这说明在一万年前人们掌握了对付自然的新型工具和技

***

[1]《满天星斗》，苏秉琦，生活·读书·新知三联书店 2022 年版，第 86 页。

术。文明开始起步。

第三，五千年前出现了由氏族向国家的转变。1985 年苏秉琦等在兴城讨论的"古文化、古城、古国"理论，是在燕山南北地带考古取得了一系列突破性成果的基础上提出的。地处渤海湾西岸，包括北京在内的这片燕山南北地带，属《禹贡》所描述的九州之首的冀州范围。在史前时代，这里的社会发展曾居于"九州"的领先地位。七八千年前的阜新查海和赤峰地区兴隆洼的原始文化所反映的社会发展已到了由氏族向国家进化的转折点，特别是查海、兴隆洼都发现了选用真玉精制的玉器，它绝非一般氏族成员人人可以佩戴的一般饰物。

第四，由早期古国在四千年前发展为方国，在两千年前汇入了多元一统的中华帝国这一国家早期发展的"三部曲"，是最具典型意义的中国的国家发展道路，是我们要特别予以关注的课题。国家发展的三部曲，也是在燕山南北地区看得最具体的。

红山文化后期已进入了古国阶段，四千年前的夏家店下层文化时期的社会则是相当成熟的独霸一方的方国。我们不仅仅从大甸子墓地上看到了社会等级、礼制的形成，青铜文化高度发达以及它同中原夏王朝的直接来往，尤其重要的是，英金河沿岸的链条式石垒城堡带，就像汉代烽燧遗址一样，串联后就起到了长城的作用。城堡链以内的是需要保卫的"我方"，城堡链以外则是要抵御的敌方。这个我方绝不是单个城邦式的早期国家，而是凌驾于若干早期国家之上称霸一方的"方国"，是曾盛极一时、能与夏王国为伍的大国，也许就是商人所说的"燕毫"。西周时期召公所封的"燕"地，其立国基础绝不会是野蛮的原始社会，而是高度发达，又自有来源的文明社会。召公带来的周王朝的文明因素，与当时"燕毫"的土著文明社会结合而形成燕国文明——一种更成熟的方国文明。

秦始皇兼并天下之后，多次东巡，所到之处往往立碑刻石，以炫耀他的至尊皇帝的地位和巩固统一大业。而在渤海湾西北岸，他不仅留下了刻石，还在那里修建了当时唯一的帝国级的建筑物——帝国国门。帝国国门、东巡的刻石和秦长城，都象征着渤海湾西岸这一方国历经古国、方国的土地最终汇入了中华一统帝国的文明实体之中。

2. 从世界的角度看中华文化圈的形成

根据考古与历史材料，中华文明相互糅合呈现点、线、面、圈层四个方面发展。点指各区域古文化早期各自独立发展，呈满天星斗的形态；线指各区域文化开展互相交流、撞击、糅合；面指中华各民族之间开始融合，其中最重要的标志是秦帝国的建立，形成多元一统的关系；圈层指内外圈层，内圈层指中华民族文化圈，外圈层指中华民族与区域外文化的交流、融合，一是陆路，二是海路，内圈层相对独立，内外圈层相互联系、互鉴互融。

根据《满天星斗》中《文化与文明》的描述，苏秉琦先生将中华文明起源分为裂变、撞击、融合三种形式。[1] 本书用点、线、面、圈层将裂变、撞击、融合三种形式串联起来。总的来说，中华文明起源主要通过点的裂变，线的撞击，面的融合，圈的互补，逐步形成相对独立又与外来文化相互联系的文明形态。

点，指古文化的裂变。如大约六千年前，统一的仰韶文化裂变为半坡、庙底沟两种类型。线，指不同区系古文化之间的撞击。大约前 5500 年，仰韶文化庙底沟类型彩陶与红山文化彩陶交错，又与

---

[1]《满天星斗》，苏秉琦，生活·读书·新知三联书店 2022 年版，第 105 页。

河套原始文化交错，被称为三岔口。文化的撞击，产生祭坛、女神庙、积石冢，出现了石龙。龙与玫瑰花结合在一起，产生了新的文化火花。面，指不同文化之间的融合。大约四五千年前，如晋南陶寺，大墓中有成套陶礼器与成套乐器殉葬，其主要文化元素与河套、燕山以北有关，也有大汶口文化的背壶、良渚文化的刀俎，文化元素具有特殊性、独特性，是多种文化融合产生的又一文明火花。

晋南古文化的发展可概括为四句："华山玫瑰燕山龙，大青山下斝（jiǎ，古代酒器）与瓮。汾河湾旁磬和鼓，夏商周及晋文公。"晋中是北方文化区的前沿，距今六千年至五千年前红山文化后期的社会发展领先于中原及其他地区一步，率先进入了古国时代，产生了最早的国家和王权，被称为中华文明的曙光。距今五千年以后，红山文化衰落了，取而代之的是河套古文化；距今四千五百年左右，最先进的历史舞台转到了晋南。在中原、北方、河套地区以及东方、东南方古文化的交会撞击之下，晋南兴起陶寺文化，它不仅达到了比红山文化后期社会更高一个阶段的"方国"时代，而且确立了当时在诸方国中的中心地位，它相当于古史中的尧舜时代，即先秦史籍出现最早的中国，奠定了中华文明的根基。唐叔虞在此建立了晋国，虽然带来了周王朝的文化，但其基础是晋南自有源头、自有独立发展历程的夏、戎结合的古文化。

圈层，分为内圈层和外圈层。内圈层分为六大区系，距今 5500 年左右，早期中华文化圈形成；内圈与外圈的交流互鉴，一是陆路，二是海洋。苏秉琦先生认为："中国古代文化自成一体，但她又包含着面向欧亚大陆腹地的三个文化区系和面向太平洋的三个文化区系。从世界的观点来看，这六个文化区系，在大陆与海洋这两大文化圈中又分别扮演着非常重要的角色。中国在人文地理上这种两半合一和一分为二的优势也是独一无二的。"[1]

中华民族的发展是各种古文化不断裂变、不断撞击、不断融合的过程。面向海洋的三大区系为以山东为中心的东方，以太湖流域为中心的东南部，以鄱阳湖—珠江三角洲为中轴的南方。面向欧亚大陆的三大区系为以燕山南北长城地带为中心的北方，以关中、豫西、晋南邻境为中心的中原，以洞庭湖、四川盆地为中心的西南部。[2]面向海洋和面向欧亚大陆的区系分别与世界的大陆文化和海洋文化相衔接。

从苏秉琦的六大区系理论来看，虽有面向海洋的三大区系，但总的来说，六大区系以陆地的农耕为主要劳作方式，这种方式居住地比较固定，一般以血缘为纽带的氏族部落聚族而居，血缘社会一般不以强制性的规则为管理前提，而是以亲情、亲密关系来维系内部关系，因此，以血缘为纽带的部落成为社会关系的主要形态。

随着部落人口的增多，社会关系变得复杂，同时不同部落之间因为贸易、联姻、斗争、战争等因素，不断地融合，不断地互相冲击、磨合，相互联系，相互作用，相互交织、叠加，社会关系开始越来越复杂。

在中华文明的外圈层，20世纪下半叶（第二次世界大战以后）世界考古的大发现已表明，东西方古代文明的发展大体同步。东西方从氏族到国家的转折点大致在距今6000年前；彩陶的产生，由红陶、彩陶为主发展为以灰、黑陶为主的文化现象的出现也大体同步。

中华文明的形成总体来说是开放、包容的，中华文化生态圈与

---

[1]《满天星斗》，苏秉琦，生活·读书·新知三联书店2022年版，第85页。

[2]《中国文明起源新探》，苏秉琦，生活·读书·新知三联书店2019年版，第155页。

外来文化圈互为补充、互为融合。对中华文明起源的探究，要把中国变成世界的中国，要从世界的眼光来看中国文明的起源。

第三节 工具等科技创新是中华民族发展的主要推动力

工具的发明与使用是人类与其他动物种群最重要的区分之一。从 250 万年前人类开始使用工具开始，工具的发明与创新成为人类文明发展的最重要的推动力量，中华文明的发展也不例外。因此，从工具等科技创新的角度来思考中华民族的发展具有重要的意义。

工具等科技创新最主要的还是服务于经济、政治、社会、文化，其中服务于经济发展是最重要的作用。当万年之前农业发生后，由于自然地理环境的不同，中国早期形成了三大经济文化区：华南水田稻作农业经济文化区，华北和东北南部旱地粟作农业经济文化区，东北北部、内蒙古高原、新疆、青海高原狩猎采集经济文化区。早期中华文化圈主要经济形态以农耕文化、游牧文化为主，海洋文化为辅。农耕文明发展的基础有几个基本的条件，一是适宜的气候，二是平整肥沃的土地，三是较为充足的淡水资源。这些因素，为中华文化的形成提供了自然地理环境基础。

社会发展需要相应的工具等科技创新。在几千年的农业时代里，中华民族在工具等科技创新上一直引领着世界，工具创新极大地推动了社会的发展，使中国成为农业时代的世界第一强国，现进行简单列举。在建立自身的逻辑系统、语言等符号系统方面，中国发明了汉字、易学的二进制、十进制记数法、珠算等；在气象方面，发明二十四节气；在空间定位方面，发明指南针等；在农业生产方面，形成稻作、粟作、茶叶栽培、桑蚕丝、酒类发酵、犁与耧、水轮等技术；在手工业方面，发明青铜冶炼术、以生铁为本的钢铁冶炼技术、造纸术、印刷术、火药、瓷器、深井钻探、火箭与火铳等；在医药医术方面，发明中医诊疗术、中草药药学体系；在航运、航海技术方面，发明运河、船闸、水密舱壁等技术。

　　这里重点介绍《易经》、汉字和印刷术、火药和指南针。《易经》的诞生，是中国历代先贤集体智慧的结晶。《周易·系辞下》说："古者包牺氏之王天下也，仰则观象于天，俯则观法于地，观鸟兽之文与地之宜，近取诸身，远取诸物，于是始作八卦，以通神明之德，以类万物之情。"由太极生两仪，却从 1 演化成 0 和 1，不断演化。易学不光成为中国古代最重要的数学符号体系，也成为中国人几千年来最重要的思维方式，成为中国传统文化的哲学源头。

　　中国以象形文字为基础的文字发明、以易学的阴阳两极的二进制符号发明是中华文明史上语言文字等符号系统最为重要的发明。人类感知世界后，最重要的交流工具是语言，但口头语言受地域、民族等种种因素的影响，同一地区可能就有不同的方言，因此，书面语言及其他符号系统的出现是人类文明重要的一步。秦朝统一中国后，统一了文字，成为流行了两千多年的语言文字。中国几千年来的文学作品等至今仍然能够读懂，普通的中国人一旦掌握了它，便能独自阅读几千年来浩如烟海的各种典籍。这在全世界是独一无二的。李约瑟说："这种古老的文字，尽管字义不明确，却有一种精练、简洁和玉琢般的特质，给人的印象是朴素而优雅、简练而有力，超过人类创造出来的表达思想感情的任何工具。"[1]

---

　　[1]《中国科学技术史》，〔英〕李约瑟，科学出版社 2018 年版，第 41 页。

在中国古代，印刷术、火药和指南针是影响世界的发明。意大利数学家杰罗姆·卡丹早在 1550 年就第一个指出，中国对世界所具有影响的"三大发明"，是指南针、印刷术和火药，并认为它们是"整个古代没有能与之相匹敌的发明"。1621 年，英国哲学家培根曾写道："我们应该注意各种发明的威力、效能和后果。最显著的例子便是印刷术、火药和指南针，这三种发明古人都不知道；它们的发明虽然在近期，但其起源却不为人所知，湮没无闻。这三种东西曾经改变了整个世界事物的面貌和状态，第一种在学术上，第二种在战争上，第三种在航海上，由此产生了无数的变化。这种变化如此之大，以致没有一个帝国，没有一个教派，没有一个赫赫有名的人物，能比这三种机械发明在人类的事业中产生更大的力量和影响。"

1861—1863 年，马克思和恩格斯更是将这些发明的意义推到了一个高峰，马克思在《机械、自然力和科学的运用》中写道："火药、指南针、印刷术——这是预告资产阶级社会到来的三大发明。火药把骑士阶层炸得粉碎，指南针打开了世界市场并建立了殖民地，而印刷术则变成了新教的工具，总的来说变成了科学复兴的手段，变成对精神发展创造必要前提的最强大的杠杆。"恩格斯则在《德国农民战争》中明确指出："一系列的发明都各有或多或少的重要意义，其中具有光辉的历史意义的就是火药。已经毫无疑义地证实了，火药是从中国经过印度传给阿拉伯人，又由阿拉伯人和火药武器一道经过西班牙传入欧洲。"英国汉学家麦都思指出："中国人的发明天才，很早就表现在多方面。中国人的三大发明（航海罗盘、印刷术、火药），对欧洲文明的发展，提供异乎寻常的推动力。"

古代中国影响世界的发明还有很多。但以 1492 年西方开启大航海时代为标志，西方科学开始昌明，经过五百多年的发展，奠定了世界科学技术的理论和实践基础，而中国在现代科学基础理论、关键技术发明的贡献极少。

李约瑟在《中国科学技术史》中说："为什么近代科学，亦即经得起全世界的考验、并得到合理的普遍赞扬的伽利略、哈维、维萨留斯、格斯纳、牛顿的传统——这种传统注定成为统一的世界大家庭的理论基础——是在地中海和大西洋沿岸，而不是在中国或亚洲其他任何地方发展起来呢？……考虑这一问题时要探讨包括地理、水文以及由这些条件所造成的社会和经济制度等具体的环境因素，当然，也不能不考虑学术气氛和社会习尚等问题。"[1]

回答李约瑟之问，不能单从科学技术的角度来分析，而应该从经济、政治、社会、文化、意识形态等方面进行综合分析。在政治上，宋明以来，宋明理学思想意识开始僵化，已无大唐的开放、包容的气象，封建礼学成为思想主流；在对外交流上，南宋被灭、明朝海禁、清朝闭关，与世界的脱节越来越严重，与世界的交流越来越少；在人才选拔上，科举制度主要考经世济民之学，选拔为朝廷所用的管理型人才，在国家层面缺少科技人才选拔机制、培养机制，到了洋务运动才开始起步；经济制度上，一直沿用秦朝以来国有体制，汉朝的盐铁会议奠定了中国近两千年的国有经济主导的经济体制，西方的私有产权制度、市场经济理论、公司制度、股票制一直未能系统地产生、完善；在科学技术层面，中国自古以来包括四大发明在内，重视技术，重视经验，未能上升到科学理论；在哲

---

[1]《中国科学技术史》，〔英〕李约瑟，科学出版社 2018 年版，第 18 页。

学层面，中国是以易学为代表的整体论，重视整体、辩证、因果等思维，缺少西方科学以形式逻辑为基础进行实验论证的方法论。与近代西方科学昌明的生态相比，中国近现代缺少科技创新的生态，缺少新思想产生的生态环境。

回答李约瑟之问，最重要的是建立科技创新生态。建设科技生态是一个系统工程。在政府层面，政府应该在国家安全、法律法规等法律允许的范围内营造百花齐放、百家争鸣的学术生态；在人才培养、用人方面，有教无类，任人唯能，纳天下英才而教之、用之，做到"地无四方，民无异国"（李斯）；在教育层面，教育部门的学术考核应该不唯数量、不唯时间，以质取胜，教育要营造敢于质疑、敢于批判的学习氛围，培养开放性、创新型人才，克服功利性、工具性培养方式；在文化层面，要建立多元一体、开放包容、开拓创新的文化生态；在经济领域，建立需求牵引、供给创新的动态平衡机制；在金融资本领域，建立市场、企业、高校科研机构等联动机制，通过金融输血，形成通过科技造血机制。

回答李约瑟之问，已是时代之需、中国之需，也是思想创新、技术创新之需。回答得好，中国或许会在一些领域产生引领性的新思想、新理论、新技术。

第十七章 中华文明起源的三个阶段

根据《"中华文明探源工程"及其主要收获》报告，现对中华文明起源的阶段性特征进行简要综述。大约从距今 5800 年开始，各个区域相继出现较为明显的社会分化，标志着各地区相继进入了文明起源的加速阶段。

第一节 古国时代的第一阶段

大约 5800 年前开始，在黄河、长江流域许多地方的村落群中出现了中心聚落。如陕西华县泉护村、安徽含山凌家滩、江苏张家港东山村、湖南澧县城头山等遗址，它们的面积达几十万甚至近百万平方米，远大于周围的几万平方米大小的普通村落。社会的复杂化在聚落之间和中心聚落内部全面展开了。

中心聚落的出现是划时代的新事物。它俨然是个实力超众的领袖，把那些差别不大的普通村落逐渐整合成一个更大的整体。作为一个整体，它进而和毗邻的群落建立起种种关系。于是，在聚落群内部和聚落群之间的关系上开始出现了前所未有的政治因素。这种以一座大型聚落为中心，聚集多座普通村落的社会结构很像先秦文献记载的五帝时代的"邦""国",兹称之为古国。而自大约5800年前以来,古国的这种社会组织结构,已经是各地比较普遍的存在,史前中国从此进入了"天下万国"的古国时代。

在这个时期,中原地区最早出现的社会分化现象集中在黄河中游地区。在河南灵宝铸鼎原遗址群,发现了数个年代在距今5800到5500年的超大型聚落和一批同时期的中小型聚落。如此规模的大型聚落以及数量众多的大中小型聚落聚集在一起的现象是此前在全国范围内所未见的,反映出当时中原地区人口显著增长并异乎寻常地集中于此地的现象,这一区域在传说中黄帝炎帝集团活动的区域内,在被认为可能是黄帝炎帝集团兴起的时间段。

距今5300年左右,豫西地区的铸鼎原遗址群衰落,代之而起的是在河南中部的郑州地区西部出现了双槐树、青台、汪沟等数个大中型聚落云集的现象,似乎暗示这一时期中原地区的政治中心由河南西部移到了河南中部。近年发现的巩义双槐树遗址是此时期河南中部规模最大、等级最高的遗址,应是当时中原地区的政治中心。

根据目前的考古发现和研究成果,可以看出,黄河中游地区经历了8000年前农业的初步发展,人口繁衍,出现了定居聚落,精神文化方面取得显著进步;6000年前,社会出现明显分化,出现上百万平方米的大型聚落和面积达数百平方米、制作考究的大型建筑以及比一般社会成员的墓葬大数倍的大型墓葬,但是随葬品的多寡并无明显差别,也看不到明显的原始宗教色彩,与长江中下游和辽河流域同时期大型墓葬中大量精致的随葬品和浓厚的原始宗教色彩迥然不同,暗示出黄河中游地区的文明进程和模式可能具有自己的特点。同时,以青台遗址出土了丝织品的残片、双槐树遗址出土用兽牙制成的家蚕形饰为代表，说明当时中原地区已经能够养蚕和缫丝。

根据目前的考古发现，长江下游地区最早出现明显社会分化的是江苏张家港东山村遗址。该遗址发现距今 5800 至 5500 年崧泽文化的村落和公共墓地。安徽含山凌家滩遗址为距今 5500 到 5300 年左右，年代与张家港东山村遗址相衔接。在长江中游地区，距今 6000 年，出现了迄今国内年代最早的城址——湖南澧县城头山城址，城址呈圆形，面积约 9 万平方米，周围有宽数十米的壕沟。城内发现巨大的祭坛、建筑基址、道路和完整的排水系统。该城址被连续使用了近 2000 年。辽宁省喀左牛河梁遗址群位于辽宁西部的丘陵地带。考古发现表明，当时的辽河流域已经出现了十分严重的阶级分化，可以葬在牛河梁圣地的人应是地位特殊的权贵阶层。

第二节　古国时代的第二阶段

距今约 5000 年前后，历史进入古国时代的第二个阶段，突出的变化是在一些地区，此前阶段发生在聚落群内部的整合行为，此时扩大到聚落群之间乃至整个区域，并取得了相当的成功。一些地方社会率先发展出了国家这种政体，步入文明，其典型代表是分布在江浙地区的良渚文化。

位于浙江北部余杭的良渚都城遗址建于距今约 5000 年前。良渚国家的基本面貌：良渚社会有着复杂的行业分工和级差明显的社会阶层的分层。良渚古城是整个良渚文化范围内最高等级的政治、宗教中心和贵族手工制造业中心，统治者占有大量社会财富，控制了长江下游（今日的江苏南部、浙江北部和上海）的广阔区域；在其他地区如今天的上海、苏南等地还有若干次一级的地区中心，它们结成网络，实现对文化全域的控制，形成了一个以良渚古城为中心、一些次中心以及众多中小型聚落组成的多层级的、具有共同的宗教信仰和稳定的控制区域的社会管理体系，说明这时已经出现了早期国家，进入了文明社会。凡此种种，都反映出良渚是个高度复杂化的社会，已具备了国家的基本特征。这已经得到国内外学术界的广泛认同。"良渚古城是实证中华五千年文明的圣地"，是千真万确的。

由良渚文化率先开启的中国大地上的史前文明浪潮波澜壮阔，又此起彼伏。大体而言，与良渚文明同时或稍晚，长江中游地区的屈家岭—石家河文化早期和地处西辽河流域的红山文化，其社会都呈现出向国家形态迅速发展的态势。

黄河下游的海岱地区史前时期一直是一个相对独立的文化区，文化面貌具有鲜明的自身特色。到了距今 5000 年以后，该地区的社会分化十分严重。20 世纪 60 年代前期，在泰安大汶口遗址距今约 5000 年前后的公共墓地中，发现墓葬规模明显大于一般社会成员、墓内随葬品十分丰富的大型墓葬。根据考古成果，表明社会出现了严重的贫富贵贱的分化，社会财富被权贵阶层所掌控。

第三节　古国时代的第三阶段

距今 4300—3800 年，在考古学上是新石器时代的末期，叫龙山时代，是古国时代的第三个阶段。此间的变化首先是在大格局上，良渚、红山和石家河这些文明化的先行者先后衰落了，相反，黄河流域诸文化迅速提高了文明化速度，川西成都平原也初现文明曙光。其中，尤以山西襄汾陶寺、陕北神木石峁、延安芦山峁、四川郫县宝墩等几座规模巨大的古城令人瞩目。

陶寺城址的使用年代约距今 4300 至 4100 年。城址长 1800 米、宽 1500 米左右，总面积近 280 万平方米，是这一时期中原地区已经发现的规模最大、等级最高的都邑遗址。近十年来，芦山峁遗址与石峁巨型史前城址的发掘，使该地区成为研究北方地区文明化进程的热点地区。

古国时代晚期，中原龙山社会在剧烈动荡中完成了一系列重组整合，并在广泛吸收周围文明先进因素的基础上，在距今 3800 年左右诞生了一个新的文化，即以河南偃师二里头遗址命名的二里头文化。二里头文化分布在豫西晋南地区，与文献中夏人活动的地域吻合，年代落在史传夏纪年范围内。二里头遗址就其规模和复杂程度来看，无疑是其都城。夏鼐早就指出，二里头已经不再是初始形态的文明了。越来越多的考古发现还证实，二里头的一些特征产品如牙璋、玉刀、绿松石镶嵌青铜牌饰、陶封口盉等对外有广泛传播。这些并非普通生活用器，而是礼仪制度用器。所以，它们传播至四极八荒，实为中原社会的政治礼仪、制度、思想的播散。二里头文化立足中原，却辐射四方，不仅再一次改变了中国文明进程的格局，还开启了以中原为主导的、整合其他地方文明的政治和历史进程，中华文明遂进入新的阶段——王朝时代。

第十八章　中华文明的形成及流变

第一节　早期中华文明多元一体的格局

根据《"中华文明探源工程"及其主要收获》报告，对早期中华文明多元一体的格局进行摘要。考古发现和研究成果表明，中原地区成为中华文明的核心，经历了一个逐步发展的过程。

1. 仰韶文化

大约距今 6000 年开始，黄河中游地区仰韶文化中期的庙底沟文化颇具特色的以花和鸟图案为代表的彩陶向周围地区逐渐施加影响。此后影响范围逐渐扩大，至距今 5300 年前后，其影响所及南达长江中游，北抵河套地区，东到黄河下游，西至黄河上游地区。在中国史前时期第一次出现了以中原地区为中心的文化圈。有学者认为，形成了"文化上的中国"。这一现象发生的时间和地域，与古史传说中黄帝炎帝集团的兴起和活动范围恰相吻合，当非偶然。应当是炎黄集团兴起，并对周围地区产生强烈影响的反映。

2. 距今 5500 年左右早期中华文化圈

黄河中下游、长江中下游和辽河流域，都出现了文明化进程加速的情况，形成了各具特色的区域文明（古国文明）。彼此既相互竞争，又相互借鉴，展现出一幅丰富多彩、此起彼伏、波澜壮阔的中华文明多元起源的画卷。这一阶段，各个区域的文明通过彼此的交流，逐渐形成了一些相同的文化基因。

（1）距今约6000年，中华文明龙图腾的形象出现。在河南濮阳西水坡遗址距今约6000多年的一座墓葬中，在人骨架的旁边，有用贝壳堆塑的龙和虎形象，说明当时已经出现了龙的观念。在安徽凌家滩和辽宁牛河梁墓地的大墓中，都出土了呈C形的玉龙。山西陶寺遗址早期大型墓中都随葬一件绘有彩绘盘龙纹的大陶盆。到了夏代后期的都城——河南偃师二里头遗址出土了用两千多片绿松石镶嵌在有机物上形成的龙形饰物。商代晚期的王——武丁的妻子河南殷墟妇好墓中，出土了带有龙纹的铜盆。可见龙的观念已深入人心。

（2）中华文明产生"以玉为美""以玉为贵"的理念。在黑龙江饶河小南山遗址，出土了玉环等距今9000年的玉质装饰品；在距今8000年的内蒙古赤峰市敖汉旗兴隆洼遗址的少数墓葬中，出土了制作较为精美的玉玦和玉坠等玉制装饰品；在距今5500年的辽河流域的红山文化晚期和长江下游地区的安徽含山凌家滩遗址出土了各类制作精美的玉器。两地相聚数千里之遥，却存在如此相似因素，不可能是巧合，说明当时中华大地各个区域的社会上层之间可能存在着信息的交流，由此导致形成了以龙的形象为代表的各地区在原始宗教信仰和意识形态方面的共同性，而这正是后来多元一体的中华文明得以形成的重要思想基础。

（3）中华文明进入海纳百川的形态，周围地区先进文化因素向中原地区汇聚。在陶寺遗址，可以看到来自各地的先进文化因素向中原地区的汇聚，如黄河下游地区大汶口文化晚期特点的陶鬶、陶盉、陶瓿等陶制酒器，最早出现于长江下游地区良渚文化的玉琮和玉璧，与长江中游石家河文化出土物相同的双翼形玉饰，来自西亚经黄河上游地区传入的小麦栽培、黄牛和绵羊的饲养及冶铜术等，表明这一时期中原地区的势力集团积极吸纳周围各个地区先进的文化因素，呈现出各地先进的文化因素向黄河中游地区的汇聚。正是中原地区以尧舜禹为核心的势力集团对其他地区先进因素的积极吸收，使中原地区的文化充满活力，不断发展壮大。

（4）中华文明向外辐射，例如中原地区夏文明对周围广大地区开始文化辐射。进入夏王朝之后，特别是夏王朝后半期，中原王朝的影响力显著增强。中原与周边的交流从尧舜时期以对周围地区先进因素的吸收和汇聚为主，转变为以对外辐射为主的模式。河南偃师二里头遗址面积达 360 万平方米，是同时期全国范围内规模最大的都邑性遗址。这一时期的王权已经完全控制了高等级手工业制品的原料、生产、分配，使之成为维持其统治的礼乐制度的重要组成部分，也开后世传承数千年的中国礼制文明的先河。

以二里头为都邑的时期，是中原地区文明中心地位确立的时期。在二里头遗址，很多初见于陶寺、石峁等夏代之前的都邑性遗址的礼仪性用具得以规范化、系统化和制度化，出现了大型玉石钺、玉刀、玉璋、高领玉璧等，具有表示持有者高贵身份的大型仪仗用具，初步形成具有华夏风格和文化内涵的礼器制度。最为突出的例证是，夏代后期重要的仪仗用具之一——玉璋在黄河上游和下游、长江上中下游流域乃至中国香港和越南北部都有发现，表明夏代后期以后，中原王朝对中原地区之外广大地区的影响力有十分明显的加强，这是中华文明从多元走向一体，从各地独具特色的区域文明——古国文明和邦国文明阶段，进入到以中原地区夏、商、周王朝为中心的王国文明阶段这一重要历史进程的具体体现。

第二节　春秋战国时期的核心价值观

春秋战国（公元前 770—前 221 年），是百家争鸣、人才辈出、学术风气活跃的时代。春秋战国分为春秋和战国两个时期。春秋时期，指公元前 770 至 476 年，属于东周的一个时期。战国时期，指公元前 475 至 221 年，是东周后期至秦统一中原前各国混战不休的时期，故被后世称之为"战国"。"战国"一名取自西汉刘向所编著的《战国策》。西周时期，周天子保持着天下共主的威权。平王东迁以后，东周开始，周室开始衰微，只保有天下共主的名义，而无实际的控制能力。中原各国也因社会经济条件不同，大国间争夺霸主的局面出现了，各国的兼并与争霸促成了各个地区的统一。因此，东周时期的社会大动荡，为全国性的统一准备了条件。

中华文明到了春秋战国时期，各区系文明经过两三千年不断地裂变、撞击、融合，中华文明从多元走向一体，从各地独具特色的区域文明——古国文明和邦国文明阶段，进入到以中原地区夏、商、周王朝为中心的王国文明阶段。到战国末世，夷夏共同体重组的历史使命已大体完成，由此奠定了中华民族多元一体格局的社会基础，秦汉帝国的建立使以夷夏共同体为主体的多元一体的中华民族形成。

这一阶段，中华文明核心价值观初步形成，初步形成多元一体、满天星斗、兼容并蓄、和而不同、宽厚仁爱的文化形态。这一时期代表性思想包括儒家、道家、法家、墨家、法家、名家、纵横家、杂家、农家、阴阳家等，各种思想百花齐放、百家争鸣。总的来说，这一时期诸子百家的思想，一是对此前两三千年文明进行了系统性梳理、总结；二是中华文化圈各大区系之间经过不间断地裂变、撞击、重组，形成你中有我、我中有你、和而不同的多元一体的文化特征。

这一时期最重要的典籍是"六经"：《诗》《书》《易》《礼》《乐》《春秋》。关于"六经"，司马迁在《史记·太史公自序》进行了详细的论述。司马迁提到，《易经》显示了天地、阴阳、四时、五行的相互关系，所以长于变化；《仪礼》规定了人与人之间的关系，故长于行动；《尚书》记载了上古先王的事迹，所以长于从政；《诗经》记载了山川、溪谷、禽兽、草木、雌雄、男女，所以长于教化；《乐记》是音乐所以成立的根据，所以长于调和性情；《春秋》明辨是非，所以长于治理百姓。

因此，《仪礼》是用来节制人的行为的，《乐记》是用来激发和穆的感情的，《尚书》是用来指导政事的，《诗经》是用来表达内心的情意的，《易经》是用来说明变化的，《春秋》是用来阐明正义的。把一个混乱的社会引导到正确的轨道上来，没有比《春秋》更有用了。《春秋》全书有数万字，其中的要点也有数千。万物万事的分离与聚合，都记在《春秋》里了。

在《史记·太史公自序》中司马迁对"六经"做了评价：我的父亲生前曾经说过，自周公死后，经过五百年才有了孔子。孔子死后，到今天也有五百年了，有谁能继承圣明时代的事业，修正《易传》，续写《春秋》，本于《经》《尚书》《礼记》《乐经》的吗？从这句话可知，到了汉代，"六经"是最重要的历史典籍。

《中国经学史》作者姜广辉说："'六经'是中国所有的文献里

最早而且最重要的文献。从《尚书》到《春秋》，这中间有大约
1700 年的历史，如果把'六经'砍掉，中国历史就少了 1700 年，
而且'六经'中所提出的若干理念也就随之没有了，由'六经'衍
生出来的诸子百家的来源也不清楚了。""'六经'是中国最早的文
献，你不在前面谈，直到汉代才去谈，这是本末倒置，源和流的关
系没有弄清。班固写《汉书》的时候说得非常清楚，说诸子百家
'亦六经之支与流裔'，意思是六经与诸子百家是树干与分支、江河
之源与流、衣服之衣领与后摆的关系。……中华文化的根就是六
经，六经所承载的核心价值观就是中华文化的魂。六经去，则学无
根；学无根，则国无魂。"[1]

　　《易经》被誉为诸经之首，是中华传统文化的总纲领。涵盖万
有，纲纪群伦，是中华文化的杰出代表；广大精微，包罗万象，亦
是中华文明的源头。伏羲作八卦，周公演周易，孔子作十翼，这可
以看出《易经》是历代先贤的智慧结晶。儒家思想，宋朝之前叫周
孔之学。周公是儒家文化的实践者，周公以"仁"为核心的执政思
想更是对前期思想的总结，孔子是儒家文化的集大成者。老子中年
以后，入洛阳城担任了"周守藏室之史"之职位。"藏室"是藏书
和档案处所，周藏室就是周朝的国家图书馆。因此，《道德经》是
对前期道家文化的系统性总结。

　　如何看待春秋战国时期的核心价值观对理解中华传统文化价值
观非常重要。一是要向上溯源，二是要理解这一时期的核心价值观
的基本内涵，三是要关注其后两千多年的思想流变。

---

[1]《中国经学史》，姜广辉，岳麓书社 2022 年版。

第三节　秦朝以后中华传统文化的主要流变

中华文明从各自为政的氏族到早期的古国，再到各霸一方的方国，再到各个方国之间无数次的组合与重组，最后到战国时期，秦国通过几百年的励精图治，在公元前 221 年统一了中国，形成了中华民族多元一体的结构。秦汉以后，鲜卑族、蒙古族、满族等北方民族入主中原，通过漫长的撞击、重组、融合，最终形成了多元一体、兼容并蓄、开放包容、宽厚仁爱的文化特征。

两汉时期，在文化传承方面，最重要的是在国家层面确立了经学的地位。秦朝以后，"六经"中《乐》已遗失，唯有"五经"，汉武帝接受了董仲舒"独尊儒术"的建议，以"五经"为研习对象，从而形成了经学。从中国文化的流变来看，汉王朝运用国家力量把历史上自然形成的文明典籍宣布为国家经典，设立博士制度专门研究，把"五经"作为国家政治、法理、意识形成的根据。经学在国家制度层面确立了其地位，客观上为中华文明的传承建立了体制保障，确立了经学在中国学术体系中的核心地位。经学学术于是迅速发展起来，成为汉代学术的主流形态。孔子儒家对学习的重视与经学结合在一起，赋予了中华文明作为一个崇尚学问的文明的特色。汉代儒学与经学合为一体，由此，儒学确立了作为主流思想的地位，与中央集权相适应，儒家主张的"五伦"（父子有亲，君臣有义，主妇有别，长幼有序，朋友有信）与"五常"（仁、义、礼、智、信）由此得以确立。经学地位确立后，汉代出现了一批著名的注释家和注释作品。西汉前期推崇道家，到了汉武帝时期独尊儒术，在诸子百家中，除儒、道两家，其他逐渐衰微了。

　　佛教从印度传入中国，是中华传统文化史上的重大事件。现列举一些重大事件以做说明。佛教传入中国在汉明帝时期（公元68年）。印度释摩腾、竺法兰用白马驮经到洛阳，汉为此在洛阳雍关西建立白马寺。399年，法显往印度。416年，法显回国，著《佛国记》，译《大般涅槃经》三出。401年，鸠摩罗什到长安后，开始译经。共译有七十四部、三百八十四卷（一说三十五部、二百九十四部）佛教典籍。所译内容主要是般若类经典和弘扬缘起性空的中观派著作，第一次系统地介绍了根据般若经典而成立的大乘缘起性空之学说。520年前后，二十八祖达摩至广州，后在少林寺创立禅宗，为禅宗始祖。629年，唐朝玄奘法师到印度取经。645年，贞观十九年正月，玄奘回到长安。玄奘和鸠摩罗什、真谛、不空或义净是中国佛教史上的四大翻译家。674年，惠能成为禅宗六祖，惠能使禅宗成为中国化的人间佛教。

　　在唐朝以前佛教代表性人物中，公元4世纪道安、慧远、法显、鸠摩罗什是代表性人物，其中鸠摩罗什是龙树的四传弟子，翻译佛经数量最多。其后代表性人物有达摩、玄奘、惠能，其中玄奘法师翻译佛经最多。佛教开始由古印度传入中国，经长期传播发展，而形成具有中华民族特色的中国佛教。由于传入的时间、途径、地区和民族文化、社会历史背景的不同，中国佛教形成三大系，即汉地佛教（汉语系）、藏传佛教（藏语系）和南传佛教（云南地区上座部佛教，巴利语系）。总的来说，佛教自汉朝传入，在魏晋南北朝时期开始盛行。汉传佛教到唐朝达到顶峰。到宋明，儒释道不断融合，佛教逐渐成为中华传统文化的有机组成部分，深刻地影响了中华传统文化的方方面面。

　　魏晋南北朝时期，玄学成为学术的主流形态。魏晋玄学以老庄为主体而兼容道、儒，当时的思想家把《周易》《老子》《庄子》作为基本思想典籍，合称"三玄"，故后世称为魏晋玄学。道教的产生是中华文化的重大事件。中国古代的鬼神、祭祀、神仙、方术是道教的历史文化渊源。先秦的老庄之学、秦汉的黄老之学是道教产生的思想资源。东汉末年的五斗米教，是原始的民间道教，以老子为经典。太平道，是利用《太平经》创立道教组织。晋代葛洪撰《抱朴子·内篇》以后，阐述了神仙方术理论，发展充实了道教内容，是神仙道教的集大成著作。道教自产生后，逐步发展起来，逐步形成中国土生土长的宗教。

宋明时期，宋明理学成为社会的主流思想，理学把《论语》《大学》《中庸》《孟子》集结为"四书"，大力弘扬，于是"四书五经"成为中国主流的思想典籍，成为以新经学为基础的理学理论体系。以理学为主体的宋、元、明、清儒学重新成为社会文化的中心，成为社会文化的主流思想。理学的体系包括二程、朱熹为代表的程朱理学和陆九渊、王阳明为代表的陆王心学，王阳明将心学推向了高峰。总的来说，宋、元、明时期的文化形成了以义理之学为主，义理、训诂、辞章三者互动的学术文化格局。

清代顾炎武、黄宗羲要求扭转明代理学专求心性的偏向，倡导"六经"为根底的经世致用。鸦片战争以来，因为西方列强的入侵、封建帝制的废除、新文化的输入等因素，中西文明不断撞击、冲突、融合。中华文明经历了血与火的洗礼，进入剧烈变革期，在不同文明相互激荡中互鉴互融，注入了新的内涵。

第十九章　中华传统文化核心价值观

深刻理解中华传统文化核心价值观,要从历史的纵深处找到源头,从横向的多元交汇处找到融合点,从动态的变化中找到创新点。正如黄河源头在三江源,在与支流交汇处形成新的河道特征,在动态的变化中不断改道,虽然黄河有间歇性的断流,但几千年来依然保持着相对稳定的形态。总的来说,中华传统文化在漫长的演化过程中,逐步形成了以易学为首、以儒释道为代表的多元一体的价值观。

第一节　什么是中华传统文化核心价值观

《易经·说卦传》:"是以立天之道,曰阴与阳;立地之道,曰柔与刚;立人之道,曰仁与义。"中国古代宇宙观认为,包括人在内的整个宇宙是一个大生命的发育发展过程,天道、地道、人道观贯穿其中。中国人的最高信仰,乃是天、地、人三者之合一。在中国,天地可合称为天,人与天地合一,便是所谓"天人合一"。

据记载,孔子晚年喜欢《易经》到了"居则在席,行则在囊"的地步。学生子贡十分不理解,为此,孔子和子贡展开辩论,最后孔子概括出《易经》包含的"道"为："明君不时不宿，不日不月，不卜不筮而知吉与凶，顺之于天地心，此谓《易》道。故《易》有天道焉，而不可以日月星辰尽称也，故为之以阴阳；有地道焉，不可以水火金土木尽称也，故律之以柔刚；有人道焉，不可以父子、君臣、夫妇先后尽称也，故为之以上下；有四时之变焉，不可以万物尽称也，故为之以八卦。"

孔子意在阐明"知天畏命"遵循自然规律的天命观，强调国君不能违背春夏秋冬四时运行、太阳月亮昼夜交替的规律，不能依靠算命卜卦来掌握吉凶；天道要掌握的是阴阳变化的规律，地道要掌握的是刚柔相济的规律，人道要掌握夫妇、父子、兄弟、君臣、朋友的上下伦理秩序，四时变化要掌握八卦的规律。孔子由"天道""地道""四时之变"，推至"人道"，总结了治国、为人处世、人性的内在规律。

简言之，中国传统价值观的源头始于天道，由天道及至地道推及人道，其中心思想是"修己安人""内圣外王"，其核心价值观如下：

1. 天行健，君子以自强不息。君子以自强不息，强调责任与担当，具体表现为"修身、齐家、治国、平天下"。"内圣外王"是人格修炼的要求，格物致知、正心诚意是内圣；修身、齐家、治国、平天下即为外王。佛教对内求智慧，属于内圣；对外利他，普度众生，属于外王，强调人要精进。道家说人自胜力，强调自强不息的重要性。

儒家的德行论在春秋战国时期已形成完整体系，其中的忠、信、仁、义、孝、惠、让、敬等德行的基本取向，强调个人承担对他人、社会的责任。孟子讲，君子自任以天下为重；北宋儒学家张载提出："为天地立心，为生民立命，为往圣继绝学，为万世开太平。"范仲淹提倡："先天下之忧而忧，后天下之乐而乐。"文天祥提出："人生自古谁无死，留取丹心照汗青。"陆游提出："位卑未敢忘忧国，事定犹须待阖棺。"顾炎武提出："天下兴亡，匹夫有责。"林则徐提出："苟利国家生死以，岂因祸福避趋之。"这些人都在自觉践行中华传统价值观。

2. 地势坤，君子以厚德载物。君子以厚德载物，价值取向以仁为核心，强调修身，具体表现为"格物，致知，诚意，正心，修身"。天主四时，地载万物，厚德首先在"厚"，就是要像大地一样宽厚。老子说，认识自然规律的人是无所不包的，无所不包就会坦然公正，公正就能周全，周全才能符合自然的"道"，符合自然的"道"才能长久。六祖惠能讲修禅要做到"心量广大，犹如虚空"，因世界虚空，能含万物色象。

其次，厚德还要体现在"德"上。何为德？汉朝董仲舒归为"三纲五常"，强调君臣、父子、夫妇间伦理关系，强调仁、义、礼、智、信，其中的忠、信、仁、义、孝、惠、让、敬等是德行的基本取向。仁是孔子在做人问题上强调最多的，即仁是做人的根本，只有在仁德的基础上做学问才有意义。为此，他提出仁德的外在标准：刚、毅、木、讷、仁。实践仁德的五项标准为恭、宽、信、敏、惠。

恭，就是对人要尊重，对自然、对人要有敬畏之心，即"己所不欲，勿施于人"。正如《圣经》里的黄金定律：你想他人怎样对待你，你就怎样对待他人。恭敬代表的是人性庄严、自信庄严，是人类共有的法则。宽，即为人要宽厚、包容、开放，海纳百川，就能得到众人的拥护。信，即做人要讲信用，一诺千金，勇于担当。

孔子认为，治理国家应具备三个起码条件：食、兵、信。但这三者中，信最重要，只有兵和食，而百姓对统治者不信任，这样的国家就不能存在下去。敏，做事要勤奋、努力，专业能力要突出。惠，要给人恩惠，即与人分享好处，培养团队意识，共赢才能强大。

3. 君子和而不同，和谐高于冲突。老子说："万物负阴而抱阳，冲气以为和。"孔子主张君子和而不同，即人与人和谐共处而坚持原则。"和"是孔子中庸思想的核心，其内涵就是做到与自然、与社会、人与人、人与自己的内心和谐。和而不同是中华文化的主要特征。几千年以来，中华大地尽管也出现民族、宗教、文化价值观的纷争，但从历史长河看，总体上实现了民族的多元融合，实现了以儒、释、道为核心的不同宗教、不同文化的共存，实现了多元文化的融合。

4. 道法自然，天人合一。人来自于自然，受制于自然，人是在顺应自然的过程中生存发展起来的。"道法自然"，最重要的是要遵循自然规律，为政要遵循百姓的需求，为商要遵循市场的规律，为人要遵循人性的需求，因时而异、因地制宜、因人而异、因势利导。

概括起来，中华传统价值观的核心是"自强不息，厚德载物，和而不同，道法自然"，弘扬这一传统价值观，会种下文化的种子，就是给人格打下厚重的底色，种下人性的自信庄严。

中华传统价值观几千年来并没有发生根本性的变化，其源头来自《易经》。《易经》的核心是乾、坤卦，天道运行，强调变化。有春夏秋冬，四时变化，因此要因时而异，像天一样自强不息；地载万物，有山川江河，因此要因地制宜，厚德载物；阴阳平衡，天人合一，万物负阴而抱阳，冲气以为和，所以孔子说做人要中庸，要和而不同；人来自自然，所以要道法自然，因势利导，顺势而为。

概而言之，中华传统文化的核心是以《易经》为代表的"自强不息，厚德载物"的阴阳文化观，以孔子"和而不同"塑造社会秩序的"内仁外礼"的中庸思想，以老子"道法自然"的人格自我超越的宇宙观。这组观念作为中华文化的核心思想，最终演变成以儒、释、道为代表的兼容并蓄、多元共存的传统价值观。儒家的核心价值观是三纲八目，道家的核心价值观是道法自然，佛教主要流派禅宗的核心是佛教的中国化、人间化。

第二节　《易经》——诸经之首

《易经》是诸经之首，是中华传统文化的总纲领。伏羲作八卦，周公演《周易》，孔子作《十翼》，《易经》是历代先贤的智慧结晶。

1. 基本观点。《周易·系辞下》说："古者包牺氏之王天下也，仰则观象于天，俯则观法于地，观鸟兽之文与地之宜，近取诸身，远取诸物，于是始作八卦，以通神明之德，以类万物之情。"意思是：古代伏羲氏统治天下时，仰头就观察天空的现象，俯首便细看大地的规律，观察鸟兽花纹同大地的合宜，近处择取众多自己亲身体验，远处择取众多观察到的事物，于是根据这些情况开始创作八卦，用来传告神明心意，用来类推万物实际情况。

"易以天地准，故能弥纶天地之道。"《易经》是圣人观察天地之象而总结出来的，所以贯通天地的至理的大道，以八卦符号取象取义。人类哲学史上没有第二种如此简易、系统、完整、变化无穷、生生不息的理论体系，因此，《易经》是人类智慧初创时期最高的文化成就。

《系辞》说："八卦而小成，引而伸之。触类而长之，天下之能事毕矣。""极其数，遂定天下之象。"根据《系辞》而言，数在象前，数是万象产生和变化的根本。

《系辞》又讲："易有太极，是生两仪，两仪生四象，四象生八卦，八卦定吉凶，吉凶生大业。""太极""两仪""四象""八卦"是最早的将"数"和"象"合一使用的易学概念。太、两、四、八是数，极、仪、象、卦是象，换言之，象数是一切事业的出发点和决定力量。

"一阴一阳谓之道。""万物负阴而抱阳，冲气以为和。"乾为纯阳，坤为纯阴，乾创始万物，坤承载万物，乾坤，是阴阳的根本、万物的祖宗。阴阳两者互为包容，互为转化，纯阴之时一阳生，纯阳之时一阴生，你中有我，我中有你，永远作为一个整体而存在。其他各卦根据阴阳两卦的展开，是"阴"与"阳"在各个发展阶段的"量化"，它们既可以对应自然现象，也可以对应社会人事及精神现象。

阴阳存在着循环流变，每一卦都包含有过去、现在、未来，六十四卦组成了一个永远变化的整体，周而复始，无始无终。

阴阳不单是构成宇宙万物的两大要素，它强调的时间因素（天）和与之同步的各种要素的变量，由此构成时间（乾）和空间（坤）相互依存、不可分离的动态的整体观，乾（天）、震（雷）、坎（水）、艮（山）、坤（地）、巽（风）、离（火）、兑（泽）八卦构成宇宙万物的基本元素，这八种元素相互依存，相互影响，相互纠缠。

什么是八卦，通俗地说，就是天、地、山、川、风、雷、水、日，就是太阳、空气、风力、雷电、大地、水分、山地、江河、大海。这些是人类赖以生存的地球最基本现象。《易经》其实就是从自然现象中发现自然的规律，然后从自然规律中类比推理自然、社会、人生的种种现象。

2. 思维范式。阴阳是《易经》最简单的思维范式，阴为地，为0，为空间维度；阳为天，为1，为时间维度。从数的角度来看，《易经》是二进制思维，二进四，四进八，八进十六，十六进三十二，三十二进六十四，六十四卦不断演绎，循环往复，以至于无穷。

乾坤相依，不可分离，说明空间维度和时间维度相互依存，不可分离，相互纠缠，相互作用，共同成为一个整体。由乾坤引申出的乾（天）、震（雷）、坎（水）、艮（山）、坤（地）、巽（风）、离（火）、兑（泽）这八种基本元素构成万事万物的基本元素。

空间维度为地，阴（0），三维空间（六合）指东西南北上下，具体由天、地、山、川、风、雷、水、火八种元素（八卦）构成。时间维度为天，为阳（1），时间包含过去、现在、未来，永远在变，但其规律是循环往复。空间（0）与时间（1）为一个整体，时间和空间交互作用，相互依存，不可分离，始终处在不确定的状态（变）。

意识要效法天地阴阳法则。《黄帝内经》云："阴阳者，天地之道也，万物之纲纪，变化之父母。"从天地运行的法则形成"万物负阴而抱阳，冲气以为和"的阴阳法则。自然、社会、人事均由阴阳演化而来。

《易经》思维范式总体表现出以下特征：从时间维度和空间维

度相结合的角度看，天地相互依存，相互联系，相互纠缠，形成动态的整体观、宇宙观。《易经》认为宇宙万物是由空间维度（三维空间）与时间维度共同构成的四维空间。

从时间维度来看，过去、现在、未来是连续不断的，无始无终的，形成动态的因果循环、无往不复的周期变化观；从空间维度来看，大地江河海洋呈现不同的生态特征，形成动态的因地制宜的环境观。"天之道，曰阴与阳；地之道，曰柔与刚；人之道，曰仁与义。"由天道、地道推及人道，人道效法自然，形成以人为本的人本主义观；"万物负阴而抱阳，冲气以为和。"（老子）"天地合而万物生，阴阳接而变化起。"（荀子）阴阳调和形成天地自然、人与自然、人与社会、人与人、人与内心需和谐共生的和谐观。

《易经》的思维范式符合现代人类思维范式的第一条原理：时空相依，不可分离。物质世界是由空间维度（三维空间）与时间维度共同构成的四维空间，空间维度与时间维度相互依存，不可分离。

3. 由天道、地道推及人道。中国传统文化具有以易学为首，儒、释、道为核心的多元共存、兼容并蓄的文化特征。其逻辑思路是：《易经》的核心是阴阳之道。由《易经》的天道、地道推及人的仁义之道。道家的核心是道法自然，侧重人与自然的关系；儒家的核心是仁义之道，侧重人与人、人与社会之间的关系。

阴阳是天地的法则，永远作为一个整体而存在，是构成宇宙万物的两大要素，相互依存，相互作用。事物没有起于一点的起点，也没有终于一点的终点。只有意识维度硬性划分出时间维度和空间维度，才会出现人们所认为的时间和空间。从时间维度上看，一切事物都有原因和结果，既是原因也是结果，就像电影胶片一样是连续性。

天道、地道是本体，由天道、地道而推及人道，人道效法天道、地道，人道为仁义之道。《易经》从天地阴阳法则对照人类社会的各种现象。

《易经》的思维范式是从人们认识天地一体的宇宙观出发，认识到万物阴阳一体，相互依存、不可分离的法则，有了这个认识基础，再来推及人道，通过人们道法天地自然，反过来指导人如何处理人与自然、人与社会、人与人、人与内心之间的关系。

《四库全书总目提要》说："故《易》之为书，推天道以明人事者也。"意思是从天道、地道推论人道。从中国古代宇宙观来看，包括人在内的整个宇宙是一个大生命的流行发育过程。儒家、道家、禅宗、兵家、中医等学说并不像西方的现代学术一样有着明显的学术划分，天道、地道、人道观贯穿于一切学术之中。

《易经》成为系统的哲学，从孔子开始，孔子是《易经》产生以来第一位易学大师，易学涵盖了孔子的主要哲学思想。儒家思想的根源来自《易经》，讲的是从天道、地道来推及人的仁义之道。

宋朝邵雍《说卦传》中说："立天之道，曰阴与阳；立地之道，曰柔与刚；立人之道，曰仁与义。"这其实是对孔子思想的概括性总结。通俗地说，遵循天道就是要因时而异，顺应春夏秋冬的阴阳变化规律；遵循地道就是要因地制宜，顺应山川江海的刚柔变化；遵循人道就是在遵循天道、地道的基础上，遵循仁义之道的人性规律。

第三节 儒家的核心价值

以《周易》形聚发端，孔子集夏商周三代文化大成，创建以"天人合一"哲学思想为基础、"仁"为核心的儒学思想体系，确立了中华民族人本主义的精神方向，延伸数千年至近代，作为儒家经典的《大学》《中庸》《论语》《孟子》等"四书"，《诗》《书》《礼》《易》《春秋》等"五经"，上升为科举考试的主要内容。儒家思想体系的基础架构是三纲八目，即三项基本原则、八种方法步骤。三项基本原则是"在明明德，在新民，在止于至善"，指人要彰显自己的德行，要革故纳新，要使自己的人生达到理想境界。八种方法步骤是"格物，致知，诚意，正心，修身，齐家，治国，平天下"。

在《儒家哲学》中梁启超指出：

儒家哲学的中心思想是以"仁（人）"为本"修己安人""内圣外王"。世界哲学大致可分为三类。印度、犹太、埃及等东方国家，注重人与神的关系；希腊及现代欧洲，注重人与物的关系；中国则注重人与人的关系。中国的一切学问，无论哪一时代、哪一宗派，其趋向皆在于此，尤以儒家最为博深切明。儒家哲学范围广博，其用功所在，可用《论语》"修己安人"一言以蔽之。

其学问的最高目的，可用《庄子》的"内圣外王"一言以蔽之。修己的功夫做到极处，便是内圣；安人的功夫做到极处，便是外王。

至于条理次第，《大学》说得最简明，其中所谓"格物，致知，诚意，正心，修身"，就是修己及内圣的功夫；所谓"齐家，治国，平天下"，就是安人及外王的功夫。《大学》结束一句"一是皆以修身为本"，即"格致诚正"，是各人完成修身功夫的几个阶段；齐家，治国，平天下，是各人以已修之身去齐他、治他、平他，所以"自天子以至于庶人"，都适用于此。儒家千言万语、各种法门，都不外归结到这一点。

孟子作为孔子之后儒学的重要代表人物，宋至元，孟子上升为"亚圣"，人们并称"孔孟"。孟子提倡民本主义、民为邦本的思想，"得天下有道，得其民，斯得天下矣；得其民有道，得其心，斯得民矣；得其心有道，所欲与之聚之，所恶勿施尔也"，"民为贵，社稷次之，君为轻"；倡导"民之为道也，有恒产者有恒心，无恒产者无恒心"。

孟子提倡要有独立性格，人格标准是："得志与民由之，不得志独行其道，富贵不能淫，贫贱不能移，威武不能屈，此之谓大丈夫。"同时提出五伦之教："父子有亲，君臣有义，夫妇有别，长幼有序，朋友有信。"

孟子提倡心性之学，他说："仁，人心也。"人性中本有善端为四："恻隐之心，仁也；羞恶之心，义也；恭敬之心，礼也；是非之心，智也。"这四种善性人皆有之，扩而充之即是善人，"若夫为不善，非才之罪也"。性善说成为中国人性论史上的主流，其特点是强调人类要自我完善，而不必借助外在的力量。为此，他提出著名的命题："尽其心者，知其性也；知其性，则知天矣。存其心，养其性，所以事天也。"尽心，知性，知天，这是人性回归天道，达到天人合一的最高境界的过程。宋明理学家反复阐扬的天理人心，归根到底就是孟子所说的道德良知。陆王心学更是直接得力于孟子。

上述由《易经》启端倪，以探索创建中华民族国家及治理制度体系的政治哲学为主线，经历春秋战国的百花齐放、百家争鸣的思想大解放、大繁荣，初步形成了以"天人合一""知天畏命"天命观为根基，"修己安人"之"仁（人）"为核心，"内圣外王"为最高目的，以"人（民）本"为德政之基，三纲八目为法理路径的完整思想和价值体系。

这一古典儒学全新的思想体系经秦汉帝国实践固基，以盛唐大帝国的精英政治与开明政治哲学为代表，以古代高度发达的经济文化文明为实证，达致辉煌顶峰，进一步将中国古代早期的"开明、开放、平等、民主"的政治理念与实践升华并添入儒家思想宝库，极大地丰富发展了儒家思想体系和价值观，将以"仁（人）为本"的核心价值塑造推向新的阶段新的高度。这一中国乃至世界政治史、思想史、文化文明史中的伟大实践与思想升华，佐证了以盛唐为代表的儒家思想价值体系已衍生为中华文化的主流价值思想、主体精神和发展的主体思想动力；以其为核心，发展完善了中华文化的优秀传统及其价值体系。

与此相同步，儒家文化，作为创建和治理世界古老民族国家的思想利器，同时也自然为统治阶级所利用、改造，演化为统治的工具。典型如董仲舒把阴阳家形而上的宇宙观和儒家政治社会哲学结合起来，总结出"夫为妻纲，父为子纲，君为臣纲"之"三纲"；再由儒家道德观总结出"仁、义、礼、智、信"之"五常"；"三纲"是国家社会伦理秩序，"五常"是个人品德操守，进而将儒家思想改造为适应中央集权需要的指导思想。

自明太祖实施专制独裁开始，儒家文化、儒家思想体系与中华文化一道步入了衰退期、奴化期，儒家价值观渐次"犬儒化"。此间，固然有一系列大儒大家奋起抗争，力挽狂澜，曲折救势，执着并发展"仁（人）本"思想、"内圣外王"与"三纲八目"以及"开明、开放、平等、民主"的政治理念等儒家思想价值精粹，终却无力回天。

近代以来，由于民族斗争、解放斗争、阶级斗争的需要，业已被"犬儒化"的儒家思想及其代表孔子，一次一次地被批判、打倒。人们心目中的儒学、孔子已成为专制统治的"御用"工具、奴化民众的精神"毒素"。曾作为文化人与社会良知归宿的儒家及其代表——孔子，为文化人奋起打倒，不能不说是一种无奈的"否定之否定"。

在"百年西化"的大潮中，儒家思想及孔子已没有任何可能回归早期《周易》与周公，回归春秋战国的大解放大繁荣，回归唐宋的开放、开明、平等与初期民主；思想界、学术界更不可能全面、公正、历史地理解孔子及儒家核心价值观，自然也就不能客观公正地理解中国传统核心价值观。

时至今日，中华文明步入一个新的觉醒、崛起的大时代，随着国家政治生活、经济生活、文化生活回归"人间正道"，一个新的课题摆到了思想界、学术界面前：探索创建新时代价值体系，必须传承弘扬传统优秀价值观；为了真正理解和把握中华优秀传统价值观，就不能简单地将明清以降专制高压下"犬儒化"的儒学，视为中华文化的优秀传统及其原质性的核心价值体系。

换言之，对于儒学思想与价值体系，对于中华传统文化和价值观，迫切需要一场新的"正本清源""拨乱反正"和"思想解放"；需要一次重新回归、重新解读、厘断甄别、系统梳理；需要一次在全面、公正、客观基础上的传承、弘扬与创新！

第四节 道家的核心价值

《道德经》五千言，重在论述宇宙本体、万物之源和运动规律的天道，由天道用以观照人道，指导治国、修身、养生等，涉及宇宙、自然、社会、人生各个方面。《道德经》是世界上除《圣经》之外，被翻译成外文最多的经书之一。本书对《道德经》从天道、人道两个方面进行简要分析。

1. 在天道方面，即对自然的认知方面。

（1）天道。老子的道与《易经》阴阳之道的观点是完全一致的。"万物负阴而抱阳，冲气以为和"，阴阳相交而生和谐之气，从而生成万物。如何道法自然，老子说："人法地，地法天，天法道，道法自然。"[1] 意思是人效法地，地效法天，天效法道，道效法自然。表明人来自自然，是自然的产物，人与自然的关系相互依存、不可分离。

（2）极微。极微是古代印度最小的数量单位，又叫作极细尘，就是细小到不能再分析了，再分析就归于空，无所有了，所以叫作极微。老子是从极微世界看待宏观世界的，老子的理论与极微理论的内涵基本一致。

《道德经》："无，名天地之始；有，名万物之母。故常无，欲以观其妙；常有，欲以观其徼。"[2] 意思是：无，是天地的初始，有，是万物的本原。因此，在常无中，将可观察道的微妙；在常有

---

[1]《老子》，饶尚宽译注，中华书局2006年版，第63页。
[2]《老子》，饶尚宽译注，中华书局2006年版，第2页。

中，将可观察道的边际。"有物混成，先天地生。"[1]意思是：有
一个东西混沌而成，先于天地而存在。

"视之不见，名曰夷；听之不闻，名曰希；搏之不得，名曰微。
此三者不可致诘，故混而为一。一者，其上不皦，其下不昧，绳绳
兮不可名，复归于无物。是谓无状之状，无物之象，是谓惚恍。迎
之不见其首，随之不见其后。执古之道，以御今之有。能知古始，
是谓道纪。"[2]意思是：看它看不见，把它叫作"夷"；听它听不
到，把它叫作"希"；摸它摸不到，把它叫作"微"。这三者不可说
清楚，所以就混而为一。其上不光明，其下不阴暗，朦胧无法形
容，于是又恢复到无。就是说它没有形状，没有物象，把此现象称
为"惚恍"。迎着它，看不见它的头；跟着它，也看不见它的尾。
凭这个古老的"道"，来驾驭现存的事物，就会知道古老事物的开
端，这就是"道"的规律。

（3）事物发展规律。《道德经》："万物并作，吾以观复。"[3]
意思是：万物一起生长，我来观察其中循环往复的规律。"反者，
道之动；弱者，道之用。天下万物生于有，有生于无。"[4]意思
是：循环，是道的运动方式；柔弱，是道的运用特征。天下万事万
物生于有，有生于无。"寂兮寥兮，独立而不改，周行而不殆，可
以为天地母。"[5]意思是：道，寂静，虚空，独立存在，永不改
变，循环往复，永不懈怠。老子认为事物发展的规律是循环往复，

---

[1]《老子》，饶尚宽译注，中华书局 2006 年版，第 62 页。
[2]《老子》，饶尚宽译注，中华书局 2006 年版，第 34 页。
[3]《老子》，饶尚宽译注，中华书局 2006 年版，第 40 页。
[4]《老子》，饶尚宽译注，中华书局 2006 年版，第 100 页。
[5]《老子》，饶尚宽译注，中华书局 2006 年版，第 63 页。

永无停息。

"道"有不变与变两个方面。春种夏长秋收冬藏，周而复始、对立转化的规律影响自然、社会和人生的命运。太阳底下没有新鲜事，指的是系统关系，事物的规律总是循环往复，永远不变。太阳每天都是新的，指的是系统要素，事物总会有不同的表现形态。系统要素随关系的转换而转换，系统每到一个新的层次，所有要素都要重新布局，因此，系统要素永远在变。

（4）语言文字假说。《道德经》："道可道，非常道。名可名，非常名。"[1] 可以阐说的道，并不完全等同于浑然一体、永恒存在、运动不息的道，道是勉强称之为道；给予道命名的名称，并不完全等同于浑然一体、永恒存在、运动不息的道的名称。"吾不知其名，强字之曰：道，强为之名曰大。"[2] 意思是：我不知道它的名字，勉强地称它为道，勉强地称它为大。老子明确表明人类的语言文字都是人类根据自身的需要，根据自身对事物本体的局部理解，假设事物的名称和意思。

2. 在人道方面，老子用天道、地道的自然法则来观照人道、指导自己的行为，认为人要尊重自然、顺应自然。

《道德经》从对世界认知开始，通过观察宇宙运行的法则，建议人类要道法自然，即按自然法则处世，对于人性的恶有深刻的认识，他提出"天道无亲，常与善人"等观点，希望像天道一样，利而不害，本质是告诫人们要去恶从善。

由天道老子延伸到治国、修身养性之道。他认为执政者必须顺

---

[1]《老子》，饶尚宽译注，中华书局 2006 年版，第 2 页。
[2]《老子》，饶尚宽译注，中华书局 2006 年版，第 63 页。

应自然规律，以百姓心为心，民之所畏，不可不畏，知止不殆，知足不辱，要让老百姓"甘其食，美其服，安其居，乐其俗"。作为人，要修身养性，以"慈爱、节俭、不敢为天下先"为三宝，不光要有胜人之力，更需要有自知之明，战胜自己；最好的人生境界要像水一样，谦卑，包容，对人仁义，为人诚信，处世稳健，专业精湛，善抓机会。人最好是像天道一样"利而不害"，像圣人一样"为而不争"。

道教以《道德经》为主要经典。作为中国本土之宗教，在数千年的发展中因时代环境的变化，其价值观也随之变化。在今天的时代风潮中，对其核心价值观有厘断甄别、重新解读、除其糟粕、返璞归真的必要。

第五节　禅宗——中国化的人间佛教

佛教在西汉时传入中国，到魏晋南北朝时日渐兴盛，逐步产生了许多佛教宗派，本书重点介绍禅宗。到梁武帝时期，二十八祖达摩从广州上岸，到河南嵩山建立禅宗，为禅宗始祖。到唐朝，来自广东的六祖惠能使佛教从圣堂走向平民化、人间化。惠能法师（638—713）二十四岁成为禅宗衣钵传承人，三十九岁在广州市光孝寺开启东山法门，为众生弘法三十七年，七十六岁于广东省新兴县国恩寺圆寂，其真身供养于韶关市南华寺。《坛经》由门人法海编集。

太虚大师在《禅宗六祖与国民党总理》中说："在广东历史上，过去时代有无若孙中山先生一样伟大的人物呢？有之，则不能不推中国佛教禅宗的六祖——惠能大师。""而禅宗之得为后世一切佛法的源流，甚至代表整个的佛法，成为中国普遍盛行的佛教宗派，实有赖于六祖于禅宗的颖悟和弘传。""推原佛教之所自，流出于佛陀之大菩提心，禅宗在直下印证自心为与佛无二之觉心，一方既穷佛法之根核，一方又适应华人之心理，遂打入华人之心理深处，发舒为宋、明儒者之理学。故隋、唐后之佛教，当以禅宗为中心。"

佛教经过不同时期的本土化、人间化，与儒家、道家思想融为一体，最终确立了以"儒行为基，道学为首，佛法为中心"的中国禅宗法相。六祖把禅宗中国化、人间化后，禅宗迅速发扬光大。民国时太虚大师提倡"人生佛教"，认为佛教的根本宗旨在于：以大乘佛教"舍己利人""饶益有情"的精神去改造社会和人类，建立完善的人格、僧格。他常说："末法期佛教之主潮，必在密切人间生活，而导善信男女向上增上，即人成佛之人生佛教。"因此，他提出"即人成佛""人圆佛即成"等口号，以鼓励僧众和信众从现实人生出发，由自身当下做起。也就是说，成佛就在人的现实生活中，在日常道德行为中。太虚大师有一首自述偈，充分说明了人生佛教的这一特征，偈曰："仰止唯佛陀，完成在人格，人圆佛即成，是名真现实。"（《即人成佛的真现实论》）

佛教弟子记述的《坛经》成为中国禅宗史上举足轻重的经书。佛法是不二之法，禅宗对佛教的理解与佛陀教义无本质的不同。惠能法师说："教是先圣所传，不是惠能自智。愿闻先圣教者，各令净心。闻了，各自除疑，如先代圣人无别。""吾传佛心印，安敢违于佛经？""《涅槃经》，吾昔听尼无尽藏读诵一遍，便为讲说，无一字一义不合经文。乃至为汝，终无二说。"现对《坛经》的主要思想进行介绍。

1. 禅宗修行入门：从五蕴入手。

原文："先须举三科法门，动用三十六对，出没即离两边，说一切法，莫离自性。忽有人问汝法，出语尽双，皆取对法，来去相因。究竟二法尽除，更无去处。三科法门者，阴界入也。阴是五阴：色受想行识是也。入是十二入，外六尘：色声香味触法；内六门：眼耳鼻舌身意是也。界是十八界：六尘、六门、六识是也。自性能含万法，名含藏识。若起思量，即是转识。生六识，出六门，见六尘，如是一十八界，皆从自性起用。自性若邪，起十八邪；自性若正，走十八正。若恶用即众生用，善用即佛用。"惠能法师非常明确地指出，修习法门，从"五蕴"切入，这点与《瑜伽师地论》《明门百法论》《唯识三十论》《成唯识论》是一致的，但《坛经》对第七识、第八识只是点到而已，没有展开分析。

"五阴"即是"五蕴"，即色受想行识。"六识"指眼耳鼻舌身意，是心法。"六尘"是色声香味触法，是色法。自性能含万法，名含藏识，藏识即是第八识阿赖耶识，是种子识。若起思量，即是转识，转识即是第七识末那识。

惠能法师说："大众，世人自色身是城，眼耳鼻舌是门。外有五门，内有意门。心是地，性是王。王居心地上。性在王在，性去王无。性在身心存，性去身心坏。佛向性中作，莫向身外求。"

外有五门指眼耳鼻舌身，内有意门指意，共"六识"。《坛经》所说的识在唯识论中分为心、意、识，第八识为心，第七识为意，前六识为识。第八为本识，前七为转识，外境随心转，心是根本识。心是地，心是第八识阿赖耶识，阿赖耶识含有自性，佛性在每个人的第八识阿赖耶识之中，不能向身外去求。

现在谈谈种子和外境熏习的关系。惠能法师说："我今说法，犹如时雨，普润大地。汝等佛性，譬如诸种子，遇兹沾洽，悉皆发生。承吾旨者，决获菩提；依吾行者，定证妙果。听吾偈曰：心地含诸种，普雨悉皆萌。顿悟华情已，菩提果自成。"

心地即第八识阿赖耶识，藏着各式各样的种子，人皆有之，普雨指外境，说明种子需外境的熏习，种子一遇到光、温、水、气、肥等适合生存的环境，便生根发芽，不断修行，便证佛果。阿赖耶识的有义种子各有二类：一是本有，即本性自有，从无始以来，在第八识阿赖耶识中，自然就会产生色受想行识五蕴、十二处、六根六尘六识共十八界的不同的功能。释迦牟尼根据这种情况，说各种动物（有情众生）从无始以来，有各种各样的功能，如恶叉聚集一样，自然而存在。这就是本性住种，即各种动物的本性中藏着自身独有的种子。二是始起，从无始以来，种子在外在的环境不断熏习、刺激下而生长。释迦牟尼根据这种情况，各种动物的阿赖耶识中，受到烦恼（染）、无烦恼（净）的事物熏习、刺激的缘故，使无量种子积聚其中。各种理论也说烦恼（染）、无烦恼（净）的种子受到有烦恼（染）、无烦恼（净）的事物的熏习、刺激而产生，这些种子称为习所成种，即经过熏习生长出来的种子。

惠能法师谈得最多、最为重要的就是自性。因此，下面用唯识论的阿赖耶识内涵来解释自性。自性指第八识阿赖耶识。《坛经》中使惠能法师开悟的是五祖弘忍大师为惠能法师讲《金刚经》，讲到"应无所住而生其心"时，惠能法师言下大悟，明白一切万法，不离自性。惠能法师答弘忍法师："何期自性，本自清净；何期自性，本不生灭；何期自性，本自具足；何期自性，本无动摇；何期自性，能生万法。"

何期自性，本自清净。阿赖耶识无善无恶，自性是清净的。

《楞伽经》云："如来藏藏识本性清净，客尘所染而为不净。"

何期自性，本不生灭。各种动物（有情众生）的自性中，从无始以来，各种各样的识与生俱来便存在，因此，自性不生不灭。

何期自性，本自具足。各种动物（有情众生）的本性中藏着自身独有的种子，叫本性住种。

何期自性，本无动摇。无善无恶，自性清净的自性从来没有变过，永不动摇。

何期自性，能生万法。阿赖耶识为一切种，自性包含万法，即自性中包含有各式各样的种子。

现在解释一下"不是风动，不是幡动，仁者心动"。《坛经》："一日思惟，时当弘法，不可终遁。遂出至广州法性寺。值印宗法师讲涅槃经。时有风吹幡动。一僧曰风动，一僧曰幡动，议论不已。惠能进曰：不是风动，不是幡动，仁者心动。一众骇然。"风动、幡动的外境，心动是识，有了识才能感知外境。无论是风动、幡动，都是识的呈现，因为万法唯识。惠能法师说："蕴之与界，凡夫见二，智者了达，其性无二。无二之性，即是佛性。""五蕴"与外境，普通人看来是两回事，智者明白其中的道理时，其实讲的是一件事，风动、幡动是色法，心动是心法，色法其实是心法的呈现，一切法唯识所现。

2. 禅宗法门

惠能主张修行不可定慧两分、偏执一端。禅宗法门是"无念为宗，无相为体，无住为本"[1]。外离一切相叫无相，对所有外境都

---

[1]《金刚经·心经·坛经》，谢志强编著，北京燕山出版社 2009 年版，《定慧品第四》，第 106 页。

不沾染叫无念，对一切善恶好坏不思酬害、视为空幻的人的本性叫无住。

惠能法师："善知识，我此法门，从上以来，先立无念为宗，无相为体，无住为本。无相者，于相而离相。无念者，于念而无念。无住者，人之本性。于世间善恶好丑，乃至冤之与亲，言语触刺欺争之时，并将为空，不思酬害。念念之中，不思前境。若前念今念后念，念念相续不断，名为系缚。于诸法上，念念不住，即无缚也。此是以无住为本。善知识，外离一切相，名为无相。能离于相，则法体清净。此是以无相为体。善知识，于诸境上，心不染，曰无念。于自念上，常离诸境，不于境上生心。若只百物不思，念尽除却，一念绝即死，别处受生，是为大错。学道者思之。若不识法意，自错犹可，更劝他人。自迷不见，又谤佛经。所以立无念为宗。"

无念为宗，指面对各种不同的外境不染着，这是离相的前提；无相为体，指面对各种不同的外境，明白一切外境都是生、住、异、灭的，都是无常的，所有相都是虚妄的，法体是清净的；无住为本，指面对外境，已不被外境束缚，已断连续不断的念头，自性清净。

3. 修行方法

（1）修行内容结合中国传统文化，突出人间化、中国化。禅宗至六祖惠能后，最大的特点是佛教的中国化、人间化、通俗化，类似于针对中国国情进行改造过的通俗化的佛学教材。禅宗主要的弘法对象是广大佛教信徒。惠能说："佛法在世间，不离世间觉。离世觅菩提，恰如求兔角。"[1] 这充分说明惠能法师将佛法变为世间

[1]《金刚经·心经·坛经》，谢志强编著，北京燕山出版社 2009 年版，《般若品第二》，第 87 页。

法，后来太虚法师把佛教称为人间佛教。

惠能法师说："心平何劳持戒，行直何用修禅，恩则孝养父母，义则上下相怜。让则尊卑和睦，忍则众恶无喧，若能钻木取火，淤泥定生红莲。苦口的是良药，逆耳必是忠言，改过必生智慧，护短心内非贤。日用常行饶益，成道非由施钱，菩提祇向心觅，何劳向外求玄。听说依此修行，天堂祇在目前。"

此处，惠能法师将儒家文化与佛教有机地进行融合。儒家的核心理念是内仁外礼。仁者，爱人也；礼者，仁的外在表现。具体表现为"仁义礼智信，恭宽信敏惠"。仁、义、礼、智、信为儒家五常，仁以爱人为核心；义，宜也，要有适宜社会的普遍准则，以尊长为核心；礼就是对仁和义的具体规定；智以明辨是非为核心；信以信用为核心。恭、宽、信、敏、惠，即对人恭敬、宽厚包容、诚信为人、勤敏做事、施人以惠。

惠能法师的主张符合中国的传统文化，与普通人的生活息息相关，因此，在修行上就显得简单，人人都可修，处处都可修，时时都可修。惠能法师说："善知识，若欲修行，在家亦得，不由在寺。在家能行，如东方人心善。在寺不修，如西方人心恶。但心清净，即是自性西方。"从中可以看出，修行可以不分人群，不分时间，不分地点，只要自性清净，就可以修行。

（2）在修行次第上，顿悟及渐修因人而异，弘法要因地制宜，因材施教。对于修行过程中顿悟及渐修，常有人误解，以为惠能法师只用顿悟法，神秀只用渐修法。惠能法师对此有非常明确的说法，他对信众说："法本一宗，人有南北。法即一种，见有迟疾。何名顿渐？法无顿渐，人有利钝，故名顿渐。""教即无顿渐，迷悟有迟疾。"[1] "本来正教，无有顿渐，人性有利钝。迷人渐修，悟人顿契。自识本心，自见本性，即无差别。所以立顿渐之假名。"[2] 所以对愚钝的人用渐悟法，对有智慧的人用顿悟法。"自性无非、无痴、无乱，念念般若观照，常离法相，自由自在，纵横尽得，有何可立？自性自悟，顿悟顿修，亦无渐次，所以不立一切法。诸法寂灭，有何次第？"

关于顿悟、渐修，从神秀和惠能两首偈中可看出顿悟、渐修的区别。

《坛经》神秀偈曰："身是菩提树，心如明镜台，时时勤拂拭，勿使惹尘埃。"此偈虽有见性，实是凡夫见性必经之路，每个人都有菩提自性，自心本自清净，但每时每刻都要修行，久之自然明心见性，因此，普通人实需渐修。如何修，要做到福智两修。

惠能偈曰："菩提本无树，明镜亦非台，本来无一物，何处惹尘埃。"对于此偈，惠能法师在《坛经》中进行了解释："汝之本性，犹如虚空，了无一物可见，是名正见。无一物可知，是名真知。无有青黄长短，但见本源清净，觉体圆明，即名见性成佛，亦名如来知见。"此偈讲惠能法师虽刚入寺不久，但他自性中自生出离，自见菩提，自性清净，自性本空。因此，惠能法师是上根之人，自性自悟，用的是顿悟法。

下面谈谈惠能法师弘法如何因地制宜、因材施教。《坛经》："惠能后至曹溪，又被恶人寻逐。乃于四会，避难猎人队中，凡经一十

---

[1]《金刚经·心经·坛经》，谢志强编著，北京燕山出版社 2009 年版，《般若品第二》，第 87 页。

[2]《金刚经·心经·坛经》，谢志强编著，北京燕山出版社 2009 年版，《定慧品第四》，第 106 页。

五载，时与猎人随宜说法。猎人常令守网。每见生命，尽放之。每至饭时，以菜寄煮肉锅。或问，则对曰：但吃肉边菜。"惠能法师二十四岁得到衣钵后，招致杀身之祸，在四会、怀集长达十五年的避难过程中，只吃肉边菜，足见定力之强，同时又能与世人融洽相处。惠能弘法的对象是普罗大众，素质参差不齐，总体是普通的劳苦大众，如猎户、农民等，文化素质偏低。惠能法师根据猎人、农户的情况因人而异，因地制宜，因材施教，这就说明惠能将高深的佛法，通过通俗的语言并且结合实际进行讲解。惠能面对社会底层的弘法对象，虽然弘扬的是不二佛法，但他将佛法通俗化、人间化了，因此，惠能的佛法成为接地气的人间佛教。

（3）迷时师度，自性自度，强调修行者的主体性。因为人人自具佛性，惠能法师强调修行者在修行过程中的主体作用（自性自度），法师的作用在于引导（迷时师度）。

《坛经》："祖复曰：'昔达摩大师，初来此土，人未之信。故传此衣，以为信体，代代相承。法则以心传心，皆令自悟自解。'……祖云：'合是吾渡汝。'惠能曰：'迷时师度，悟了自度；度名虽一，用处不同。惠能生在边方，语音不正。蒙师付法，今已得悟，只合自性自度。'"

"法则以心传心，皆令自悟自解"，强调修行者要自悟自解，自己去体悟，去修行。法师的作用是"迷时师度"，即是迷惑时，法师进行解惑，一旦解惑，就应该悟了自度，自性自度。

为什么要自性自度？惠能法师说："人有两种，法无两般。迷悟有殊，见有迟疾。迷人念佛，求生于彼；悟人自净其心。所以佛言：随其心净，即佛土净。"迷惑的人求于他人，悟人反求诸己，明白自净其心，心净即佛土净。惠能法师说："《菩萨戒经》云：我本性元自清净。善知识，于念念中，自见本性清净。自修，自行，自成佛道。""此事须从自性中起。于一切时，念念自净其心，自修其行，见自己法身，见自心佛，自度自戒，始得不假到此。""但识自本心，见自本性，无动无静，无生无灭，无去无来，无是无非，无住无往。恐汝等心迷，不会吾意，今再嘱汝，令汝见性。吾灭度后，依此修行，如吾在日。若违吾教，纵吾在世，亦无有益。"

惠能法师怕信众心疑，反复强调自性自度的重要性，特别说明如若违背教诲，即使他在世，对于自己的修行也无益。惠能法师的开示对修行至关重要，法师的作用是在你迷惑时进行开示，而佛性在每个人的心中，只能向内求，才能明心见性。

（4）惠能法师强调口诵心行，知行合一。惠能法师说："口诵心行，即是转经；口诵心不行，即是被经转。""汝观自本心，莫著外法相。法无四乘，人心自有等差。见闻转诵是小乘，悟法解义是中乘，依法修行是大乘。万法尽通，万法俱备，一切不染，离诸法相，一无所得，名最上乘。乘是行义，不在口争。汝须自修，莫问吾也。一切时中，自性自如。"

4. 如何转识成智

《坛经》对"三身""四智"有详细的记录，《成唯识论》第四修习位中，详细论述了"四智"相应心品，讲的是如何转识成智。什么是"三身"？惠能法师说："三身者，清净法身，汝之性也。圆满报身，汝之智也。千百亿化身，汝之行也。若离本性，别说三身，即名有身无智。若悟三身无有自性，即名四智菩提。"

什么是"四智"？惠能法师说："既会三身，便明四智。何更问耶？若离三身，别谈四智。此名有智无身。即此有智，还成无智。复说偈曰：

　　大圆镜智性清净，平等性智心无病。

　　妙观察智见非功，成所作智同圆镜。

　　五八六七果因转，但用名言无实性。

　　若于转处不留情，繁兴永处那伽定。

　　如上转识为智也。教中云：转前五识为成所作智，转第六识为妙观察智，转第七识为平等性智，转第八识为大圆镜智。虽六七因中转，五八果上转；但转其名，而不转其体也。通顿悟性智，遂呈偈曰：

　　三身元我体，四智本心明。

　　身智融无碍，应物任随形。

　　起修皆妄动，守住匪真精。

　　妙旨因师晓，终亡染污名。"

　　《成唯识论》修行次第四修习位中，详细论述了"四智"相应心品，说明如何转"八识"而得"四智"。"云何四智相应心品。一大圆镜智相应心品。谓此心品，离诸分别，所缘行相，微细难知。不妄不愚。一切境相，性相清净，离诸杂染，纯净圆德现种依持。能现能生身土智影。无间无断。穷未来际。如大圆镜。现众色像。二平等性智相应心品。谓此心品，观一切法自他有情，悉皆平等，大慈悲等恒共相应。随诸有情所乐，示现受用身土影像差别。妙观察智。不共所依。无住涅槃之所建立。一味相续。穷未来际。三妙观察智相应心品。谓此心品，善观诸法自相共相，无碍而转。摄观无量总持之门。及所发生功德珍宝。于大众会。能现无边作用差别。皆得自在。雨大法雨断一切疑。令诸有情皆获利乐。四成所作智相应心品。谓此心品。为欲利乐诸有情故。普于十方示现种种变化三业。成本愿力所应作事。如是四智相应心品。虽各定有二十二法。能变所变种现俱生。而智用增。以智名显。故此四品。总摄佛地一切有为功德皆尽。此转有漏八七六五识。相应品如次而得。智虽非识。而依识转。识为主故。说转识得。又有漏位。智劣识强。无漏位中。智强识劣。为劝有情依智舍识。故说转八识而得此四智。"

5. 修行结果

《坛经》的自性五分法身香，指修炼成就五个方面的功德。修行五分法身，依次为戒、定、慧、解脱和解脱知见五个层次。按顿法，这五者不分次第，共处于自性法身之中。《坛经》忏悔品第六，惠能法师说："一是戒香：即自心中无非、无恶、无嫉妒、无贪嗔、无劫害，名戒香。二是定香：即亲诸善恶境相，自心不乱，名定香。三是慧香：自心无碍，常以智慧，观照自性，不造诸恶，虽修众善，心不执着，敬上念下，矜恤孤贫，名慧香。四是解脱香：即自心无所攀缘，不思善，不思恶，自在无碍，名解脱香。五是解脱知见香：自心既无所攀缘、善恶，不可沉空守寂，即须广学多闻，识自本心，达诸佛理，和光接物，无我无人，直至菩提，真性不易名解脱知见香。善知识！此香各自内熏，莫向外觅。"[1]

佛教修行，离不开戒、定、慧，最终目的是达到解脱，断除所知障，才能转识成智，因此，修行就要达诸佛理，识自本性，八识论、三自性论就是佛理；断除烦恼障，才能到达无我的境界。因此，修行要从资粮位开始，即从布施、持戒、忍辱、精进、禅定、智慧开始。

---

[1]《金刚经·心经·坛经》，谢志强编著，北京燕山出版社 2009 年版，第104 页。

第六节　王阳明心学

中华传统文化到宋代及至明代，儒释道通过长期的碰撞、磨合，逐步走向融合，这一时期理学和心学成为文化的主流。王阳明是其中代表性人物，他是心学的集大成者。

王守仁（1472—1529），别号阳明，浙江余姚人，明代心学集大成者。王阳明心学的基本历程可以归结为：陈献章开启，湛若水完善，王阳明集大成。王阳明心学的直接源头是陈献章与湛若水的"陈湛心学"。阳明心学主要思想是"心即理""知行合一""致良知"。

1. 心学基础：四句理

心学的基础理论：心即理。宋代哲学家陆九渊提出"心即理也"，以及"宇宙即是吾心，吾心即是宇宙"的思想。王阳明在陆九渊的思想基础上，提出了"心即理也""心外无物，心外无事"的思想。

人类认知世界，最基本的前提是人的眼睛、耳朵、鼻子、舌头、皮肤能感知外在的环境。学习心学，首先要明确身、心、意、知、物的基本内涵。为此，王阳明用非常简洁的"四句理"来说明身、心、意、知、物。他说：

"身之主宰便是心，心之所发便是意，意之本体便是知，意之所在便是物。""要知身心意物，是一件。"问："物在外，如何与身心意知是一件？"答："耳、目、口、鼻、四肢，身也，非心安能视听言动？心欲视听言动，无耳目口鼻四肢亦不能，故无心则无身，无身则无心。但指其充塞处言之谓之身，指其主宰处言之谓之心，

指心之发动处谓之意，指意之灵明处谓之知，指意之涉着处谓之物，只是一件。意未有悬空的，必着事物。"（《传习录》陈惟浚记）

解读：如何理解心学，首先要从人类通过感觉器官感知世界着手，需要明确身、心、意、知、物的准确内涵。耳、目、口、鼻、四肢，用今天通常的语序和说法，即眼睛、耳朵、鼻子、舌头、皮肤五个感觉器官，这是身体的一部分。心和感觉器官的关系，如果没有意识或精神，感觉器官不能发生作用，如植物人，虽有感觉器官，但不能感知外在的环境；但如果没感觉器官，即使意识清楚，不能感知外在的环境，如盲人不能看到外在的世界一样。因此，意识依附的是人的身体，叫身，主宰人的精神的叫作心，心发动之处，叫意，意与感觉器官联动，能感知外在环境，叫知，意所感知的外在环境叫物。

"我的灵明，便是天地鬼神的主宰。天没有我的灵明，谁去仰他高？地没有我的灵明，谁去俯他深？鬼神没有我的灵明，谁去辩他吉凶灾祥？天地鬼神万物，离却我的灵明，便没有天地鬼神万物了，我的灵明，离却天地鬼神万物，亦没有我的灵明。……今看我死的人，他的天地万物，尚在何处？"（《传习录》黄直记）

解读：没有意识，人并不知道外在的世界是什么样子，人只有有了意识，才能感知外在的世界，才能感知外在天地鬼神万物。而人一旦有了意识，世界便是唯识所现。唯识所现指的是，面对同一事物，不同的动物种群有自身独有的呈现方式，呈现方式是不同的动物种群通过各自主观加工后以不同的方式呈现出来。

其次，人是自然的产物，人与自然并不是并列关系，人只是自然界动物种群的其中一个种群，而意识自然也是自然的产物，也从属于自然。意识一旦离开肉体，便不能独立存在。

先生游南镇，一友指岩中花树问曰："天下无心外之物，如此花树，在深山中，自开自落，于我心亦何相关？"先生曰："尔未看此花时，此花与尔心同归于寂；尔来看此花时，则此花颜色一时明白起来，便知此花不在尔的心外。"（《传习录》黄省曾记）

此处，王阳明明确指出，此花颜色明白起来，显然是看花人明白起来，没有看花人意识的参与，此花归于寂，看花人意识一参与，花的形象以及看花后的感受便自然地落在看花人的心里，此花便不在看花人的心外；没有看花人心的参与，看花人并不知道花是什么样子。

2. 物穷其理与心即理

（1）物穷理。"朱子所谓'格物'云者，在'即物而穷其理'。即物穷理，是就事事物物上求其所谓定理者也。是以吾心而求理于事事物物之中，析心与理为二矣。夫求理于事事物物者，如求孝之理于其亲之谓也。求孝之理于吾亲，则孝之理其果在于吾之心耶？抑果在于亲之身耶？假而在于亲之身，则亲没之后吾心遂无孝之理欤？其或可以手而援之欤？是皆所谓理也，是果在于孺子之身欤？抑果出于吾心之良知欤？以是例之，万事万物之理，莫不皆然。是可知析心与理为二之非矣。"（《答顾东桥书》）

解读：大多数人"格物"，即对事物的规律不断追究，试图穷尽其中的所有道理，物理世界独立于人的精神世界，物质和精神是各自独立的。物质和精神是各自独立的，还是一体的，王阳明认为天地万物是一体的。他说：

"夫人者，天地之心。天地万物，本吾一体者也。"（《答聂义蔚书》）《大学问》中阳明曰："大人者，以天地万物为一体者也，其视天下犹一家，中国犹一人焉。若夫间形骸而分尔我者，小人矣。

大人之能以天地万物为一体也，非意之也，其心之仁本若是，其与天地万物而为一也。"

阳明通过心与物的感应关系来证明心物的一体性。"为学须有本原，须从本原用力，渐渐盈科而进。"何为本原，天即本原。"心即道，道即天。知心则知道，知天。"王阳明非常明确地指出，万物一体，心的本原是自然，心是自然的一部分，心物合一，不可分离，物是心识所现，因此，心即理。

（2）心即理。"夫物理不外于吾心，外吾心而求物理，无物理矣；遗物理而求吾心，吾心又何物耶？……后世所以有专求本心遂遗物理之患，正由不知心即理耳。……外心以求理，此知行之所以二也。求理于吾心，此圣门知行合一之教。"（《答顾东桥书》）

"外吾心而求物理，则无物理"，因为没有意识人类无法感知外在的世界，所以不能离开人的意识去寻求外在事物的规律，"遗物理而求吾心，吾心又何物？"人类的肉体（物）和精神（心）必须相互依存才能成为人，而人来于自然，必须依附自然而存在。人的精神基因与生俱来，但必须在外在环境的熏习下才能成长，因此，阳明说："心无体，以万物之感应是非为体。"

3. 心学方法：知行合一

什么叫知行合一，分两个层面进行分析。

第一个层面，什么是知？王阳明说："未有知而不行者。知而不行，只是未知。"王阳明认为，人只要意识上有某种感觉，便自然会起相应的反应，反应就是一种行为，感觉和反应，同时而生，不能分开。为此，王阳明这样解释："若令得时，只说一个知，已自有行在，只说一个行，已自有知在。古人所以既说一个知又说一个行者，只为世间有一种人懵懵懂懂的任意去做，全不解思惟省

察，也只是个冥行妄作，所以必说个知方才行得是；又一种人茫茫
荡荡悬空去思索，全不肯着实躬行，也只是揣摩影响，所以必说一
个行方才知得真。……今若知得宗旨时，即说两个亦不妨，亦只是
一个，若不会宗旨，便说一个亦济得甚事？只是说闲说话。"（《传
习录》徐爱记）

　　第二个层面，什么是知行合一？王阳明说："知是行的主意，
行是知的工夫，知是行之始，行是知之成。圣学只一个功夫，知行
不可分作两事。"（《传习录》徐爱记）

　　意的产生，必须有一个与意念对应的外境，意是知的必要条
件，所以叫"知是行的主意"，意一着外境便是行为的开始，所以
叫"知是行之始"。

　　"行是知的工夫"，"行是知之成"，这两句话强调只有行，只有
真正的实践才能得到真知，也就是说，光知道一些知识而没有实
践，是不知；只有将这些知识与实践有机地结合，才是真知。所
以，不能将知和行分作两件事来做。王阳明说："知行原是一个字
说两个工夫，这一个工夫，须着此两个字，方说得完全无弊。"
（《答友人问》）"今人却将知行他作两件去做，以为必先知了然后
能行，我如今且去讲习讨论做知的工夫，待知得真了方去做行的工
夫，故遂终身不行，亦遂终身不知。此不是不病痛。"（《传习录》
徐爱记）

　　"行之明觉精察处便是知；知之真切笃行处便是行。若行而不
能精察明觉，便是冥行，便是'学而不思则罔'，所以必须说个知；
知而不能真切笃实，便是妄想，便是'思而不学则殆'，所以必须
说个行，原来只是一个工夫。古人说知行皆是就一个工夫上补偏救
弊说，不似今人分作两件事做。"（《答友人问》）

"今人只因知行分作两年，故有一念发动，虽是不善，然却未曾行，便不去禁止。我今说个知行合一，正要人晓得一念发动处便即是行了……须要彻根彻底不使那一念潜伏在胸中。此是我立言宗旨。"（《传习录》黄直记）

"博学之，审问之，慎思之，明辨之，笃行之。"这是《中庸》提出的治学方法。很多人认为学、问、思，属知的方面，末句属行的方面。王阳明认为这种理解错了，他说：

"夫问思辨行皆所以为学，未有学而不行者也。如学孝，则必服劳奉养，躬行孝道，而后谓之学，岂徒悬空口耳讲说，而遂可以谓之学孝乎？学射，则必张弓挟矢，引满中的；学书，必伸纸执笔，操觚染翰，尽天下之学，无有不行而可以言学者，则学之始固已即是行矣……学之不能无疑则有问，问则学也，即行也，又不能无疑则有思有辨，思辨即学也，即行也。……非学问思辨之后而始措之于行也。是故以求能其事而言谓之学，以求辨其义而言谓之问，以求通其理而言谓之思，以求精其察而言谓之辨，以求履其实而言谓之行。盖析其功而言则有五，合其事而言则一而已。"（《答顾东桥书》）

"凡谓之行者，只是着实去做这件事。若着实做学问思辨的工夫，则学问思辨亦便是行矣。学是学做这件事，问是问做这件事，思辨是思辨做这件事，则行亦便是学问思辨矣。若谓学问思辨了然后去行，却如何悬空去学问思辨，行时又如何去得个学问思辨的事。"（《答友人问》）

4. 修行目的：致良知

心学的最高德性、最高本体是致良知。"良知之外，更无知，致知之外，更无学。""良知之外，别无知矣；故致良知是圣人教人第一义。"王阳明认为，天下没有比良知更好的东西了。圣人要教导好别人，自己首先必须要做到致良知。从上面这两句话中，就可以看出"致良知"三个字在王阳明心中至高无上的分量。

（1）致良知。心学的致良知，语出《孟子》："人之所不学而知者，其良知也。"王阳明说："孟子云：'是非之心，知也。''是非之心，人皆有之。'即所谓良知也。孰是无良知矣？但不能致耳。《易》谓'知至至之'知至者知也；至之者致知也。此知行之所以一也。近世格物致知之说，只一'知'字尚未有下落，若'致'字工夫，全不曾道着矣。此知行所以二也。"（《与陆元静第二书》）

"致良知"是王阳明心学的核心思想。他解释说："见父自然知孝，见兄自然知悌，见孺子入井自然知恻隐，此便是良知。"所谓"致良知"，就是致吾心内在的良知。也就是要达到良知，时时刻刻接受良知的指引。这里所说的"良知"，既是道德意识，也指最高本体。

王阳明将人的精神分为心、意、知，身是心、意、知的依附，心是宰，物是心、意、知所涉着的对象。他说："凡应物起念处皆谓之意，意则有是有非，能知得意之是与非者则谓之良知。"

从中我们可以知道，每个人的知善知恶的是非之心便是每个人都能知良知，但光知良知不行，还要行，为善去恶，做到知行合一，才算是致良知。

（2）如何致良知。知善知恶的是非之心便是良知，每个人都有，关键是如何在致上下功夫。王阳明对人皆有是非之心进行了分类，他说："圣人之知，如青天之日；贤人之知，如浮云天日；愚人如阴霾天日。虽有昏明不同，其能辨黑白则一。虽昏黑夜里，亦影影见得黑白，就是日之余光未尽处。困学工夫，只从这一点明处

精察去。"（《传习录》黄修易记）

对此，王阳明说："你萌时，这一知便是你的命根，当下即把私意消除去，便是立命工夫。"知是非之心，致良知的命根，当下把私意消除，是立命工夫。如果这样做，愚人便变贤人、圣人，贤人便成为圣人，你心中就会只剩下没有乌云遮掩的太阳。因此，王阳明说："人若知这良知诀窍，随他多少邪思枉念，这里一觉，都自消融，真个是灵丹一粒，点铁成金。"（《传习录》陈九川记）用今天的话，我们判断是非不要带着私心，不要带着主观成见，要充分调研，全面掌握事物发生的前因后果，全面系统地掌握各方面的材料，这样就能准确地明辨是非。

要把私意消除，最重要的是破除功利之心，功利之心是良知最大的敌人。王阳明对当时的现象这样评论："夫圣人之心，以天地万物为一体。其视天下之人，无内外远近，凡有血气，皆其昆弟赤子之亲，莫不欲安全而教养之，以遂其万物一体之念。……圣人之学，日远日晦；而功利之习，愈趋愈下。……盖至于今，功利之毒沦浃于人之心髓而习以成性也几千年矣。"人为名、为利、为情等各种贪婪的欲望越来越盛，王阳明认为，功利之心不除，良知难显。

王阳明的四句教诲："无善无恶是心之体，有善有恶是意之动，知善知恶是良知，为善去恶是格物"。第一句讲心的本体无善无恶；第二句讲的是意，有善有恶；第三句强调的是要知是非之心即是良知；第四句强调的是要为善去恶，要知行合一，才能致良知。因此，致良知，知易行难，所以王阳明说："去山中贼易，去心中贼难。"王阳明认为，要破除私念，减少功利之心，要有克己工夫，能克己才能成就自己，才能回归自己的心之本体。他说："这心之本体，便是你的真己。你若真要为那尔体壳的己，也须用着这个真己，便须要常常保护这真己的本体。有毫亏损他，便如刀割，如针刺，忍耐不过，必须去了刀，拔了刺，才是有为己之心，方能克己。"（《传习录》答萧惠问）"徒知养静而不用克己工夫，临事便要倾倒。人须在事上磨炼方立得住，方能静亦定、动亦定。"（《传习录》陆澄记）克己工夫只有在实践中，反复地试错，反复地体悟，不断地提升，才能立得住。

要致良知，首先是把私意消除，这是立命工夫，然后就是立志成为圣人。什么叫圣人？王阳明说："圣人之所以为圣，只是其心纯乎天理而人欲之杂。犹精金之所以为精，但以其成色足而铜铅之杂也。人到纯乎天理方是圣，金到足色方是精。……故虽凡人而肯为学，使此心纯乎天理，则亦可为圣人。"王阳明把圣人定义得非常清楚，只要你的心做到纯乎天理，没有贪欲之心，无功利之念头，便是圣人。

致良知，无论如何，都必须做到知行合一。王阳明说："我辈致知，只是各随分限所及。今日良知见是如此，只随今日所知扩充到底；明日良知又有开悟，便从明日扩充到底，如此方是精一工夫。"（《传习录》黄直记）王阳明认为，致良知要根据自身所知，不断深入下去，从中领悟其中的道理，要做到惟精惟一，这样的话，良知便一天天长进。由此可知，致良知，不能停留在口头上，要落入到行动之中，在行动中不断积累经验。

在行动中，人会自然积累不少的见闻，但广博的见闻不是良知，只是致良知的功用。王阳明说："良知不由见闻而有，而见闻莫非良知之用，故良知不滞于见闻，而亦不离于见闻。……大抵学问工夫，只要主意头脑是当，若主意头脑专以致良知为事，则凡多闻多见，莫非致良知之功。"（《答欧阳崇一书》）这段话明确地告诉我们，见闻为致良知所用，而不能被见闻所束缚，人在学习实践中，一方面需要深入学习前人积累的经验、理论成果；另一方面，要时刻明白，这些经验、理论是为我所用。

要做到这些见闻为我所用，就要敢于质疑，大胆请教。王阳明说："若不用克己工夫，天理私欲，终不自见。如人走路一般，走得一段，方认得一段；走到歧路处，有疑便问，问了又走，方能到得欲到之地。……只管愁不能尽知，只管闲讲，何益?"（《传习录》陆澄记）这段话用惠能法师所说的"迷时师度，悟了自度"来解释，非常合适。

第七节　中华传统文化价值观亟待现实重塑

中华传统价值观源远流长，每一朝代因社会特征、多元性等形成不同的文化融汇点。主要节点有：以《周易》为代表周公初创的天人观与建国治邦的政治哲学开山；经春秋百家争鸣、汉独尊儒术、魏晋佛教传入，至唐儒释道融合、开明政治与宋代理学达至古代鼎盛峰极；自明至清急转高压下的内敛内省与犬儒化，一路颓唐；于清末民初，伴随西方文化传播、"五四"新文化运动、马克思主义兴起，进入又一次的薰莸并茂、百家争鸣期，中国文化哲学信仰价值发生巨大变化。辛亥革命100多年来，传统价值观在社会主航道中陷入了间歇迷惘，急需创新重塑。

经过40多年改革开放，中国开始富强，传统价值观的传承与创新有了坚实的经济、政治、社会基础。无论政府还是普通百姓，都在寻找共同的精神家园。中华文化积淀着中华民族最深沉的精神追求，是中华民族生生不息、发展壮大的丰厚滋养。如何寻找中华民族的精神家园，答案只能是发掘传统价值观的核心、弃其糟粕，传承其优秀基因，赋予其新的内涵。

第五部分

西方哲学概略

本部分主要对哲学的相关问题进行反思，对西方哲学主要思想简要综述。

第二十章　哲学是什么

第一节　西方哲学产生的基础

在"人类社会"章节中，本书分析了社会制度成因。从社会制度主要成因来说，自然环境是制度产生的基础，社会关系相互糅合是制度演化的主要趋势，科技创新是社会生产关系变革的主要变量。

哲学的产生离不开人类所处的自然环境、社会关系和科技创新等因素。西方哲学产生的主要区域在地中海沿岸，地中海沿岸在气候条件、土地、淡水资源上，无法进行大规模的农业生产，缺少农耕文明产生的自然条件，但地中海有着良好的海洋生产条件，这就决定了古希腊、古罗马等文明需要发展以城邦制为主的社会关系，这种社会关系以海洋贸易、手工业、商业作为主要生产方式，逐步制定经济、政治、社会、文化等社会规则体系。古希腊、古罗马等文明在社会关系上，要求以契约精神为纽带；在激发人类创造力方面，生产、交易要求人们需要形成理性逻辑，发明创造出适宜人类生存的工具；在人们的精神需求上，由于海洋生产、商业交换等方面产生的众多不确定性，宗教信仰成为人们天然的内在需求。

总的来看，西方哲学的产生与地中海沿岸的自然条件高度相关，与商业文明相应的契约精神高度相关，与手工业生产、海洋生产与贸易等生产方式带来的工具创新相关。在人与自然的关系中，西方文明更侧重于战胜自然、征服自然，在与自然相处中强调人的力量；在人与社会、人与人的关系中，西方文明突出个人利益，个人利益先于集体，更侧重于通过契约、规则来维护社会关系，通过合作来满足个体需求，通过力量来征服对方；在人与内心的关系中，西方文明更侧重于通过宗教、鬼神来满足内心的需求，神学的产生和发展不断强化人们内在的神灵存在，使人们更加相信神的存在；在科技创新方面，西方文明更侧重于通过理性逻辑的工具思维进行实证，逐步形成以形式逻辑为基础、以实验验证为结果的科学体系，这为近代以来西方科学的昌明提供了底层的思维基础。

中国哲学，在人与自然的关系中，强调敬畏自然、臣服自然、顺应自然，与自然和谐共生；在人与社会、人与人的关系中，突出集体先于个人，侧重于以血缘为纽带的社会关系，人与人侧重于宽厚仁爱，和而不同，互相包容；在人与内心的关系中，侧重于身心和谐，身心统一；在科技创新方面，侧重于自觉思维、实用思维，总体缺少工具理性。在这些关系中，道家侧重于人与自然的关系，儒家侧重于人与社会、人与人的关系，佛家侧重于人与内心的关系，儒释道各有侧重，互为补充，相互渗透，逐步形成了相对独立又统一的关系。

在哲学思维上，西方哲学由于其思维底层的工具理性，西方哲学观点更容易产生对立性，如唯物和唯心、实在论和反实在论、主体性和无主体性、科学理性和宗教神性的对立等，整个西方哲学的不同流派充斥着对立，但这种对立客观上促进了哲学的发展，在追求终极、逻辑反思、科学前瞻等方面更加激发人们的好奇，使难以有标准答案的哲学更加令人着迷，使哲学这种思维游戏更加容易激发人的创造力。总的来看，中国哲学重视整体论，缺乏方法论，西方哲学重视方法论，缺乏整体论，中西哲学互有局限，破除局限的主要途径是古今贯通，中西融汇，相互激荡，互鉴互融。

第二节　哲学概念

哲学的概念按希腊语词源是"追寻智慧"的意思。但今天翻阅不同的哲学书籍，看到的是不同人给出的不同定义。现列举几个加以说明。

《现代汉语词典》关于哲学的解释："哲学，关于世界观、价值观、方法论的学说。是在具体各门科学知识的基础上形成的，具有概括性、抽象性、反思性、普遍性的特点。哲学的根本问题是思维和存在、精神和物质的关系问题，根据对这个问题的不同回答而形成唯心主义哲学和唯物主义哲学两大对立派别。人和世界的关系问题已成为当代哲学研究的重大问题。"[1]

罗素在《西方哲学简史》中给哲学如此定义："哲学是介于神学与科学之间的东西。它与神学的共同之处在于，都包含着人类对未知事物的思考；它与科学也有共同之处，那就是理性地看待事物，而不是一切遵循权威，无论是哪种权威。我认为，凡是能够得

---

[1]《现代汉语词典》，商务印书馆 2012 年版，第 1649 页。

到确切认识的知识都属于科学；凡是不能得到确切认识的知识都属于神学。但是还有一片领域，它既属于科学范畴，也不属于神学范畴，双方都不承认它，并且攻击它，这片领域便是哲学。哲学家们最热衷的那些问题，科学根本给不出一个答案；神学家们给出的答案越来越不能让人信服。"[1]

《大问题——简明哲学导论》这样定义哲学："什么是哲学，简单地说，哲学就是对诸如生命、我们知道什么、我们应当怎样做或应当相信什么这样一些重大问题的探究。它是一种对事物寻根究底的过程，一种对那些在大部分时间里被认为是理所当然、从未有过疑问或从未明确表达出来的想法提出根本质疑的过程。比如，我们认定一些行为是正确的而另一些是错误的，这有什么理由？我们知道杀人是不对的，但为什么如此？它总能成立吗？战争时如何？对一个生命不可挽回而又忍受着极大痛苦的人来说怎么样？如果世界变得如此拥挤，以致不是这些人死，就是另一些人死，那又将如何？"[2]

1771 年《不列颠百科全书》关于"科学"的词条："科学，在哲学语境下指通过合乎规则的证明从自明到确定的原理中导出的任何学说。"科学的概念在哲学语境之下。《现代汉语词典》关于科学的解释："科学，反映自然、社会、思维等的客观规律的分科的知识体系。"自文艺复兴以来的几百年的时间，属于自然哲学时期，科学、哲学、宗教是一体的。当代科学，属于自然科学，当代哲

---

[1]《西方哲学简史》，〔英〕罗素，陕西师范大学出版社 2010 年版，绪论第 1 页。

[2]《大问题——简明哲学导论》，〔美〕罗伯特·所罗门、凯思林·希金斯，清华大学出版社 2018 年版，第 26 页。

学，属于人文科学，哲学与科学、宗教分离。

西方哲学流派众多，风格各异，各持己见，莫衷一是。比如认识论、本体论、逻辑学、伦理学、政治哲学、社会哲学、宗教哲学、艺术哲学、美学等，各流派又分为不同的分支。西方哲学的主流，从苏格拉底、柏拉图、亚里士多德以来，经笛卡尔、康德等，到 20 世纪英美分析哲学，都是认识论中心主义，把哲学视为自然的镜子，把哲学的任务视为为人类知识打基础。西方哲学两三千年的发展，主要为柏拉图们的思想加了一些脚注，当代哲学很多时候成为诠释之学。

从上可知，哲学并没有统一的概念，那么，应该如何对哲学进行定义呢？我认为，一是要对主流的哲学概念进行梳理，从中找出异同之处；二是要建立哲学研究的思维框架，形成哲学界普遍认同的思维方式；三是要充分利用当代的认知水平对一些重大哲学问题进行重新探讨。

人类的所有学问，都是围绕人以及所处的世界展开，但不同的学科侧重点有所不同。《易经》说："形而上者谓之道，形而下者谓之器。"哲学属于形而上层面，是道，是规律。我认为，哲学的意义在于在哲学语境下通过人类自身的感知系统、逻辑系统以及人类自身建构的语言等符号系统发现人以及所处的世界的一般性规律，由具体到抽象，重点探究思维的基层，建构人的思维系统，追溯世界的本源，追求终极。哲学和科学是一对孪生兄弟，都在于发现规律，无法完全分开，但哲学应该侧重于思维的基层，追问宇宙人生的本质。

第三节　哲学研究

1. 哲学研究起点

当前哲学非常突出的特征是高度重视语言，语言成为哲学思考的中心问题，它在 20 世纪哲学中处于中心地位。西方哲学研究中心主要有三个方面，一是以本体论为中心，研究存在什么，世界的本质是什么；二是以认识论为中心，研究思维与存在的关系，人的认识的来源、途径、能力、限制；三是以语言的意义为中心，研究主体间的交流和传达问题。有人认为，只有通过研究语言才能研究思想、研究世界。罗素和早期维特根斯坦认为，语言和世界结构相同，可以从研究语言的结构推知世界的结构。

语言等符号系统的形成，三个条件缺一不可，一是人能感知世界，二是人类具备自身独有的逻辑系统，三是人类需建立自身独有的语言等符号系统。三个条件本质是一体的，无法区分开来，人能感知外部世界是前提，逻辑必须靠语言等符号系统表达出来，语言等符号系统必须建立在人类自身认同的逻辑系统之上。没有语言等符号系统人类没法交流，人类文明无法发展。

人类如何感知世界和人类自身独有的逻辑系统是人类与生俱来的，语言等符号系统在这两个条件的基础上逐步建立起来，人类利用语言等符号系统反过来研究人类如何感知世界和人类的逻辑系统，逐步形成人类普遍认同的逻辑等知识体系。

用现在学科分类，语言等符号系统是横跨哲学、计算机科学、语言学、心理学、统计学、神经生物学和通信等学科的交叉学科，核心课程包括符号逻辑、哲学、形式语言学、认知心理学和编程、计算数学、统计理论、人工智能和认知科学等跨学科课程，以及处理语言和智力问题的人文方法以及科学工具。

从上可知，哲学研究的起点应该放在人类如何感知世界、逻辑系统、语言等符号系统，虽然它们三者本质上是一体的，但为研究的深入，研究的侧重点各不相同。从西方哲学研究历史来看，人类如何感知世界，在哲学领域总体缺少系统、全面、深入的研究。因此，通过对人类如何感知世界的研究，对研究逻辑系统、语言等符号系统起到关键作用。

笛卡尔在《沉思录》中说："如果我想在科学上建立起某种坚定可靠的、经久不变的框架，我就必须认真地把我以前的见解彻底清除干净，然后从头开始。"[1] 今天，如果想在哲学上建立起坚定可靠的、经久不变的框架，那么就必须从人类如何感知世界、人类如何演化出发，交叉融合不同的学科，借助最新的自然科学成果进行哲学探索。自然科学虽不完善，但我们没有别的更好的路径可以选择，只有回答了这两个最基础、最根本的问题，才有可能建构起符合人类感官系统、逻辑思维系统以及人类自身建构的语言及符号系统的一套认识论，这种认识论应该成为人类知识大厦的基础。

2. 哲学研究范围

现在科技发展已进入数字时代，物理世界和生物世界的边界越来越模糊，数字时代促使不同学科不断地交叉融合，今天人类的认知能力与农业社会、工业社会早期已不可同日而语，哲学研究的脚步自然也应该跟上数字时代的脚步。

---

[1]《西方哲学导论》，〔美〕唐纳德·帕尔玛，上海社会科学院出版社 2011年版，第 57 页。

　　今天的学科，分类越来越细，许多学科井水不犯河水，自然科学和人文科学分离日益严重，研究的结果越来越像盲人摸象。这对于发现事物的规律来说，是非常不利的。将学科分类是为了局部的深入，将学科整合是为了窥见事物的全貌，各个局部的有机组合便是整体，整体的有机切分便是局部，局部必须服务于整体，整体必须有机地统一局部。从物质世界对象本身来看，几乎涵盖了所有学科。"形而上者谓之道，形而下者谓之器。"我们应该透过现象，抛开现象的表面，才能抓住事物的规律。因此，哲学不应该执拗于某一学科，相反，为了发现某一规律，应该利用古今中外一切学科文明成果，从中寻找规律。但是，这谈何容易呢？事实上，如果我们尽可能地抛弃"术"（技术）的层面，尽可能地上升到"道"，即规律的层面，此时，你会发现，事物的规律是相通的。这样的话，我们的目光尽可能聚焦在规律层面，舍事而言理，这样便可找到事物的规律。如孙子兵法，孙子是经历过残酷战争的人，但他不讲具体的战术战役，而只是通过研究战术战役背后的逻辑，抽象地、有机地进行表达，这样便成为揭示战争规律的兵法了。

　　世界上没有一个人所有学科都精通，但可以通过精通一两个学科，用其中的思维逻辑，通过能力转移的方式去解决其他学科的问题。因此，在个人的学科知识结构上，在精通本身从事的学科之余，应该旁通科学、哲学、宗教等学科，掌握其基本原理，做到"博学之，审问之，慎思之，明辨之，笃行之"。

　　古印度佛学教育所学的内容叫"五明"。"五明"包括：明"名字语言"的学术，叫声明。明佛学"身命心性"的学术，叫内明。明"工艺技巧"的学术，叫工巧明。明"医方药物"的学术，叫医药明（医方明）。明者，犹言学术也，明"立言所因"之学术，叫因明。因明学，指为达到阐明论点所必经论证途径的学问，运用正当的言论，严密的推理，建立能让人了解、信服的理论。因明学是古印度的逻辑学，与以亚里士多德为代表的古希腊逻辑学同为世界两大逻辑流派。因，指所属学科所阐明的理由；明，指所属学科能通明的学说。按今天的学科分类来看，声明属于语言文学类；内明属于佛学的学问，宗教类；工巧明属于理科、工科类；医药明，属于医学、药学类；因明，属于逻辑学。"五明"涵盖了人文学科和自然学科。

薛定谔教授说："一个人要想跨越他专攻的那小一块领域以驾驭整个知识王国，已是几乎不可能的了，""应该斗胆地迈出第一步，尝试将诸多事实和理论综合起来——即使对于其中某些内容还局限于第二手的和不完整的了解。"这句话用在这里特别合适，我没考虑过这本书是科学、哲学或其他类别，我没有给自己设定任何知识边界。薛定谔先生所说的跟我现在做的基本吻合。即使白忙活一场也无所谓，尝试一下总是值得的。

我深信，随着人工智能时代来临，科学的分类将逐步走向整合，自然科学和人文科学将逐步走向融合，物理世界和生物世界通过信息世界将有机地统一起来，学科交叉领域在理论创新和产业应用方面将取得重大突破，科学理论革命性突破极有可能在物理世界和生物世界的结合点上实现。将来有一天或许会实现薛定谔教授的梦想：物理学和生物学的统一。

具体到哲学领域，哲学处在人类思维的底层，只有构建全新的哲学研究思维框架，哲学研究才有可能产生突破性的创新。如果把人类如何感知世界、逻辑系统、语言等符号系统作为哲学研究的起点，哲学研究首先应该跳出狭义的哲学概念，而应该把哲学回归到

自然哲学时代，打破学科界限，破除自然科学和人文科学之间的樊
篱，摒弃把哲学变成纯粹人文科学的狭隘思维，通过不同学科的交
叉融合进行哲学探索，实现学科的交叉融合。其次，哲学研究要打
破中西文化界限，实现中西哲学的相互激荡，相互融合，各取其
长，做到融合创新。再次，要打破以诠释先哲思想为基本切入点的
哲学研究思维，建立以人类以及所处的本就存在的世界作为研究对
象的思维框架，从自然视角、生物社会视角、人类社会视角等视角
多方位进行哲学探索。

第四节　归纳与演绎

哲学的逻辑准备，最重要的是归纳和演绎逻辑，但归纳法有极
大的局限性，其局限性在于不完全归纳。

1. 基本概念

归纳法，指的是从许多个别事例中获得一个较具概括性的规
则。这种方法主要是从收集到的既有资料，加以抽丝剥茧地分析，
最后得以做出一个概括性的结论。归纳法是从特殊到一般，优点是
能体现众多事物的根本规律，且能体现事物的共性。缺点是容易犯
不完全归纳的毛病。

演绎法，则与归纳法相反，是从既有的普遍性结论或一般性事
理，推导出个别性结论的一种方法。这种方法由较大范围，逐步缩
小到所需的特定范围。演绎法是从一般到特殊，优点是由定义根本
规律等出发一步步递推，逻辑严密结论可靠，且能体现事物的特
性。缺点是缩小了范围，使根本规律的作用得不到充分的展现。

演绎法的基本形式是三段论式，它包括：（1）大前提，是已知的一般原理或一般性假设；（2）小前提，是关于所研究的特殊场合或个别事实的判断，小前提应与大前提有关；（3）结论，是从一般已知的原理（或假设）推出的，对于特殊场合或个别事实做出的新判断。

归纳法则与演绎法有很大的区别，这是由它们的特点决定的：归纳是从认识个别的、特殊的事物推出一般的原理和普遍的事物；而演绎则由一般（或普遍）到个别。演绎法和归纳法在认识发展过程方面，方向是正好相反的。

2. 归纳法的局限性

归纳法最大的局限性是不完全归纳；而演绎则是一种必然性推理，其结论的正确性取决于前提是否正确，以及推理形式是否符合逻辑规则。

休谟提出了归纳法的局限性，他推导出"从特称判断不能导出全称判断"的结论，即从个别经验不能导出一般性的普遍结论，他对"归纳法"的可靠性提出了质疑。休谟的思想震醒了康德，他放弃了之前的打算，开始了对自然和万物之律的重新思考和研究。很多学者在运用归纳法时常常忽视归纳法的局限性，甚至不了解休谟的质疑和康德的反思。

做哲学研究，对归纳法的局限性的研究与理解应该成为一种基本要求。归纳法局限性的主要原因是：人所感知的外境是人的唯识所现；人所能感知的外境是外境的某一局部或片段；根据感知的外境局部的某一特征或片段，按照人类自身定义的语言等符号系统进行命名；对外境产生的区别，对某一类型事物，主要通过样本分类的方式进行归纳。从上可知，归纳逻辑有很大的局限性、不可靠性，换言之，由归纳逻辑建构的知识大厦的地基是不稳固的，而人类的知识体系恰恰就是在这基础上建立起来。

如果不做假设，人类无法建立知识体系。假设有先天性假设，即人类与生俱来地感知的外境是人类这一动物种群独有的感觉呈现出来的外境（与其他动物种群不同），这就是人类自身认为的客观存在，这是人类这一动物种群先天便存在的局限性；假设还存在后天性假设，即人类根据自身感知的外境按自身的逻辑及自身建构的语言等符号系统给予事物名称，对事物进行分类，这是人类这一动物种群后天便存在的局限性；对外境产生的区别，对某一类型事物，主要通过样本分类的方式进行归纳，这是归纳法本身存在的局限性。

由上可知，归纳法存在天然的局限性，从纯粹理性的角度来看，人类无法完全解决归纳法的局限性。但从人类求存的需要来看，人类可扩大事物的时间维度和空间维度的认知范围，通过更为严密的逻辑减少归纳产生的失真程度。

第五节 哲学的时代性、科学性和实践性

1. 哲学的时代性

任何一种哲学思潮、哲学体系都是时代的产物。黑格尔说："哲学并不站在它的时代之外，它就是对它的时代的实质的知识。""每个人都是他那时代的产儿，哲学也是这样，它是被把握在思想中的它的时代。"马克思强调："任何真正的哲学都是自己时代精神的精华。"恩格斯说："任何哲学只不过是在思想上反映出来的时代

内容。"[1]

马克思哲学的产生同 19 世纪中叶的自然科学极其巨大成就密切相关。19 世纪，自然科学得到巨大的发展，地质学、胚胎学、动物生理学、有机化学等陆续建立和发展起来，其中细胞学、能量守恒和转化定律、达尔文的进化论这三大科学发现具有划时代的意义。三大发现中，前两项是马克思主义哲学产生的自然科学前提，后一项为刚刚诞生的马克思主义提供了强有力的自然科学论证。

马克思主义哲学产生一百多年来，自然科学、人文科学发生了广泛而深刻的变化。马克思主义哲学具有与时俱进的理论品质，它随着实践、科学以至哲学本身的发展而不断发展，至今仍是我们时代的真理和良心。[2]

现在，世界面临第四次工业革命，世界日益全球化、扁平化。量子科学、人工智能、基因科学、脑科学等技术高速发展。人工智能时代，各项技术逐步融合，将日益消除物理世界、数字世界和生物世界之间的界限。

量子力学有一条基本原理：所有粒子就像光一样既是光，又是波，具有波粒二象性，始终处在概率波动的不确定状态。物质世界由亚原子粒子构成，亚原子粒子——实际上所有粒子和对象——与观察者的在场有着相互纠缠作用的关系。外在世界只有与观察者的意识产生相互纠缠作用的关系时，才能被确定。若无观察者在场，它们充其量处在概率波动的不确定状态。根据量子力学原理，已开

---

[1]《辩证唯物主义原理和历史唯物主义原理》（第五版），中国人民大学出版社 2004 年版，第 1、14 页。

[2]《辩证唯物主义原理和历史唯物主义原理》（第五版），中国人民大学出版社 2004 年版，第 1 页。

发出量子计算机、量子通信等技术。人工智能，通过信息技术，形成脑机结合体，将意识与外部世界联动起来。在基因科学上，2019年12月10日，在《自然—生物技术》上，一只兔子模型，实现了自身数据的 DNA 存储和传递，证明了万物均可实现 DNA 存储的理论。

西方哲学、中国哲学、印度哲学的互鉴互融是大势所趋。马克思曾经预言：必然会出现这样的时代，"那时，哲学对于其他的一定体系来说，不再是一定的体系，而正在变成世界的一般哲学，即变成当代世界的哲学"[1]。

2. 哲学的科学性

哲学之所以能够存在和发展，就在于它植根于具体科学的土壤中，不断从具体科学所提供的新的材料、经验和知识中总结概括出哲学的一般结论。

科学能够为具体科学提供一般世界观和方法论的指导，这是哲学特有的功能之一。科学史证明，科学家的科学研究活动，都是自觉或不自觉地在某种哲学世界观和方法论的指导下进行的。"自然研究家尽管可以采取他们所愿意采取的态度，他们还是受哲学的支配。"（马克思）许多有重大科学成就的科学家都非常重视哲学思维，自觉思考认识论、世界观的问题。普朗克认为："研究人员的世界观将永远决定他的工作方向。"爱因斯坦指出："认识论要是不同科学接触，就会成为一个空架子。科学要是没有认识论——这真是可以设想的——就是原始混乱的东西。"[2]

---

[1] 《马克思恩格斯选集》，人民出版社 2012 年版，第 1 卷，第 121 页。
[2] 《辩证唯物主义原理和历史唯物主义原理》（第五版），中国人民大学出版社 2004 年版，第 4 页。

古希腊柏拉图的哲学以几何学为基础；毕达哥拉斯的哲学以数学为基础；笛卡尔的哲学以机械论为基础；康德的哲学以天文学为基础。19 世纪以前，科学与哲学并未分家，科学家往往用科学的方法解决哲学、宗教问题。

哲学研究总体以当时的认知水平作为哲学研究的现实素材，在这些素材的基础上建立起来的哲学，很大程度上受到了这些素材的影响。牛顿就认为，世界存在绝对的空间和绝对的时间。科学强调实证，更侧重于解决可以用实验验证的问题，而哲学更侧重于解决包括科学活动在内的一切现象的终极原因，属于"形而上"的层面。科学是哲学研究的第一基础，但科学理论一直无法完善，哲学在一定程度上又把科学作为研究的对象。公认的伟大科学家牛顿、莱布尼茨、爱因斯坦、薛定谔均走向神学或哲学，他们都希望从神学、哲学层面解决他们内心的疑惑。科学与哲学实在不是对立的关系，关键在于如何找到它们之间内在的联系。

3. 哲学的实践性

世界的物质统一性原理是马克思主义哲学的基本观点，恩格斯说："世界真正的统一性在于它的物质性，而这种物质性不是由魔术师的三两句话所证明的，而是由哲学和自然科学的长期和持续的发展所证明。"[1]

马克思主义哲学是"描述人们实践活动和实际发展过程的真正的实证科学"[2]，其基本内容是"从对人类历史发展的考察中抽象出来的最一般结果的概括"[3]。实践的观点是马克思主义哲学首要

[1] 《马克思恩格斯选集》，人民出版社 2012 年版，第 3 卷，第 383 页。
[2] 《马克思恩格斯选集》，人民出版社 2012 年版，第 1 卷，第 78 页。
[3] 《马克思恩格斯选集》，人民出版社 2012 年版，第 1 卷，第 73 页。

的和基本的观点。科学的实践观，由此引导我们在工作中要做到一切从实际出发，理论联系实际，实事求是，在实践中检验真理和发展真理。

总之，包括哲学在内的任何学科都要与时俱进，按照科学的方法进行实践，在实践中不断发现新的理论，不断完善相关理论。

第二十一章　西方哲学主要思想

第一节　西方哲学主要思想概述

面对浩如烟海的哲学书籍，应该如何选择，如何学习，对于大多数人来说都不是一件容易的事。哲学史一种以哲学家为主线进行介绍，一种以哲学思想为导向，相应地介绍哲学家。本书选择后者，对主要哲学思想进行归类并简要综述。

以主要哲学思想为问题导向，那么，首先要知道哲学有哪些主要思想，这些主要思想之间有什么关系；其次要了解这些主要思想包括哪些学术分支、哪些流派，再深入下去的话，就要了解这些思想的研究切入点、理论基础、基本思想、影响等，这是专门的哲学研究。本书列举哲学的主要思想，与此相应对持有这种思想的部分哲学家进行简要介绍，借此窥见西方哲学主要思想的一些端倪：

- 人类如何感知世界，关于知识的理论。
- 逻辑，哲学的专业化分支，强调推理的有效性。
- 语言等符号系统，哲学的专业化分支，与语言等符号系统的建构、使用等有关。
- 认识论，关于知识的理论。

- 本体论，关于存在的理论，或叫形而上学。

- 唯物论与唯心论，关于存在与不存在的讨论。

- 因果论，与事物的规律有关。

- 实在论与反实在论，关于存在的理论。

- 伦理哲学，哲学的一个分支学科，与道德相关。

- 政治哲学，哲学的一个分支学科，与国家对其成员进行统治的合法权力以及正义之类的社会价值观有关。

- 宗教哲学，哲学的一个分支学科，与宗教理论以及宗教行为有关。

1. 人类如何感知世界

人类如何感知世界是哲学研究的起点，是认识论的基础，只有从此问题着手研究，哲学研究才有支点。人类如何感知世界和逻辑、语言等符号系统是三位一体的关系，本书为了便于说明，刻意将其分开。

勒内·笛卡尔（1596—1650），法国哲学家、数学家、物理学家。他对现代数学的发展做出了重要的贡献，因将几何坐标体系公式化而被认为是解析几何之父。笛卡尔在《沉思录》中说："直到现在，凡是我当作最真实、最可靠而接受的东西，都是人感觉或通过感觉来的。不过，我有时觉得这些感觉是骗人的；明智起见，对于曾经骗过我们的东西，我们决不能完全加以信任。"[1]

乔治·贝克莱（1685—1753），出生于爱尔兰，18 世纪的哲学家、近代经验主义的重要代表之一，开创了主观唯心主义。在《人

---

[1]《西方哲学导论》，〔美〕唐纳德·帕尔玛，上海社会科学院出版社 2011 年版，第 58 页。

类知识原理》的"第一部"中，他说："因为一个观念的存在，正在于其被感知。""所谓它们的存在就是被感知。"

伊曼努尔·康德（1724—1804），德国哲学家、作家，德国古典哲学创始人，其学说深深影响近代西方哲学，代表作是《纯粹理性批判》《实践理性批判》和《判断力批判》。他认为，按时间先后说，先于经验世人没有知识，世人的一切知识都从经验开始，但并不能说一切知识都来自经验，因为在经验中就已经有先天知识的成分了，否则经验本身也不能形成。康德把研究感性先天形式的理论称为"先验感性论"。所谓"感性"，指人的认识的一种被动的接受性，也就是"直观能力"。康德认为，当外在的对象刺激世人的感官时，在主体方面接受刺激印象的感受能力便开始活动，一切对象只有通过感性才能被主体接受，对象与主体感受能力处于一种直接的关系中。因此，康德称这种认识是"感性直观"。

2. 逻辑

关于逻辑，本书认为应该把它分为先天性逻辑、后天的经验逻辑和理论逻辑。先天性逻辑，指人类这一动物种群与生俱来的逻辑，这是先天规定的逻辑；后天的经验逻辑，即人类在后天经验不断累积、叠加的逻辑；理论逻辑，指人类（尤其是哲学家）通过归纳总结的逻辑体系，这三种逻辑本质上难以分开。

亚里士多德（前384—前322），古代先哲，古希腊人，世界古代史上伟大的哲学家、科学家和教育家，堪称希腊哲学的集大成者。他是柏拉图的学生、亚历山大的老师。亚里士多德在哲学上最大的贡献在于创立了形式逻辑这一重要分支学科。逻辑思维是亚里士多德在众多领域建树卓越的支柱，这种思维方式自始至终贯穿于他的研究、统计和思考之中。

3. 语言等符号系统

人类利用图画、语言等符号系统的能力，是人类与其他灵长类动物的重要分野，是人类文明快速发展的基础。语言等符号系统，本质是与人类如何感知世界、逻辑是三位一体的关系。符号系统不光指语言文字，还包括数学、绘画、音乐等符号。符号系统是人类在观察自然的过程中根据自身的需要，按自身的逻辑系统，按人类自身定义的、约定俗成的一套系统。

毕达哥拉斯［约前 580—约前 500（490）］，古希腊数学家、哲学家。他的基本哲学理论是：万物皆数。毕达哥拉斯学派认为"1"是数的第一原则，万物之母，也是智慧；"2"是对立和否定的原则，是意见；"3"是万物的形体和形式；"4"是正义，是宇宙创造者的象征；"5"是奇数和偶数，雄性与雌性结合，也是婚姻；"6"是神的生命，是灵魂；"7"是机会；"8"是和谐，也是爱情和友谊；"9"是理性和强大；"10"包容了一切数目，是完满和美好。

4. 认识论

认识论，是个体对知识和知识获得所持有的信念，主要包括有关知识结构和知识本质的信念和有关知识来源和知识判断的信念，以及这些信念在个体知识建构和知识获得过程的调节和影响作用，这是哲学研究的核心问题。

柏拉图（前 427—前 347），是古希腊伟大的哲学家，也是整个西方文化中最伟大的哲学家和思想家之一。柏拉图指出，世界由"理念世界"和"现象世界"所组成。理念的世界是真实的存在，永恒不变，而人类感官所接触到的这个现实的世界，只不过是理念世界的微弱的影子，它由现象所组成，而每种现象因时空等因素而表现出暂时变动等特征。由此出发，柏拉图提出了一种理念论和回忆说的认识论，并将它作为其理论的哲学基础。

笛卡尔是近代理性演绎法的奠基者，主要著作有《方法论》《形而上学》《哲学原理》《论心灵的各种激情》等。笛卡尔唯理论，是指把理性的直觉和演绎绝对地视为真理唯一源泉的认识论体系。他认为，真理性的认识只能来自直觉和演绎，直觉呈现给心灵的观念是清楚明白的，作为演绎的前提是独立的、不证自明的。

5. 本体论

本体论，是探究世界的本原或基质的哲学理论。从广义说，它指一切实在的最终本性，这种本性需要通过认识论而得到认识，因而研究一切实在最终本性为本体论，研究如何认识则为认识论，这是以本体论与认识论相对称。从狭义说，则在广义的本体论中又有宇宙的起源与结构的研究和宇宙本性的研究之分，前者为宇宙论，后者为本体论，这是以本体论与宇宙论相对称。

巴门尼德（约前515—前5世纪中叶），古希腊哲学家。主要著作是《论自然》，他认为真实变动不居，世间的一切变化都是幻象，因此人不可凭感官来认识真实。唯一真实的存在就是"一"，一是无限的、不可分的。

6. 因果论

因果法则是自然界的基本法则。许多思想家都进行了论证，苏格拉底、释迦牟尼是其中代表性人物。

苏格拉底（约前469—前399），是古希腊（雅典）哲学的创始人之一。苏格拉底提出"因果定律"，又称为因果法则。任何事情的发生，都有其必然的原因。有因才有果。换句话说，当你看到任何现象的时候，你不用觉得不可理解或者奇怪，因为任何事情的发生都必有其原因。你今天的现状结果是你过去种下的因导致的结果。

释迦牟尼的因果论。因果论是佛陀智慧的结晶，是佛陀透视事物的本质而总结出来的事物的发展规律。因果论是指，任何事物的产生和发展都有一个原因和结果。一种事物产生的原因，必定是另一种事物发展的结果；一种事物发展的结果，也必定是另一种事物产生的原因。原因和结果是不断循环、永无休止的。佛教是用以说明一切事物联系、影响和生灭变化的基本理论之一。佛教认为，一切事物均从因缘而生，有因必有果。因又称因缘，果又称果报。因和果辗转相生，谓之因果报应。佛教的因果说通于过去、现在和未来，谓之"三世因果"。

7. 实在论和反实在论

实在论和反实在论的对立贯穿哲学史，尤其在近年，大批科学哲学家涉入此问题，成了科学哲学的核心争论。在19、20世纪之交，罗素和摩尔认为事实独立于经验存在，没有人的感觉经验，世界过去、现在和将来都存在着。很多哲学家坚持被认识的对象独立于人的意识而存在，批驳认识对象与认识主体不可分的唯心主义观点。

自20世纪30年代以来，实在论和反实在论的对立斗争日趋尖锐，量子力学中的某些发现使反实在论获得新的动力。海森堡宣称，基本粒子的客观现实性已不复存在，数学公式描述的不是基本粒子的行为，而是对其行为的认识。爱因斯坦和玻尔的实在论和反实在论观点之争，由于贝尔不等式被否定而有利于玻尔。

对实在论和反实在论的争论，本书的观点是，没有存在，思维无法依附，没有思维，存在无法感知，存在决定思维，但存在唯识所现；另一方面，在宏观世界、微观世界（人类借助工具可感知的世界）是实在的。这种实在，在人类的思维层面只能感知事物实在的某一局部或片段，而且这一局部或片段的实在是通过人的意识主观加工过的实在。极微世界，指人类即使借助工具无法感知的微观世界不可知。

8. 政治哲学

政治哲学是哲学的一个分支学科，是研究政治关系的本质及其发展一般规律的科学，又是政治理论的方法、原则、体系的科学。它主要关注政治价值和政治的本质，是关于一般政治问题的理论，也是其他政治理论的哲学基础。

柏拉图从人的本性出发，根据一般的社会哲学原则构想一个理想的政治社会，推导出人与国家的关系，设计一种由哲学统治的具有智慧、勇敢、节制和正义四种美德的"理想国"。亚里士多德则在《政治学》中对100多个城邦国家分析归类，创建了政治学最初的一些基本概念，并以实现人类最高的善作为最优政体的标准。他们共同奠定了西方政治哲学的基础。

当代最有影响力的是马克思。马克思同恩格斯一道，重新审查了人类社会发展的一般规律，创立了历史唯物主义。他们用历史唯物主义分析社会政治生活，使传统的政治哲学发生了本质性的变革，使之转化为科学政治观形态，开创了政治哲学发展史上的新纪元。

9. 宗教哲学

宗教哲学是哲学的一个分支，宗教是人类精神领域最为重要的活动之一。宗教信仰与人类相伴而生，宗教信仰既是历史，也是人类社会重要的精神生活。

奥古斯丁（354—430），重要的作品包括《上帝之城》《基督教要旨》和《忏悔录》，其思想影响了西方基督教教会和西方哲学的发展，并间接影响了整个西方基督教会。

托马斯·阿奎纳（约 1225—1274），中世纪经院哲学的哲学家、神学家。他把理性引进神学，用"自然法则"来论证"君权神授"说，是自然神学最早的提倡者之一，也是托马斯哲学学派的创立者，成为天主教长期以来研究哲学的重要根据。他所撰写的最知名著作是《神学大全》。天主教教会认为他是历史上最伟大的神学家，将其评为 33 位教会圣师之一。他是西欧封建社会基督教神学和神权政治理论的最高权威，经院哲学的集大成者。他所建立的系统的、完整的神学体系对基督教神学的发展具有重要的影响，他本人被基督教会奉为圣人，有"神学界之王"之称。阿奎纳指出，"科学"是一种心灵习性，或理智德性。于是，与宗教的相似之处在于，我们现在习惯于把宗教和科学看成信念和实践的系统，而不是首先把它看成个人品质。[1]

《宗教哲学》为德国著名哲学家乔·威·弗·黑格尔（1770—1831）的重要著作之一，在宗教学及哲学领域具有长久的价值。黑格尔作为德国古典哲学领域最有影响的哲学家，其《宗教哲学》破天荒第一次从哲学角度，对纷繁万千的宗教现象深邃、精辟、系统地进行了思考和阐述。

米尔恰·伊利亚德（1907—1986），代表作《宗教思想史》，是20 世纪西方宗教学集大成作品。全书以宗教发展的时间顺序为线，描述了复杂多姿的宗教现象，追溯宗教产生发展过程中人类思想的演变、创新与交融对立。米尔恰·伊利亚德这样定义宗教："对于

---

[1]《科学与宗教的领地》，〔澳〕彼得·哈里森，商务印书馆 2016 年版，第17 页。

宗教史学家来说，每一种神圣事物的表现形式都是重要的：每一次
仪式，第一个神话，每一种信仰或神灵的形象，都是对于神圣的体
验的各种反映，因而蕴含着关于存在、意义和真理的观念。""如果
不相信在这个世界上有着某种不可化约的真实，就很难想象人类的
大脑是如何进行思考的；如果意识没有赋予人类的冲动和经验以意
义，就无法想象它又是如何能够出现的。对于一个真实且富有意义
的世界的认识，是与对神圣的发现密不可分的。通过体验神圣，人
类的大脑觉察到那些自身显现为真实、有力、丰富以及富有意义事
物与缺乏这些品质的东西——也就是说，混乱无序地流动，偶然且
无意义地出现与消失的事物——之间的不同。""简而言之，神圣是
意识结构中的一种元素，而不是意识史中的一个阶段。在文化最古
老的层面上，人类生命本身就是一种宗教行为，因为采集食物、性
生活以及工作都有着神圣的价值在其中。换言之，作为或成为人，
就意味着他是宗教性的。"[1]

第二节　唯物主义与唯心主义

　　思维与存在、唯物主义与唯心主义，是哲学界争论不休的问
题。恩格斯在《终结》一书中曾下了一个著名的定义："全部哲学，
特别是近代哲学的重大的基本问题，是思维和存在的关系问
题。……哲学家们对于这个问题的不同回答，把他们自身分成两个

---

[1]《宗教思想史》（第 1 卷），〔美〕米尔恰·伊利亚德，上海社会科学院出
版社 2011 年版，第 3 页前言。

大的阵营。那些主张精神而非自然界是本源的人，……组成唯心主义的阵营。另一些把自然界看作本源的人，则属于唯物主义的各种学派。"[1]

好的概念都是在重要关节处进行切割的。物质世界和意识是人类对于自身存在标志的切割。思维和存在何者为第一性，是划分唯物主义和唯心主义的唯一标准。对思维和存在的基本问题的不同回答，形成了哲学上的两个基本派别，即唯物主义和唯心主义。凡是主张物质自然是本原，物质第一性，意识或精神第二性，坚持"从物到感觉和思想"认识路线的属于哲学唯物主义；凡是主张精神、意识是本原，精神第一性，物质第二性，坚持从"从思想和感觉到物"的认识路线的，属于哲学唯心主义。

厘清世界是唯物还是唯心的问题，我认为要先跳出几千年来关于唯物、唯心争论不休的悬案之中。这一百多年来，随着科技的飞速发展，人类的认知水平有质的飞跃。对于人类如何感知世界，意识如何产生，我们已可以运用光学、生理学、心理学、量子力学、脑科学、基因科学以及计算机科学等自然科学成果进行论证，通过充分证明已可以得出较为明确的结论。有了基本结论，再来回答唯物、唯心的问题，就容易得出比较合理的解释。

1. 唯物主义

唯物主义认为物质是本原的，意识是派生的，先有物质后有意识，物质决定意识。物质是客观实在的哲学范畴，这种客观实在是人通过感知的，不依赖于我们的感觉而存在，为我们的感觉所复写、摄影、反映。物质和意识的辩证关系上，包括：（1）意识对物

---

[1]《马克思恩格斯选集》，人民出版社 2012 年版，第 4 卷，第 223 页。

质的依赖性原理，物质决定意识，即物质第一性，意识第二性，以及意识的起源和本质原理。（2）意识对物质的能动原理，亦称主观能动原理。

唯物主义经历了三个基本发展阶段，表现了三种基本历史形态：古代朴素唯物主义、近代形而上学唯物主义、现代辩证（历史）唯物主义。

古代朴素唯物主义肯定物质是世界的本源，主张世界的物质统一性。但是，他们把世界的物质统一性归结为某一种或几种具体"原初"的物质。如中国的"五行"，认为宇宙万物由金、木、水、火、土五种元素组成。古希腊德谟克利特认为万物都由微小的、不可分的原子所构成。古代印度把数量的最小单位叫极微，指不可再分、人无法感知的东西。

近代形而上学唯物主义，包括以培根、霍布斯、洛克为代表的17世纪英国唯物主义，以拉美特利、狄德罗、霍尔巴赫、爱尔维修为代表的18世纪法国唯物主义，以费尔巴哈为代表的19世纪德国唯物主义。近代英、法唯物主义以实证科学对自然现象的研究为基础，探讨人与自然的统一性，寻求世界的物质的统一性，强调物质是一切变化的主体。

现代辩证（历史）唯物主义指马克思主义哲学，它在科学实践观的基础上实现了唯物主义和辩证法、唯物主义自然观和历史观的高度统一。马克思主义哲学认为，世界在本质上是物质的，自然、社会、人类都是物质这一客观实在的基础上统一起来的。作为精神现象的意识也是物质世界长期发展的产物，是人脑这一高度发展的物质的属性。马克思主义哲学坚持唯物主义一元论，反对唯心主义和二元论。

2. 唯心主义

唯心主义主要包括主观唯心主义和客观唯心主义。主观唯心主义把人的思想看作是人脑中固有的、主观自生的，把个人心灵、意识、观念等夸大为第一性的东西，否认物质世界和客观规律不依赖人的意识而存在。

18 世纪初叶，爱尔兰籍的英国哲学家贝克莱，提出"非物质假设"，主要思想是："存在就是被感知。""物质是观念的集合。""对象和感觉原是一种东西。"客观唯心主义把某种"客观精神"说成是先于并独立于物质世界而存在的，物质世界则是这种"客观精神"的产物、表现或附属品。代表人物有柏拉图、朱熹、黑格尔等人物。

柏拉图在公元前 387 年在雅典西北郊外的陶器区建立学园，门口写着："不懂几何学者勿入此门。"柏拉图是几何学的代表性人物，但他的思想却是唯心主义。

柏拉图在《理想国》的第七章中，有一段苏格拉底与格劳孔的对话。其中苏格拉底有过这样的一个比喻：有一个洞穴式的地下室，一条长长的通道通向外面，有微弱的阳光从通道里照进来。有一些囚徒从小就住在洞穴中，头颈和腿脚都被绑着，不能走动也不能转头，只能朝前看着洞穴后壁。在他们背后的上方，远远燃烧着一个火炬。在火炬和人的中间有一条隆起的道路，同时有一堵低墙。在这堵墙的后面，向着火光的地方，又有些别的人。他们手中拿着各色各样的假人或假兽，把它们高举过墙，让他们做出动作，这些人时而交谈，时而又不作声。于是，这些囚徒只能看见投射在他们面前的墙壁上的影像。他们将会把这些影像当作真实的东西，他们也会将回声当成影像所说的话。柏拉图说："你指给我看到一

幅奇异的影像，他们都是奇形怪状的囚犯。我回答说，这就像我们
自己一样，他们只看到了自己的影子和别人的影子，那些都是投射
在洞穴对面的墙上的。"

　　人自身若要看到自己的影像，一定要借助镜子等工具，你看到
的自己的影像一定是反的，镜中的自己是因为有你自身才能呈现出
来，只有自身才是真实的。若把外部世界当作一面镜子的话，完全
是你自身的意识呈现。

后　记

一、　自画像

无艺压身，故而一无所长；

从业不深，故而一无所成；

不作假说，故知一无所知。

这是我在 2022 年 6 月 23 日写在一本哲学书封面内页的话，这句话是精准的自我画像。先讲一无所长，我虽读中文，但学艺不精，对大多问题都是一知半解，蜻蜓点水，愧对专业。再讲一无所成，折腾了半辈子，先后从事中学教育、国企管理、大学职业教育、科技公司管理，满身伤痕，毫无建树。再讲一无所知，自从 8 年前开始学习、酝酿写作本书，随着写作的推进，大多时候陷入迷惑、无助的阶段，最终深信，人类文明的一切成果假如不以人类自身的假设为前提，人类将一无所知。

年过五十，应该是知天命的年龄，但是随着写作的深入，我陷入到无比尴尬的境地：我是谁？我在哪里？我去往何处？这既简单又复杂的问题，一次次地把我带进复杂的境地之中，不停地肯定、否定，一时阳光灿烂，一时万丈深渊，很多时候无法找到自我，无法获得自身的定位，更加无从知道自己的去处。

我是谁？从社会学意义来讲，我的名字、籍贯、祖宗、民族、国籍非常清楚。但从生物学意义来看，我是否是我，值得怀疑。名义的我每时每刻处在生生灭灭的连续变化之中，此刻的我不是上一刻的我，也不是下一刻的我；如果把细胞作为一个生命体，仅占一点容量的小脑袋真的可以为五六十亿细胞代言吗？

我在哪里？此时我在一个被人类定义为广东的地域之中，往小处讲，我脚下的地方我并不知道它叫什么，不知道它有什么物质？往大处讲，我处在中国，处在地球，处在太阳系，处在银河系，我所居住的地球在银河系中几乎找不到它的存在，一个小行星借着太阳的一点光辉漂浮在无垠的宇宙之中，而我只是暂时借居在跃动不羁的地球之中。总有一天，随着太阳系的解体，地球将消失在无边无际、无始无终的宇宙之中。

我去往何处？追溯过去，我不知从何而来；展望未来，无论是我，还是我的同类——人类，还是我所居住的地球，或者是更大的太阳系，最终去向何处，成为人类永恒的话题。极为短暂的人类历史，瞬间便逝的我等以瞬间去探索宇宙的永恒，时而觉得好笑，时而觉得惊奇，既慨叹人类的无知，又赞叹人类的伟大。

面对浩瀚的宇宙，我是如此渺小，面对厚重的历史，我是如此无知，面对人生的苦难，我是如此无助，面对世间的矛盾，我是如此无解，面对熟悉的自己，我竟然如此陌生。我转念一想，有时觉得自己身处在无尽的虚空之中，偶尔会进入无我的境界。

二、 与哲学结缘

因果法则是自然法则，因生果，果为因，因果循环。我与哲学结缘，便是因果法则使然。

我与好奇结缘。我生于广东省梅州市一个贫穷封闭的小山村，读到初中二年级才考到镇上读初三。小时候，村里没有电、自来水、收音机等，没有任何现代化的设施。一年之中，只是偶尔走泥沙公路到镇上转上一圈，到了初三毕业还没有坐过一次汽车。农村的夜晚大多时候满天繁星，一闪而过的流星叫星泻屎。我总是好奇，星星拉的屎为何我看不到，星星究竟吃什么；星星伸手可摘，为何总是摘不到。我到山上，看到山外面还是山，那么，山外面究竟是什么；看到白色的坟头，总问爷爷的爷爷是谁；我望向山下，为什么房屋如此矮小，为什么人那么小，为什么连我最熟悉的母亲我都找不到；山路弯弯，为什么在山下不知所向，为什么在山上一览无遗。客家人，一到过年过节，最重要的事是祭祖，拜天拜地拜祖宗。老人说得最多的是请天地神明保佑，请列祖列宗护佑。我心里总问，天地神明在哪，祖宗如何保佑我。诸如此类，总是追问，但总无法找到答案。回头一看，这种天生天养、无拘无束、内向敏感、无尽好奇的性格给我烙上深深的印记，这种人格底色伴随着我一直前行。

18岁高中毕业后，我到广州求学，毕业后主要在广州工作。我分别在现代的天河、千年中轴线北京路、传统的西关求学、工作。广州是中国唯一一座从未关过国门的城市，是一座传统与现代、中西方文明互鉴互融的城市，多种宗教信仰的和平共处便是明证。以千年佛寺光孝寺为中心略说一下。寺的前方是光孝基督堂，再前是清真古寺怀圣寺，再前是石室圣心大教堂；寺东边越秀山上是道教圣地应元宫；寺西不远处是儒家书院陈家祠，祠的前方不远处是禅宗始祖达摩西来初地华林寺。在广州，不同的种族、民族、宗教信仰、生活方式等和谐共生，你住你的洋楼，我住我的骑楼，你穿你的西装，我着我的旗袍，你喝你的咖啡，我饮我的早茶，你做你的礼拜，我烧我的高香，和而不同，各美其美，美美与共。广州开放、包容、务实、不落窠臼、敢为人先的城市性格深刻地影响了我，释放了我本就无拘无束、天生好奇的天性。

我与中西文化结缘。按周岁算，我五周岁多就开始上学，第一次拿到书本，墨香沁人心脾，仿如昨天，自此一辈子便与书香结缘。大学毕业后，我读书、写作大概分成三个阶段，每个阶段十来年。第一个阶段，主要是文学艺术类；第二阶段是经济、科技类；第三阶段是中西文化经典类。近十几年，我特别喜欢读《易经》《道德经》《论语》《金刚经》《心经》《坛经》《解深密经》《楞伽经》《传习录》等中华传统经典，这些书成为我行走的伴侣。与此同时，我喜欢阅读西方经典，《西方哲学史》《我的世界观》《生命是什么》《大宇之形》《生物中心主义》《科学与宗教的领地》《时间简史》《宗教思想史》等经典，让我对西方哲学等有所了解，有所启迪。

我与当代前沿科技结缘。从 2012 年起，我成为一名小科技公司管理的从业者，我参与过人工智能、物联网、半导体等领域的科技小项目，与科技领域的从业者、专家有一些业务交集，对于当代前沿科技的发展有一些切身的体会，对学科的交叉融合有一些肤浅的了解。

我与一群思想者结缘。从 2015 年起，我成为太湖（香山）书院的一员，连续八年每年为期一周的交流活动，我深受包括成中英先生在内的一群先生的影响，我享受着思想的盛宴，聆听着智者的声音。他们身上的良知、思想研究的纯粹、学术研究的严谨、学术水平的高度，让我这样一位学术门外汉学到了一些皮毛，一只脚勉强踏入学术研究的门槛。

佛教讲万事万物都是众缘所生，本书自是众缘和合而生。众缘分为因缘、增上缘、所缘缘和等无间缘。因缘指事物产生的直接原因，增上缘指事物产生的辅助条件，所缘缘指意识感知的外境，等无间缘指感知外境后连续不断、生生灭灭的念头。那么，我与哲学结了什么缘呢？随着学习的深入，我最大的疑惑是，人类同是一种动物种群，同处在一个地球，为什么各种思想纷繁复杂、没有定论呢？为什么很多理论各说各理、山头林立？看待同一类问题，为什么不同人有不同看法，甚至大相径庭？既然是同一物种，他们的相似之处是什么？又有什么不同？古语云："天下一致而百虑，同归而殊途。"那么，人类有没有最基本的思维范式？有没有一种思维范式是人类共同的思维基础？我想，这些无尽的疑惑、与生俱来的好奇心、中西文化的一点知识储备、科技从业的经历等都是写作此书的因缘，而与一群思想者的结缘是增上缘，学习、思考、写作的过程便是所缘缘和等无间缘。

本书写作酝酿时间很长，从写作第一部分"人类如何感知世界"算起，已有八年多的时间。思想的酿造总要经历痛苦的发酵才能酿成。思想质料的匮乏、学术底子的浅薄、研究思路的模糊，常常使我陷入绝望之中。但从小养成的好奇、血与火的苦难淬炼、与生俱来的执拗、头破血流依然前行的勇气，使我不断推倒重来。在持续不断地学习、思索、写作过程中，常常有一些火花一闪而过，而且常常出现在半夜三点到五点，为此，我睡在书房，基本能将一闪而过的思想火花瞬间记在本子上或电脑上。久而久之，不断闪动的火花形成思想的火海，奔腾的熔炉告诉我要去淬炼思想的精华。这些跃动的火苗，常常让我生出只可意会、不可言传的无比愉悦，使我沉醉在只属于我一个人的世界中，最奇妙的是偶尔会感觉不到躯体的存在。当我突破思想瓶颈后，逐步形成了人类如何感知世界、自然环境与人类的演化、多维思维范式三个主体部分的思维架构，经过长时期艰苦的努力，初步建成了这一座充满缺憾、修修补补的思想毛坯房。

三、 我的哲学观

古人观察天地运行的法则而演《易经》，释迦牟尼观照内心而悟透佛理，推而广之，人类的一切学问都是以人类以及所处的世界为起点，哲学研究应该从天、地、人以及它们之间的关系中寻找答案。人类的知识系统，全都来自人类以及所处的世界，本质上都是人类意识的外化。自然科学和人文科学同属意识结构的元素，不该分离，也无法分离。但时至今日，仍人为地把知识体系分为自然科学与人文科学，很多学科，尤其是一些科学与人文学科，老死不相往来。具体到科学、哲学，科学属于自然科学，哲学属于人文科学，人为地割裂科学与哲学的关系，被束缚的科学和哲学，自然难以发现人类以及所处的世界的规律，这成了科学和哲学发展裹足不前的重要原因。

科学和哲学本该都以人类及其所处的世界为研究对象，但随着学科的发展，科学、哲学更像诠释之学，诠释前人发现的科学理论，诠释哲人提到的哲学观点，逐步形成无数学科分支，科学、哲学常常成为枝末之学。大多数人不敢质疑先贤的思想，很少人去探究人类思维的基层，思考人类感知世界的先天主观性、归纳逻辑的天然局限性、语言等符号系统的片面性，诸如此类。大多数人把前人发现的理论当作当然，把并不稳定的理论基础当作必然。基础不牢，知识大厦自然不会牢固。

如果以人类及其所处的世界作为研究对象，那么，科学和哲学就应该回归本位。基于今天的前沿认知，外观天地运行的一切现象，内寻意识活动的规律，从人类如何感知世界、逻辑、语言等符号系统等最为底层的地方入手，反思前人的理论，不断修证、完善已有的理论，通过发现创造新的理论，唯其如此，科学、哲学等学科才能更好地发展。

我认为，哲学是思维的基层，是思维的脚手架，科学在思维的基层之上，利用思维的脚手架建设科学的大厦。科学大厦稳固与否，前提在于思维的基层。思维的基层来自哪里？来源在于人类如何感知世界和人类如何演化。如果刻意划分的话，最起码包括感知系统、逻辑系统、语言等符号系统、人类学、基因学等。对这些系统的研究应该基于当代的心理学、基因学、逻辑学、语言学、符号学、地质学、考古学等前沿科学进行交叉融合研究，从具体到抽象，从中发现科学、哲学的一般性规律。往外看，发现世界运行的基本规律；往内看，深究人类的思维基层，探究人类的思维品质，解除人类的认知障碍，提升人类的认知层次，与此同时，还要探究人类的心灵习性，提升人类的道德德性。假若这些判断成立，本书只能算是提供了研究的一些粗浅的想法。

当今世界，各种文明进入相互撞击、相互激荡、相互融合的时代，随着大数据、大算力、大模型等数字技术的出现，"万物皆数"的数字时代已经来临。通过数字技术物理世界和生物世界将会加速融合，学科边界越来越模糊，学科交叉融合已成必然趋势，新的技术、新的思想将在数字熔炉里不断淬炼，科学技术可能产生革命性的变化。我相信，新的科学、哲学理论会应运而生。为此，科学、哲学研究应该在对先贤思想批判地继承的基础上，创造性地转化，古今贯通，中西融汇，创造性地发展新的理论。

致　谢

众缘和合，方成此书。依照中华文化传统，我应该感谢天地君亲师。感谢天地自然对我的孕育之恩，让我在大自然中天生天养、无拘无束地长大。感谢这个伟大的时代、伟大的国家，让我有幸经历了农业时代、工业时代、信息时代、数字时代，让我能与时俱进，既能与时代合唱，又能独自吟唱。

感谢我的母亲彭七妹女士，谨以此书纪念我的母亲。我的母亲7岁到家做童养媳。1966年年底我出生后，为了活命，我娘常常在晚上扛着上百斤的房梁走山路到约四十公里外的圩上变卖，然后走三十多公里泥沙公路回到镇上籴米，再走十公里到家里，这样一群兄弟才勉强吃上一碗红薯米汤。她对苦难习以为常，她面对苦难的巨大承受力，是我逆境前行的动力源泉。2018年，老家老宅拆了重建，母站在屋基上，我问她高兴吗，她笑着对我说："我只是借住而已。"2022年6月1日，92岁的母亲在睡梦中安然逝去。回归土地，在她看来天经地义，她对生死的坦然面对，让我放下许多执着。2020年11月18日，我回老家后生病了，90岁的母亲使尽全身力气为我按摩，直到气喘吁吁才停，我能感受到的虽然只是微弱的力气，但她对子女的爱，让我面对人情冷漠时依然能感受到人世的温暖。母亲一生拜天地、拜祖先、拜神明。我刚出生不久，她便把我契给神明慈悲娘娘，我成了慈悲娘娘的契子，名字叫庙泉，庙泉成了我的小名。她对天地、祖先、神明的虔诚，让我骨子里天然生出对天地自然的敬畏。

感谢世界著名哲学家、第三代新儒家代表人物成中英教授。2017 年，我完成第一部分"人类如何感知世界"的写作时，请成先生指导，83 岁的成先生全部看完，通过越洋电话给了我许多中肯的意见。2022 年，我请他为本书写序，先生不顾八十七岁的高龄，欣然同意，并通过越洋电话对本书进行了详细的指导。他的《本体诠释学》等理论对写作本书有重要的帮助。

感谢原全国政策科学研究会副会长、太湖（香山）书院院长单元庄教授。他和北京大艺传媒集团苏忠总裁发起成立太湖（香山）书院，使我有幸向非常多的思想者学习。他要求我做思想研究要耐得住寂寞、受得住清贫，要遵守学术规范，要经得起推敲。他的人格组织化理论、基因人格化理论对我写作本书有很好的启迪。

感谢西安财经大学赵永泰教授。他给我推荐了《物演通论》《大宇之形》《生物中心主义》等许多重要的书籍。在写作本书过程中，他看完了我的全部书稿，每过一个阶段都与我进行充分的沟通、讨论，这些意见对写作非常重要。他的《人类的三次危机》对我的思想有很大的影响。

感谢西安朝华管理科学研究院副院长王随学先生。他对本书提出了许多中肯的意见，对我的写作进行了具体的指导。

感谢北京外国语大学"长青学者"、中国艺术研究院教授、《国际汉学》副主编任大援先生。作为中国思想史著名专家，他长期致力于让流传到西方的中华典籍回归中国。这八年来，每次与他面对面交流，都有如沐春风的感觉。他的学识古今贯通、中西融汇，他的境界、思想对于本书的写作构思有很好的启迪。

感谢北京外国语大学中外汉学研究中心主任、《国际汉学》主编张西平教授。作为中西方文化交流使者，他同样长期致力于让流传到西方的中华典籍回归中国，他强调中西文化交流要坚持文明互鉴观，坚定文化自信，坚持平等相待，美人之美，美美与共。这些观点对写作本书有非常大的帮助。

感谢西安交通大学吕晓宁教授。他是哲学教授，他把哲学变得生活化、世俗化，他让我体会到要把象牙塔中的哲学变成带着人间烟火的哲学。

感谢西安石油大学曾昭宁教授。他是经济学者，他常用经济学思维探讨社会问题，他对公平与效率有非常深入的研究，这对写作本书的部分章节有非常好的借鉴。

感谢陕西师范大学尤西林教授。他给我推荐《科学与宗教的领地》等书籍，在前几年的交流活动中，给了我非常具体的学术指导。

感谢上海三联书店的王赟责任编辑及其他老师，他们的敬业、专业和辛劳地付出，使此书得以出版。

感谢生命中无数给我支持、鼓励的亲人、老师、同学、朋友。纸短情长，难以尽述。

感谢古今中外的圣贤、大德。读圣贤经典，与圣贤对话，使我的灵魂不再孤独，使我的思想不再闭塞，使我找到了前行的方向。

参考文献

《心理学导论》（第 12 版），〔美〕查尔斯·莫里斯等，北京大学出版社
　　2007 年 11 月第 1 版。

《宇宙的起源》，〔英〕约翰·巴罗，天津科学技术出版社 2020 年 6 月第
　　1 版。

《人类的演化》，〔英〕罗宾·邓巴，上海文艺出版社 2016 年 8 月第 1 版。

《人类的起源》，〔肯尼亚〕理查德·利基，浙江人民出版社 2019 年 9 月第
　　1 版。

《基因之河》，〔英〕理查德·道金斯，浙江人民出版社 2019 年 10 月第
　　1 版。

《基因启示录》，仇子龙，浙江人民出版社 2020 年 1 月第 1 版。

《这里是中国》，中国青藏高原研究会星球研究所，中信出版集团 2019 年 9
　　月第 1 版。

《生命是什么》，〔奥〕薛定谔，北京大学出版社 2018 年 7 月第 1 版。

《我的世界观》，〔美〕阿尔伯特·爱因斯坦，中信出版集团 2018 年 11 月第
　　1 版。

《科学与宗教的领地》，〔澳〕彼得·哈里森，商务印书馆 2016 年 10 月第
　　1 版。

《西方科学史》，〔美〕安东尼·M. 阿里奥托，商务印书馆 2011 年 6 月第 1
　　版。

《读懂中国农业》，张云华，上海远东出版社 2015 年 4 月第 1 版。

《西方哲学简史》，〔英〕伯特兰·罗素，陕西师范大学出版社 2010 年 12 月
　　第 1 版。

《中国哲学简史》，冯友兰，世界图书出版公司 2011 年 2 月第 1 版。

《物演通论》，王东岳，中信出版集团 2015 年 12 月第 1 版。

《生物中心主义》，〔美〕罗伯特·兰札、鲍勃·伯曼，重庆出版集团 2012

年 2 月第 1 版。

《大宇之形》，〔美〕丘成桐、史蒂夫·纳迪斯，湖南科学技术出版社 2015 年 11 月第 1 版。

《纯粹理性批判》，〔德〕康德，人民出版社 2004 年 2 月第 1 版。

《量子理论——爱因斯坦与玻尔伟大论战》，〔英〕曼吉特·库马尔，重庆出版社 2012 年 1 月第 1 版。

《量子纠缠》，〔英〕布莱恩·克莱格，重庆出版社 2011 年 6 月第 1 版。

《量子力学的哲学基础》，〔德〕H. 赖欣巴哈，商务印书馆 2015 年 4 月第 1 版。

《时间简史》，〔英〕史蒂芬·霍金，湖南科学技术出版社 2007 年 10 月第 1 版。

《果壳中的宇宙》，〔英〕史蒂芬·霍金，湖南科学技术出版社 2006 年 1 月第 1 版。

《问道——叩问中国与世界的未来》，上海三联书店 2016 年 8 月第 1 版。

《易经》，佘斯大，云南人民出版社 1999 年 8 月第 1 版。

《老子》，饶尚宽译注，中华书局 2006 年 9 月第 1 版。

《王阳明全集》（壹至伍册），线装书局 2012 年 5 月第 1 版。

《本体诠释学》，成中英，中国人民大学出版社 2017 年 5 月第 1 版。

《文明的冲突》，〔美〕塞缪尔·亨廷顿，新华出版社 2017 年 10 月第 1 版。

《现代汉语词典》，商务印书馆 2012 年 6 月第 6 版。

《大问题——简明哲学导论》，〔美〕罗伯特·所罗门、凯思林·希金斯，清华大学出版社 2018 年 7 月第 1 版。

《中华文明的核心价值》，陈来，生活·读书·新知三联书店 2015 年 4 月第 1 版。

《西方哲学导论》，〔美〕唐纳德·帕尔玛，上海社会科学院出版社 2011 年 9 月第 1 版。

《中国文明起源新探》，苏秉琦，生活·读书·新知三联书店 2019 年 10 月第 1 版。

《满天星斗》，苏秉琦，生活·读书·新知三联书店 2022 年 6 月第 1 版。

《宗教思想史》（第 1 卷），〔美〕米尔恰·伊利亚德，上海社会科学院出版社 2011 年 9 月第 1 版。

《中国科学技术史》，〔英〕李约瑟，科学出版社 2018 年 7 月第 1 版。

图书在版编目（CIP）数据

人类思维范式/古旭奇著. 一上海：上海三联书
店，2024.6
ISBN 978－7－5426－8500－1

Ⅰ. ①人… Ⅱ. ①古… Ⅲ. ①哲学－研究 Ⅳ. ①B

中国国家版本馆 CIP 数据核字（2024）第 088689 号

人类思维范式

著　　者 / 古旭奇

责任编辑 / 王　赟
装帧设计 / 徐　徐
监　　制 / 姚　军
责任校对 / 王凌霄

出版发行 / 上海三联书店

　　　　　（200041）中国上海市静安区威海路 755 号 30 楼
邮　　箱 / sdxsanlian@sina.com
联系电话 / 编辑部：021－22895517
　　　　　发行部：021－22895559
印　　刷 / 上海颛辉印刷厂有限公司

版　　次 / 2024 年 6 月第 1 版
印　　次 / 2024 年 6 月第 1 次印刷
开　　本 / 890 mm×1240 mm　1/32
字　　数 / 287 千字
印　　张 / 12.5
书　　号 / ISBN 978－7－5426－8500－1/B・903
定　　价 / 75.00 元

敬启读者，如发现本书有印装质量问题，请与印刷厂联系 021－56152633